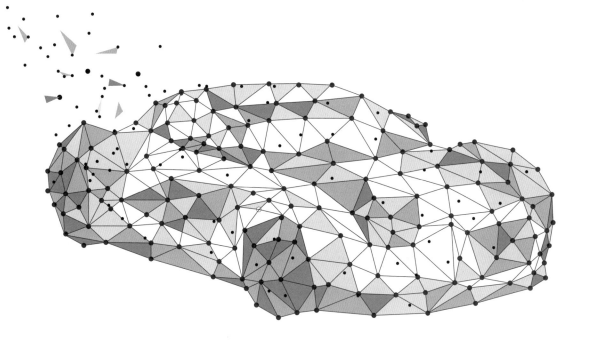

Creo 8.0快速入门与深入实战

微课视频版

邵为龙 ◎ 编著

清华大学出版社

北京

内 容 简 介

本书针对零基础的读者，循序渐进地介绍了使用 Creo 8.0 进行机械与钣金设计的相关内容，包括 Creo 概述、软件的工作界面与基本操作设置、二维草图设计、零件设计、钣金设计、装配设计、模型的测量与分析、工程图设计等。

为了使读者更快地掌握该软件的基本功能，本书在内容安排上，结合大量的案例对 Creo 软件中的一些抽象的概念、命令和功能进行讲解；在写作方式上，采用软件真实的操作界面、对话框、操控板和按钮进行具体讲解，让读者直观、准确地操作软件进行学习，从而尽快入手，提高读者的学习效率；另外，本书中的案例都是根据国内外著名公司的培训教案整理而成，具有很强的实用性。

本书内容全面，条理清晰、实例丰富、讲解详细、图文并茂，可作为广大工程技术人员学习 Creo 的自学教材和参考书籍，也可作为大中专院校和各类培训学校 Creo 课程的教材或上机练习素材。

图书在版编目（CIP）数据

Creo 8.0 快速入门与深入实战：微课视频版 / 邵为龙编著 . —北京：清华大学出版社，2023.10
（计算机技术开发与应用丛书）
ISBN 978-7-302-64028-8

Ⅰ. ① C… Ⅱ. ①邵… Ⅲ. ①计算机辅助设计 – 应用软件 Ⅳ. ① TP391.72

中国国家版本馆 CIP 数据核字（2023）第 126360 号

责任编辑：赵佳霓
封面设计：吴 刚
责任校对：申晓焕
责任印制：杨 艳

出版发行：清华大学出版社
　　　网　　　址：http://www.tup.com.cn, http://www.wqbook.com
　　　地　　　址：北京清华大学学研大厦 A 座　　　　　邮　　　编：100084
　　　社 总 机：010-83470000　　　　　　　　　　　邮　　　购：010-62786544
　　　投稿与读者服务：010-62776969, c-service@tup.tsinghua.edu.cn
　　　质量反馈：010-62772015, zhiliang@tup.tsinghua.edu.cn
　　　课件下载：http://www.tup.com.cn,010-83470236
印 装 者：三河市铭诚印务有限公司
经　　销：全国新华书店
开　　本：186mm×240mm　　　印　张：21.5　　　字　数：483 千字
版　　次：2023 年 10 月第 1 版　　　　　　　　　印　次：2023 年 10 月第 1 次印刷
印　　数：1~2000
定　　价：89.00 元

产品编号：098100-01

前　　言

Creo 是美国 PTC 公司于 2010 年 10 月推出的 CAD 设计软件包。Creo 是一个可伸缩的套件，集成了多个可互操作的应用程序，功能覆盖整个产品开发领域。Creo 的产品设计应用程序使企业中的每个人都能使用最适合自己的工具，因此可以全面参与产品的开发过程。除了 Creo Parametric 之外，还有多个独立的应用程序在二维和三维 CAD 建模、分析及可视化方面提供了新的功能。Creo 还提供了空前的互操作性，可确保在内部和外部团队之间轻松共享数据。

作为 PTC 闪电计划中的一员，Creo 具备互操作性、开放、易用三大特点。在产品生命周期中，不同的用户对产品开发有着不同的需求。不同于其他解决方案，Creo 旨在消除 CAD 行业中几十年迟迟未能解决的问题：基本的易用性、互操作性和装配管理；采用全新的方法实现解决方案（建立在 PTC 的特有技术和资源上）；提供一组可伸缩、可互操作、开放且易于使用的机械设计应用程序；为设计过程中的每名参与者适时提供合适的解决方案。

为了系统、全面地学习 Creo 8.0，读者可通过本书快速入门与深入实战，其特色如下：

（1）内容全面。涵盖了二维草图设计、零件设计、钣金设计、装配设计、工程图设计等。

（2）讲解详细，条理清晰。保证自学的读者能独立学习和实际使用 Creo 8.0 软件。

（3）范例丰富。本书对软件的主要功能命令，先结合简单的范例进行讲解，然后安排一些较复杂的综合案例帮助读者深入理解、灵活运用。

（4）写法独特。采用 Creo 8.0 的真实对话框、操控板和按钮进行讲解，使初学者可以直观、准确地操作软件，大大提高学习效率。

（5）附加值高。本书制作了包含几百个知识点、设计技巧和工程师多年设计经验的视频，时间长达 1361 分钟。

资源下载提示

素材等资源：扫描目录上方的二维码下载。

视频等资源：扫描封底的文泉云盘防盗码，再扫描书中相应章节中的二维码，可以在线学习。

本书由邵为龙编著，参加编写的人员还有吕广凤、邵玉霞、陆辉、冯元超、石磊、邵翠丽、陈瑞河、吕凤霞、孙德荣、吕杰。本书经过多次审核，如有疏漏之处，恳请广大读者予以指正，以便及时更新和改正。

编　者
2023 年 3 月

目　　录

教学课件（PPT）

配套资源

第1章

Creo 概述

1.1 Creo 8.0 主要功能模块简介

Creo（Pro/E）是美国 PTC 公司于 2010 年 10 月推出的 CAD 设计软件包。Creo 是整合了 PTC 公司的 Pro/Engineer 的参数化技术、CoCreate 的直接建模技术和 ProductView 的三维可视化技术的新型 CAD 设计软件包，是 PTC 公司闪电计划所推出的第 1 个产品。作为 PTC 闪电计划中的一员，Creo 具备互操作性、开放、易用三大特点。

Creo 是一个可伸缩的套件，集成了多个可互操作的应用程序，功能覆盖整个产品开发领域。Creo 的产品设计应用程序使企业中的每个人都能使用最适合自己的工具，因此，可以全面参与产品开发过程。除了 Creo Parametric 之外，还有多个独立的应用程序在二维和三维 CAD 建模、分析及可视化方面提供了新的功能。Creo 还提供了空前的互操作性，可确保在内部和外部团队之间轻松共享数据。

在 Creo 8.0 中可以进行零件设计、装配设计、工程图设计、曲面设计、柔性建模、自顶向下设计、框架设计、钣金设计、动画与运动仿真设计、管道设计、电气布线、模具设计、数控编程、逆向设计、结构分析等。通过认识 Creo 8.0 中的模块，读者可以快速了解它的主要功能。下面具体介绍 Creo 8.0 中的一些主要功能模块。

1. 零件设计

Creo 零件设计模块主要用于二维草图及各种三维零件结构的设计，Creo 零件设计模块利用基于特征的思想进行零件设计，零件上的每个结构（如凸台结构、孔结构、倒圆角结构、倒斜角结构等），都可以看作一个个的特征（如拉伸特征、孔特征、倒圆角特征、倒斜角特征等），Creo 零件设计模块具有各种功能强大的面向特征的设计工具，能够方便地进行各种零件结构设计。

2. 装配设计

Creo 装配设计模块主要用于产品装配设计，其中提供了两种装配设计方法供用户使用，一种是自底向上的装配设计方法，另一种是自顶向下的装配设计方法。使用自底向上的装配设计方法可以将已经设计好的零件导入 Creo 装配设计环境进行参数化组装以得到最终的装配产品；使用自顶向下设计方法首先设计产品总体结构造型，然后分别向产品零件级别进行细分以完成所有产品零部件结构的设计，得到最终产品。

3. 工程图设计

Creo 工程图设计模块主要用于创建产品工程图，包括产品零件工程图和装配工程图，在工程图模块中，用户能够方便地创建各种工程图视图（如主视图、投影视图、轴测图、剖视图等），还可以进行各种工程图标注（如尺寸标注、公差标注、粗糙度符号标注等），另外工程图设计模块具有强大的工程图模板定制功能及工程图符号定制功能，还可以自动生成零件清单（材料报表），并且提供与其他图形文件（如 DWG、DXF 等）的交互式图形处理，从而扩展 Creo 工程图的实际应用。

4. 曲面设计

Creo 曲面造型设计功能主要用于曲线线框设计及曲面造型设计，用来完成一些曲面造型复杂的产品造型设计，提供多种高级曲面造型工具，如边界混合曲面、可变截面扫描曲面及扫描混合曲面等，帮助用户完成复杂曲面的设计。

Creo 交互曲面设计（ISDX 曲面设计）是 Interactive Surface Design Extensions 的缩写，即交互式曲面设计模块。该模块用于工业造型设计，设计曲面比较自由、灵活，适用于设计曲面特别复杂的零件，或者用一般曲面命令难以实现的曲面设计，用该模块创建的曲面也称"造型"（Style）曲面。ISDX 以"自由曲面模型建构"概念作为出发点，主要以具有很高编辑能力的三维曲线作骨架，来建构外观曲面。这些曲线之所以没有尺寸参数，目的是设计时能够直接调整曲线外观，进行高效设计造型。

5. 自顶向下设计

自顶向下设计（Top_Down Design）是一种从整体到局部的先进设计方法，目前的产品结构设计均采用这种设计方法来设计和管理。其主要思路是：首先设计一个反映产品整体结构的骨架模型，然后从骨架模型往下游细分，得到下游级别的骨架模型及中间控制结构（一般称为控件），然后根据下游级别骨架和控件来分配各个零件间的位置关系和结构，最后根据分配好的零件间的关系，完成各零件的细节设计。

6. 钣金设计

Creo 钣金设计模块主要用于钣金件结构设计，能够完成各种钣金结构的设计，包括钣金平整壁、钣金折弯、钣金弯边、钣金成型与冲压等，还可以在考虑钣金折弯参数的前提下对钣金件进行展平，从而方便钣金件的加工与制造。

7. 框架设计

Creo 框架设计主要用于设计各种型材结构件，如厂房钢结构、大型机械设备上的护栏结构、支撑机架等，这些结构件都是使用各种型材焊接而成的，像这些结构都可以使用 Creo 框架设计功能完成。

8. 动画与运动仿真

Creo 动画设计模块主要用于各种动画效果的设计，方便用户进行产品装配及拆卸动画效果的设计，还有产品机构原理动画的设计，这些动画效果可以作为产品前期的展示与宣传，提前进行市场开发，从而缩短产品从研发到最终量产的周期。还可以作为产品维护展示，指导工作人员进行相关的维护操作。

Creo 机构运动模块主要用于运动学及动力学仿真，用户通过在机构中定义各种机构运动副（如销钉运动副、圆柱运动副、滑动杆运动副等）使机构各部件能够完成不同的动作，还可以向机构中添加各种力学对象（如弹簧、力与扭矩、阻尼、重力、三维接触等）使机构运动仿真更接近于真实水平。因为运动仿真反映的是机构在三维空间的运动效果，所以通过机构运动仿真能够轻松地检查出机构在实际运动中的动态干涉问题，并且能够根据实际需要测量各种仿真数据并导出仿真视频文件，具有很强的实际应用价值。

9. 管道设计

Creo 管道设计模块主要用于三维管道布线设计，用户通过定义管道线材、创建管道路径并根据管道设计需要向管道中添加管道线路元件（如管接头、三通管、各种泵或阀等），能够有效模拟管道的实际布线情况，查看管道在三维空间的干涉问题，另外，模块中提供了多种管道布线方法，帮助用户进行各种情况下的管道布线，从而提高管道布线的设计效率。管道布线完成后，还可以创建管道工程图，用来指导管道的实际加工与制造。

10. 电气布线

Creo 电气布线设计模块主要用于三维电缆布线设计，用户通过定义线材、创建电缆铺设路径，能够有效模拟电缆的实际铺设情况，查看电缆在三维空间的干涉问题，另外，模块中提供了各种整理电缆的工具，帮助用户铺设的电缆更加紧凑，从而节约电缆铺设成本。电缆铺设完成后，还可以创建电缆钉板图，用来指导电缆的实际加工与制造。

11. 逆向设计

逆向工程技术，俗称"抄数"，是指利用三维激光扫描技术（又称"实景复制技术"）或使用三坐标测量仪对实物模型进行测量，以获得物体的点云数据（三维点数据），再利用一定的工程软件对获得的点云数据进行整理、编辑，并获取所需的三维特征曲线，最终通过三维曲面表达出物体的外形，从而重构实物的 CAD 模型。逆向工程是对产品设计过程的一种描述。在实际的产品研发过程中，设计人员可以得到的技术资料往往只是其他厂家产品的实物模型，因此设计人员就需要通过一定的途径，将这些实物信息转换为 CAD 模型，这就需要应用逆向工程技术。

12. 柔性建模

柔性建模是一种非参数化的建模方式，建模时具有相当大的弹性，用户可以非常自由地修改选定的几何对象而不必在意先前存在的关系。柔性建模可以作为参数化建模的一个非常有用的辅助工具，它为用户提供了更高的设计灵活性和编辑效率，使用户对导入特征的编辑更加方便快捷。

13. 模具设计

Creo 模具设计模块主要用于模具设计，如注塑模具设计，提供了多种型芯、型腔设计方法，使用 Creo 模具外挂 EMX，能够帮助用户轻松完成整套模具的模架设计。

14. 数控编程

Creo 数控加工编程模块主要用于模拟零件数控加工操作并得出零件数控加工程序，Creo 将生产过程的生产规划与设计造型连接起来，所以任何在设计上的改变，软件都能自动地将已做过的生产上的程序和资料自动地重新产生，而无须用户自行修正。它将具备完整关联性的 Pro/E 产品线延伸至加工制造的工作环境里。它容许用户采用参数化的方法去定义数值控制（NC）工具路径，凭此可将 Creo 生成的模型进行加工。这些信息接着进行后期处理，产生驱动 NC 器件所需的编码。

15. 结构分析

Creo 结构分析模块主要用于对产品结构进行有限元结构分析，是一个对产品结构进行可靠性研究的重要应用模块，在该模块中具有 Creo 自带的材料库供分析使用，另外还可以自己定义新材料供分析使用，能够方便地加载约束和载荷，模拟产品的真实工况；同时网格划分工具也很强大，网格可控性强，方便用户对不同结构进行有效网格划分。另外，在该模块中可以进行静态及动态结构分析、模态分析、疲劳分析及热分析等。

1.2 Creo 8.0 新功能

为进一步帮助企业产品设计研发团队加速产品设计进程，设计更出色的创新产品，PTC 推出了全新一代三维 CAD 设计软件 Creo 8.0，实现了产品设计的最初阶段无缝过渡到制造及后续阶段。Creo 强大、成熟的功能也很好地融合了新技术，如人工智能、增强现实并行计算、增材制造和 IoT，帮助设计者更快地迭代设计、降低成本并改善产品质量。Creo 8.0 在可用性和效率上显著提高，同时为基于模型的定义（MBD）及增材制造、减材制造增加了全新工具。

相比 Creo 软件的早期版本，最新的 Creo 8.0 做出了如下改进：

（1）二维草图。Creo 8.0 在二维工程图功能上不断完善，整合 Co-Create 相关技术，提升了三维与二维的关联能力。

（2）零件与特征。在核心建模环境的许多方面进行了更新，如孔特性、路由系统、金属板和渲染工作室都可提高生产率；改进了控制面板和模型树接口，可使组织和管理复杂设计变得更加容易。

（3）MBD。对 MBD 工作流程的改进可缩短上市时间、减少错误和降低成本，同时不影响质量。用户现在可利用引导应用的组件验证几何尺寸和公差，简化设计验证过程。

（4）创成式设计。Creo 中的创新创成式设计功能现在可以自动确定其自身的解决方案，同时可更广泛地满足基于草图的紧凑半径制造要求。

（5）仿真。在屡获殊荣的 Creo 实时仿真和 Creo Ansys 仿真产品中，增强了稳定状态流体功能并改进了网格控制，从而可推动设计创新。

（6）增材与减材制造。现在可以使用仿真结果优化格栅结构，从而大幅缩短制造时间和零件质量。Creo 8.0 的增强功能还包括将高速铣削刀具轨迹扩展到 5 个轴上，从而缩短设置和加工时间。

1.3　Creo 8.0 软件的安装

1.3.1　Creo 8.0 软件安装的硬件要求

Creo 8.0 软件系统可以安装在工作站（Work Station）或者个人计算机（PC）上运行。在个人计算机上安装，为了保证软件安全和正常使用，计算机硬件要求如下。

（1）CPU 芯片：推荐使用 Intel 公司生产的酷睿四核或者八核以上处理器（Intel 酷睿 i5 10400F、Intel 酷睿 i7 10700K（十代））。

（2）磁盘空间：建议使用 16GB、30GB 或者以上。

（3）内存：内存最低 8GB，推荐 16GB 或者更大。

（4）硬盘：安装 Creo 8.0 软件系统的基本模块，需要 16GB 左右的空间，考虑到软件启动后虚拟内存及获取联机帮助的需要，建议硬盘准备 20GB 以上的空间，建议固态硬盘（256GB 或者 512GB）加机械硬盘（1TB 或者 2TB）结合。

（5）显卡：最低使用 4GB 显存的显卡，优先考虑专业绘图显卡（如丽台 RTX4000 8GB 专业绘图显卡、丽台 P2200 5GB 专业绘图显卡）。

（6）鼠标：建议使用三键（带滚轮）鼠标。

（7）显示器：一般要求 15 英寸以上。

（8）键盘：标准键盘。

1.3.2　Creo 8.0 软件安装的操作系统要求

Creo 8.0 可以在 Windows 7 64 位、Windows 8、Windows 10 系统下运行。

1.3.3　单机版 Creo 8.0 软件的安装

安装 Creo 8.0 的操作步骤如下。

步骤 1　将 Creo 8.0 软件安装文件复制到计算机中，然后双击 setup 文件，等待片刻后会出现如图 1.1 所示的安装界面。

步骤 2　在如图 1.1 所示的 Creo 安装助手对话框中单击 下一步(N) 按钮，系统会弹出如图 1.2 所示的对话框。

步骤 3　在如图 1.2 所示的 Creo 安装助手对话框中选中"我接受软件许可协议"单选项，然后单击 下一步(N) 按钮，系统会弹出如图 1.3 所示的对话框。

步骤 4　在如图 1.3 所示的 Creo 安装助手对话框中选择官方授权的许可文件，然后单击 下一步(N) 按钮，系统会弹出如图 1.4 所示的对话框。

图 1.1　Creo 安装助手对话框

图 1.2　许可协议

图 1.3　许可证

图 1.4　应用程序选择

步骤 5　在如图 1.4 所示 Creo 安装助手对话框中选择需要安装的应用程序，然后单击 下一步(N) 按钮，系统会弹出如图 1.5 所示的对话框。

图 1.5　自定义应用程序

步骤 6　在如图 1.5 所示的 Creo 安装助手对话框中选择需要安装的应用程序模块，然后单击 安装 按钮，系统会弹出如图 1.6 所示的对话框。

步骤 7　安装完成后单击对话框中的 完成(F) 按钮完成安装，如图 1.7 所示。

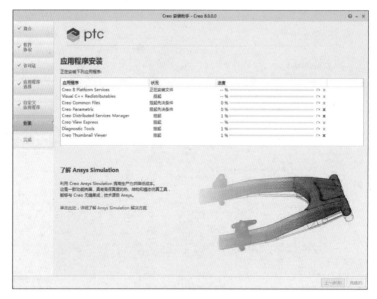

图 1.6　应用程序安装

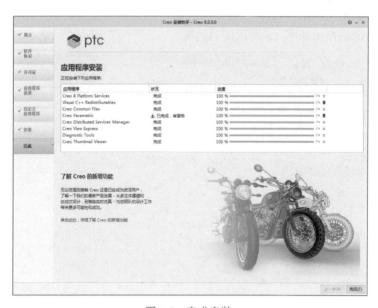

图 1.7　完成安装

第 2 章

Creo 软件的工作界面与基本操作设置

2.1　工作目录

▷ 7min

1. 什么是工作目录

工作目录简单来讲就是一个文件夹，这个文件夹的作用又是什么呢？我们都知道当使用 Creo 完成一个零件的具体设计后，肯定需要将其保存下来，这个保存的位置就是工作目录。

2. 为什么要设置工作目录

工作目录其实是用来帮助我们管理当前所做的项目的，是一个非常重要的管理工具。下面以一个简单的装配文件为例，介绍工作目录的重要性：例如一个装配文件需要 4 个零件来装配，如果之前没注意工作目录的问题，将这 4 个零件分别保存在 4 个文件夹中，则在装配时，依次需要到这 4 个文件夹中寻找装配零件，这样操作起来就比较麻烦，也不便于工作效率的提高，最后在保存装配文件时，如果不注意，则很容易将装配文件保存于一个我们不知道的地方，如图 2.1 所示。

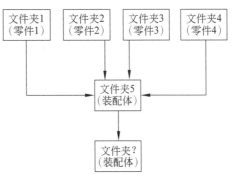

图 2.1　不合理的文件管理

如果在进行装配之前设置了工作目录，并且对这些需要进行装配的文件进行了有效管理（将这 4 个零件都放在创建的工作目录中），则这些问题都不会出现；另外，我们在完成装配后，装配文件和各零件都必须保存在同一个文件夹中（同一个工作目录中），否则下次打开装配文件时会出现打开失败的问题，如图 2.2 所示。

3. 如何设置工作目录

在项目开始之前，首先在计算机上创建一个文件夹作为工作目录，如在 D 盘中创建一个 Creo 8.0 的文件夹，用来存放和管理该项目的所有文件，如零件文件、装配文件和工程图文件等。

设置永久工作目录的方法如下。

步骤1　在计算机桌面右击 Creo 8.0 的快捷图标，在弹出的下拉列表中选择"属性"

命令，系统会弹出如图 2.3 所示的"属性"对话框。

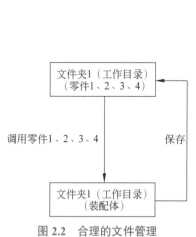

图 2.2　合理的文件管理

图 2.3　"属性"对话框

步骤 2　在 起始位置(S): 文本框中输入默认工作目录位置（例如 D:\Creo 8.0\work），单击 确定 按钮完成设置。

2.2　软件的启动与退出

▷ 4min　2.2.1　软件的启动

启动 Creo 软件主要有以下几种方法。

方法 1：双击 Windows 桌面上的 Creo Parametric 8.0.0.0 软件快捷图标，如图 2.4 所示。

方法 2：右击 Windows 桌面上的 Creo Parametric 8.0.0.0 软件快捷图标选择"打开"命令，如图 2.5 所示。

说明：读者在正常安装 Creo 8.0 之后，在 Windows 桌面上都会显示 Creo 8.0 的快捷图标。

方法 3：从 Windows 系统开始菜单启动 Creo 8.0 软件，操作方法如下。

步骤 1　单击 Windows 左下角的 按钮。

步骤 2　选择 → PTC → Creo Parametric 8.0.0.0 命令，如图 2.6 所示。

方法 4：双击现有的 Creo 文件也可以启动软件。

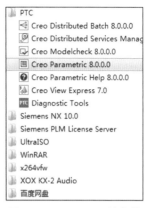

图 2.4　Creo 8.0 快捷图标　　　　图 2.5　右击快捷菜单　　　　图 2.6　Windows 开始菜单

2.2.2　软件的退出

退出 Creo 软件主要有以下几种方法。

方法 1：选择下拉菜单"文件"→"退出"命令退出软件。

方法 2：单击软件右上角的 ❎ 按钮。

2.3　Creo 8.0 工作界面

在学习本节前,先打开一个随书配套的模型文件。选择下拉菜单"文件"→"文件打开"命令，在"文件打开"对话框中的选择目录 D:\Creo 8.0\work\ch02.03，选中"转板 .prt"文件，单击"打开"按钮。

2.3.1　基本工作界面

Creo 8.0 版本零件设计环境的工作界面主要包括快速访问工具栏、标题栏、功能选项卡、模型树、图形区、视图前导栏和消息区等，如图 2.7 所示。

▶ 21min

1. 快速访问工具栏

快速访问工具栏包含了新建、打开、保存、关闭等与文件相关的常用功能，快速访问工具栏为快速进入命令提供了极大的方便。

快速访问工具栏中的内容是可以自定义的,用户可以单击快速访问工具栏最右侧的"工具栏选项"▾按钮，系统会弹出如图 2.8 所示的下拉菜单，前面有 ☑ 代表已经在快速访问工具栏中显示，前面没有 ☑ 代表没有在快速访问工具栏中显示。

2. 标题栏

标题栏主要用于显示当前打开文件的名称、是否为活动窗口及当前软件版本信息，如图 2.9 所示说明当前打开文件为转板，为活动窗口，当前软件版本为 8.0。

快速访问工具栏　　　　　　　　标题栏　　　　　　　　功能选项卡区

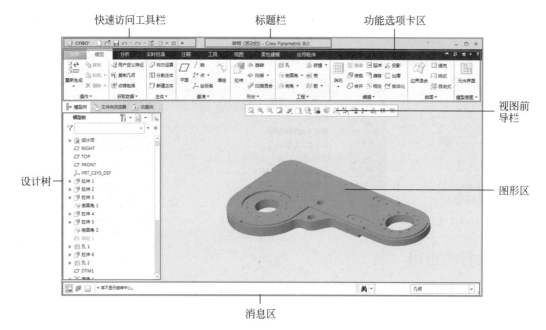

设计树

视图前
导栏

图形区

消息区

图 2.7　工作界面

图 2.8　快速访问工具栏自定义

转板 (活动的) - Creo Parametric 8.0

图 2.9　标题栏

3. 功能选项卡

功能选项卡显示了 Creo 建模中的所有功能按钮，并以选项卡的形式进行分类；有的面板中没有足够的空间显示所有的按钮，用户在使用时可以单击下方或者右侧带三角的按钮 ，以展开折叠区域，显示其他相关的命令按钮。

> **注意：** 用户会看到有些菜单命令和按钮处于非激活状态（呈灰色，即暗色），这是因为它们目前还没有处在发挥功能的环境中，一旦它们进入有关的环境，便会自动激活。

下面是零件模块功能区中部分选项卡的介绍。

（1）模型功能选项卡包含 Creo 中常用的零件建模工具，主要有获取数据工具、主体创建与编辑工具、基准工具、实体造型工具、实体编辑工具、曲面编辑工具、曲面创建工具及模型意图相关工具等，如图 2.10 所示。

图 2.10　模型功能选项卡

（2）分析功能选项卡主要用于数据的测量、曲线质量的分析、曲面质量的分析、质量属性的测量、设计研究分析等，如图 2.11 所示。

图 2.11　分析功能选项卡

（3）实时仿真功能选项卡主要用于对模型进行结构仿真研究、热仿真研究、模态仿真研究及流体仿真研究等，如图 2.12 所示。

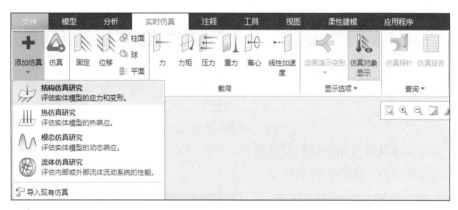

图 2.12　实时仿真功能选项卡

说明：用实时仿真对计算机的显卡要求更高，对于基于专用 NVIDIA 图形处理芯片的 Kepler、Maxwell 或者 Pascal 架构，2013 年以后生产的大多数专用 NVIDIA 显卡支持这些架构。显卡至少有 4GB 显存（推荐 8GB 或者更高），否则会弹出图 2.13 所示的"无法运行实时仿真"对话框。

（4）注释功能选项卡主要用于控制注释平面、添加三维注释及添加基准注释等，如图 2.14 所示。

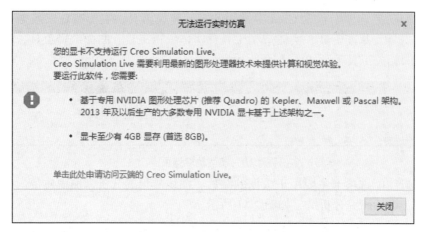

图 2.13　"无法运行实时仿真"对话框

图 2.14　注释功能选项卡

（5）工具功能选项卡用于查询特征或者模型信息、比较零件、添加参数方程、建立 UDF 库等，如图 2.15 所示。

图 2.15　工具功能选项卡

（6）视图功能选项卡用于调整颜色外观、更改视图方位、进行视图管理、控制对象显示及激活关闭窗口等，如图 2.16 所示。

图 2.16　视图功能选项卡

（7）柔性建模功能选项卡用于形状曲面选择、柔性变换、柔性识别及编辑特征等，如图 2.17 所示。

（8）应用程序功能选项卡主要用于在不同工作环境之间灵活切换，如图 2.18 所示。

图 2.17　柔性建模功能选项卡

图 2.18　应用程序功能选项卡

4. 模型树

模型树中列出了活动文件中的所有零件、特征及基准和坐标系等，并以树的形式显示模型结构。模型树的主要功能作用有以下几点：

（1）查看模型的特征组成。例如，如图 2.19 所示的带轮模型就是由旋转和孔两个特征组成的。查看每个特征的创建顺序。例如，如图 2.19 所示的模型，第 1 个创建的特征为旋转，第 2 个创建的特征为孔。

（2）查看每步特征创建的具体结构。将鼠标放到如图 2.19 所示的控制棒上，此时鼠标形状将会变为一个小手的图形，按住鼠标左键将其拖动到旋转 1 下，此时绘图区将只显示旋转 1 创建的特征，如图 2.20 所示。

（3）编辑修改特征参数。右击需要编辑的特征，在系统弹出的下拉菜单中选择 ✎（编辑特征）命令就可以修改特征数据了。

5. 图形区

Creo 各种模型图像的显示区，也叫主工作区，类似于计算机的显示器。

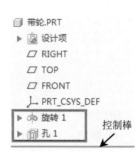

图 2.19　设计树

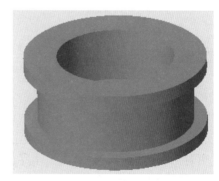

图 2.20　旋转特征 1

6. 视图前导栏

视图前导栏主要用于控制模型的各种显示，例如放大与缩小、基准的显示与隐藏、重画图形、调整模型显示方式、视图方位的调整、注释的显示与隐藏、透视开关等。

7. 消息区

在用户操作软件的过程中，消息区会实时地显示与当前操作相关的提示信息等，以引导用户操作，也可以定义选择过滤器，如图 2.21 所示。

提示信息   选择过滤器

图 2.21　状态栏

▶ 7min

2.3.2　工作界面的自定义

在进入 Creo 8.0 后，在零件设计环境下选择下拉菜单"文件"→"选项"，系统会弹出如图 2.22 所示的选项对话框，在自定义区域中可以对功能区、快速访问工具栏、快捷菜单及键盘快捷方式进行自定义。

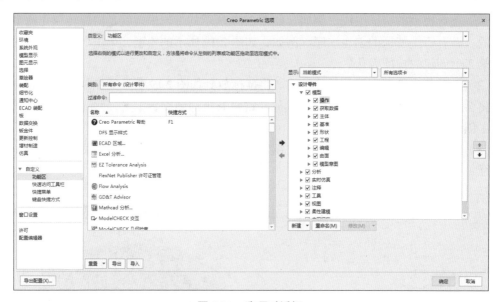

图 2.22　选项对话框

1. 功能区的自定义

在如图 2.22 所示的"选项"对话框中单击"自定义"下的"功能区"节点，就可以进行功能区的自定义，用户可以非常方便地控制功能选项卡是否显示在工作界面，例如默认情况下"实时仿真"选项卡显示在工作界面，如图 2.23 所示。必要时可以将"实时仿真"前的图标□取消选中，此时工作界面中将不显示"实时仿真"选项卡，如图 2.24 所示。

用户可以非常方便地控制功能选项卡下各区域是否显示在工作界面，例如默认情况下"工具"选项卡"增强现实"区域显示在工作界面,如图 2.25 所示。必要时可以将"增强现实"前的图标□取消选中，此时工作界面中将不显示"增强现实"区域，如图 2.26 所示。

图 2.23　显示"实时仿真"选项卡

图 2.24　不显示"实时仿真"选项卡

图 2.25　显示"增强现实"区域

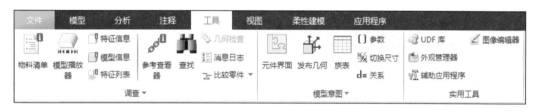

图 2.26　不显示"增强现实"选项卡

2. 快速访问工具栏的自定义

在如图 2.22 所示的"选项"对话框中单击"自定义"下的"快速访问工具栏"节点，就可以进行快速访问工具栏的自定义，用户可以将现有的功能移除，例如默认情况下"快速访问工具栏"中包含"重新生成"命令，如图 2.27 所示。必要时可以选中 🔁 重新生成 ，然后选择 ◀ 命令，此时快速访问工具栏将不显示"重新生成"命令，如图 2.28 所示；用户也可以从左侧的命令列表中选择需要添加的新功能，将其添加到快速访问工具栏中。

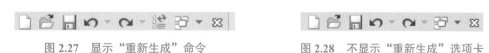

图 2.27　显示"重新生成"命令　　　图 2.28　不显示"重新生成"选项卡

3. 键盘快捷定义

在如图 2.22 所示的"选项"对话框中单击"自定义"下的"键盘快捷方式"节点，如图 2.29 所示，就可以设置功能命令的快捷键，这样就可以快速方便地执行命令，提高设计效率。

图 2.29　键盘选项卡

7min

2.4　Creo 基本鼠标操作

使用 Creo 软件执行命令时，主要是用鼠标指针单击工具栏中的命令图标执行命令，也可以选择下拉菜单或者用键盘上的快捷键来执行命令，可以使用键盘输入相应的数值。与其他的 CAD 软件类似，Creo 也提供了各种鼠标功能，包括执行命令、选择对象、弹出快捷菜单、控制模型的旋转、缩放和平移等。

2.4.1　使用鼠标控制模型

1. 旋转模型

按住鼠标中键，移动鼠标就可以旋转模型，鼠标移动的方向就是旋转的方向。

> **注意：** 当视图前导栏按下⬙时，系统将以图形区的⬙为中心旋转视图。当视图前导栏没有按下⬙时，系统将以鼠标位置为中心旋转视图。

2. 缩放模型

滚动鼠标中键，向前滚动可以缩小模型，向后滚动可以放大模型。

先按住 Ctrl 键，然后按住鼠标中键，向前移动鼠标可以缩小模型，向后移动鼠标可以放大模型。

选择"视图"功能选项卡"方向"区域中的⊕（放大）与⊖缩小命令也可以放大及缩小

模型。

3. 平移模型

先按住 Shift 键，然后按住鼠标中键，移动鼠标就可以移动模型，鼠标移动的方向就是模型移动的方向。

选择"视图"功能选项卡"方向"区域中的 🖐 平移 命令也可以平移模型。

2.4.2　对象的选取

1. 选取单个对象

直接用鼠标左键单击需要选取的对象。

在模型树中单击对象名称即可选取对象，被选取的对象会加亮显示。

2. 选取多个对象

按住 Ctrl 键，用鼠标左键单击多个对象就可以选取多个对象。

在模型树中按住 Ctrl 键单击多个对象名称即可选取多个对象。

在模型树中按住 Shift 键选取第一对象，再选取最后一个对象，就可以选中从第 1 个到最后一个对象之间的所有对象。

3. 利用选择过滤器工具栏选取对象

使用如图 2.30 所示的选择过滤器工具栏可以帮助我们选取特定类型的对象，例如只想选取边线，此时可以打开选择过滤器，选择"边"即可。

图 2.30　选择过滤器工具栏

注意： 当选择"边"时，系统将只可以选取边线对象，不能选取其他对象。

2.5　Creo 文件操作

2.5.1　打开文件

▷ 2min

正常启动软件后，要想打开名称为转板的文件，其操作步骤如下。

步骤 1 设置工作目录位置。选择"主页"功能选项卡"数据"区域中的 🖳（选择工作目录）命令，将工作目录设置到 D:\Creo 8.0\work\ch02.05。

步骤 2 选择命令。选择"主页"功能选项卡"数据"区域中的 🖿（打开）命令，如图 2.31 所示（或者选择快速访问工具栏中的 🖿 命令），系统会弹出打开对话框。

步骤 3 打开文件。在文件列表中选中要打开的文件名为转板 .prt 的文件，单击"打开"按钮，即可打开文件（或者双击文件名也可以打开文件）。

注意：单击"类型"右侧的 ☑ 按钮，选择某一种文件类型，此时文件列表中将只显示此类型的文件，方便用户打开某一种特定类型的文件，如图 2.32 所示。

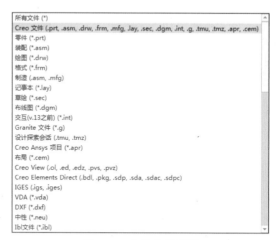

图 2.31　选择命令　　　　　　　　　　图 2.32　文件类型列表

2.5.2　保存文件

⏵ 4min

　　保存文件非常重要，读者一定要养成间隔一段时间就对所做工作进行保存的习惯，这样就可以避免出现一些意外而造成不必要的麻烦。保存文件分两种情况：如果要保存已经打开的文件，则文件保存后系统会自动覆盖当前文件；如果要保存新建的文件，则系统会弹出另存为对话框，下面以新建一个 save 文件并保存为例，说明保存文件的一般操作过程。

　　步骤 1　设置工作目录位置。选择"主页"功能选项卡"数据"区域中的 ☑（选择工作目录）命令，将工作目录设置到 D:\Creo 8.0\work\ch02.05。

　　步骤 2　新建文件。选择"主页"功能选项卡"数据"区域中的 ☐（新建）命令，（或者选择快速访问工具栏中的 ☐ 命令），系统会弹出如图 2.33 所示的"新建"对话框。

　　步骤 3　选择类型。在"新建"对话框类型区域选中 ◉ ☐ 零件 单选项，在"子类型"区域选中 ◉ 实体 单选项。

　　步骤 4　设置名称。在"新建"对话框"文件名"文本框中输入 save。

　　步骤 5　选择合适零件模板。在"新建"对话框中取消选中 ☐ 使用默认模板，单击 确定 按钮，系统会弹出如图 2.34 所示的"新文件选项"对话框，在"模板"列表中选择 mmns_part_solid_rel。

注意：mmns-part-solid-rel 代表长度单位为 mm，力的单位为 N，时间单位为 s，part 代表零件，rel 代表是节点的相对位移值。

图 2.33　"新建"对话框

图 2.34　"新文件选项"对话框

步骤6　单击 确定 按钮完成模型的新建。

步骤7　保存文件。选择快速访问工具栏中的 🖫 命令（或者选择下拉菜单"文件"→"保存"命令），系统会弹出"保存对象"对话框，单击 确定 按钮完成保存操作。

> **注意：** 在文件下拉菜单中有一个另存为命令，保存与另存为的区别主要在于：保存是保存当前文件，另存为可以将当前文件复制后进行保存，并且保存时可以调整文件名称，原始文件不受影响。

2.5.3　关闭文件

用户可以通过选择下拉菜单"文件"→"关闭"命令（或者按快捷键 Ctrl+W）直接关闭文件。

▷ 1min

第 3 章 Creo 二维草图设计

3.1 Creo 二维草图设计概述

Creo 零件设计是以特征为基础进行创建的，大部分零件的设计来源于二维草图。一般的设计思路为首先创建特征所需的二维草图，然后将此二维草图结合某个实体建模的功能将其转换为三维实体特征，多个实体特征依次堆叠得到零件，因此二维草图在零件建模中是最基层也是最重要的部分，非常重要。掌握绘制二维草图的一般的方法与技巧对于创建零件及提高零件设计的效率都非常关键。

> **注意：** 二维草图的绘制必须选择一个草图基准面，也就是要确定草图在空间中的位置（打个比方：草图相当于写的文字，我们都知道写字要有一张纸，要把字写在一张纸上，纸就是草图基准面，纸上写的字就是二维草图，并且一般写字时要把纸铺平之后写，所以草图基准面需要是一个平的面）。草图基准面可以是系统默认的 3 个基准平面（RIGHT、TOP 和 FRONT，如图 3.1 所示），也可以是现有模型的平面表面，另外还可以是我们自己创建的基准平面。

图 3.1　系统默认基准平面

⏵ 5min

3.2　进入与退出二维草图设计环境

1. 进入草图环境的操作方法

1）方法一

步骤1　启动 Creo 软件。

步骤2　新建草图文件。选择"主页"功能选项卡"数据"区域中的 ▯（新建）命令，（或者选择快速访问工具栏中的 命令），系统会弹出"新建"对话框；在"新建"对话框类型区域选中 ⊙ 草绘 单选项。

步骤 3 在"新建"对话框"文件名"文本框中输入草图文件的名称，单击 确定 按钮完成草图的新建。

2）方法二

步骤 1 新建零件文件。选择"主页"功能选项卡"数据"区域中的 （新建）命令，系统会弹出"新建"对话框；在"新建"对话框类型区域选中 ⊙ 零件 单选项，在"子类型"区域选中 ⊙ 实体 单选项；在"新建"对话框"文件名"文本框中输入零件名称；取消选中 □ 使用默认模板 ，单击 确定 按钮，系统会弹出"新文件选项"对话框，在"模板"列表中选择 mmns_part_solid_rel ；单击 确定 按钮完成模型的新建。

图 3.2 "草绘"对话框

步骤 2 选择命令。选择"模型"功能选项卡"基准"区域中的 （草绘）命令，系统会弹出如图 3.2 所示的"草绘"对话框。

步骤 3 选择草绘平面与参考。在系统提示下选取 TOP 平面作为草绘平面，系统会自动选取 RIGHT 平面作为参考平面，参考方向为"右"。

步骤 4 单击 确定 按钮进入草图环境。

> **说明：**
> （1）在绘制草图时，必须选择一个草图平面才可以进入草图环境进行草图的具体绘制。
> （2）以后在绘制草图时，如果没有特殊说明，则是在 TOP 面上进行草图绘制。

2. 退出草图环境的操作方法

在草图设计环境中单击"草绘"功能选项卡"关闭"区域中的 ✔（确定）命令或者在图形区按住鼠标右键在弹出的快捷菜单中选择 ✔ 命令。

3.3 草绘前的基本设置

▷ 6min

1. 设置栅格间距

进入草图设计环境后，用户可以根据所做模型的具体大小设置草图环境中网格的大小，这样对于控制草图的整体大小非常有帮助，下面介绍显示控制网格大小的方法。

步骤 1 进入草图环境后，选择"草绘"功能选项卡"设置"下的"栅格设置"命令，如图 3.3 所示，系统会弹出如图 3.4 所示的"栅格设置"对话框。

步骤2 在"栅格设置"对话框"间距"区域选中 ⊙ 静态 ，在 X 轴 文本框中输入水平栅格间距（例如 5），在 Y 轴 文本框中输入竖直栅格间距（例如 5）。

步骤3 单击 确定 按钮完成栅格的设置。

步骤4 显示栅格。在视图前导栏选中 下的 ☑ 栅格显示 ，即可显示栅格，如图 3.5 所示。

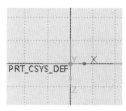

图 3.3 "栅格设置"命令　　　图 3.4 "栅格设置"对话框　　　图 3.5 显示栅格

2. 设置系统捕捉

在"草绘"功能选项卡"设置"区域下的 捕捉设置 后选中 ☑ 捕捉到栅格 选项，如图 3.6 所示。

3. 设置草图平面的自动正视

在 Creo 建模环境绘制草图时，系统默认不会将草图平面正视，如图 3.7 所示；用户可以通过选择"文件"→"选项"命令，系统会弹出如图 3.8 所示的"选项"对话框，选中左侧的"草绘器"节点，在"草绘器启动"区域选中 ☑ 使草绘平面与屏幕平行 选项，此时在新建草图时，系统会自动将草图平面正视。

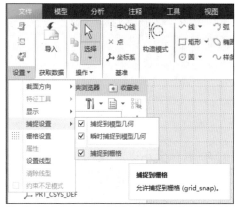

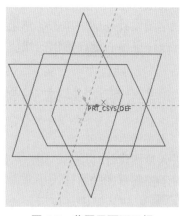

图 3.6 捕捉到栅格　　　　　　　图 3.7 草图平面不正视

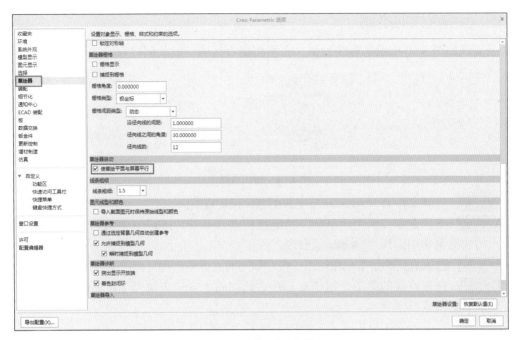

图 3.8　"选项"对话框

3.4　Creo 二维草图的绘制

3.4.1　直线的绘制

3min

步骤 1　进入草图环境。选择"主页"功能选项卡"数据"区域中的 ▯（新建）命令，（或者选择快速访问工具栏中的 ▯ 命令），系统会弹出"新建"对话框；在"新建"对话框类型区域选中 ◉ ▨ 草绘 单选项，在"新建"对话框"文件名"文本框中输入草图文件的名称，单击 确定 按钮完成草图的新建。

步骤 2　选择命令。选择"草绘"功能选项卡"草绘"区域中的 ⌵ 线 命令（用户还可以在图形区右击，在系统弹出的快捷菜单中选择"草绘工具"区域中的 ⌵ 命令）。

步骤 3　选取直线起点。在图形区任意位置单击，即可确定直线的起始点（单击位置就是起始点位置），此时可以在绘图区看到"橡皮筋"线附着在鼠标指针上，如图 3.9 所示。

步骤 4　选取直线终点。在图形区任意位置单击，即可确定直线的终点（单击位置就是终点位置），系统会自动在起点和终点之间绘制 1 条直线，并且在直线的终点处再次出现"橡皮筋"线。

步骤 5　连续绘制。重复步骤 4 可以创建一系列连续的直线。

步骤 6　结束绘制。在键盘上按两次 Esc 键，结束直线的绘制。

图 3.9　直线绘制"橡皮筋"

▷ 3min

3.4.2　相切直线的绘制

下面以如图 3.10 所示的直线为例，介绍相切直线的一般绘制过程。

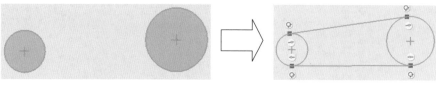

(a) 绘制前　　　　　　　　　　　　　　(b) 绘制后

图 3.10　相切直线 1

步骤 1 打开文件 D:\Creo8.0\work\ch03.04\ 相切直线 -ex。

步骤 2 选择命令。单击"草绘"功能选项卡"草绘"区域中 ∿ 线 后的 ▾ 按钮，在系统弹出的快捷菜单中选择 ╲ 直线相切 命令。

步骤 3 选取直线的第 1 个相切点。在左侧圆的上方单击便可确定直线的第 1 个相切点。

步骤 4 选取直线的第 2 个相切点。在右侧圆的上方单击便可确定直线的第 2 个相切点，完成后如图 3.11 所示。

步骤 5 参考步骤 3 与步骤 4 的操作完成第 2 条相切线的绘制。

> 说明：在选取相切点位置时，选取的位置不同，所做的相切线就不同，当都靠近上方选取时，结果如图 3.11 所示，当一个靠近上方，另一个靠近下方选取时，效果如图 3.12 所示。

图 3.11　相切直线 2　　　　　　　　图 3.12　相切直线 3

▷ 2min

3.4.3　中心线的绘制

步骤 1 选择命令。选择"草绘"功能选项卡"草绘"区域中的 ┊ 中心线 命令（用户还可以在图形区右击，在系统弹出的快捷菜单中选择"草绘工具"区域中的 ┊ 命令）。

步骤 2 选取中心线的参考点 1。在图形区任意位置单击，即可确定中心线的第 1 个参考点（单击位置就是参考点位置），此时可以在绘图区看到"橡皮筋"线附着在鼠标指针上。

步骤 3 选取中心线的参考点 2。在图形区任意位置单击，即可确定中心线的第 2 个参考点（单击位置就是参考点位置），系统会自动在两个参考点之间绘制 1 条无限长度的中心线。

步骤 4　结束绘制。在键盘上按 Esc 键，结束中心线的绘制，如图 3.13 所示。

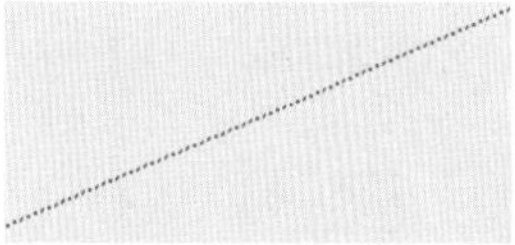

3.4.4　矩形的绘制

图 3.13　中心线

▷ 9min

方法一：拐角矩形

步骤 1　选择命令。单击"草绘"功能选项卡"草绘"区域中 □ 矩形 后的 ▾ 按钮，在系统弹出的快捷菜单中选择 □ 拐角矩形 命令。

步骤 2　定义拐角矩形的第 1 个角点。在图形区任意位置单击，即可确定拐角矩形的第 1 个拐角。

步骤 3　定义拐角矩形的第 2 个角点。在图形区任意位置再次单击，即可确定拐角矩形的第 2 个拐角，此时系统会自动在两个拐角点之间绘制并得到一个拐角矩形。

步骤 4　结束绘制。在键盘上按 Esc 键，结束拐角矩形的绘制。

说明：拐角矩形的第 1 个角点与第 2 个角点之间的水平距离决定了矩形的长度，拐角矩形第 1 个角点与第 2 个角点之间的竖直距离决定了矩形的宽度。

方法二：斜矩形

步骤 1　选择命令。单击"草绘"功能选项卡"草绘"区域中 □ 矩形 后的 ▾ 按钮，在系统弹出的快捷菜单中选择 ◇ 斜矩形 命令。

步骤 2　定义斜矩形的第 1 个角点。在图形区任意位置单击，即可确定斜矩形的第 1 个角点。

步骤 3　定义斜矩形的第 2 个角点。在图形区任意位置再次单击，即可确定斜矩形的第 2 个角点。

说明：斜矩形的第 1 个角点与第 2 个角点之间连线的角度直接决定了矩形的倾斜角度。

步骤 4　定义斜矩形的第 3 个角点。在图形区任意位置再次单击，即可确定斜矩形的第 3 个角点，此时系统会自动在 3 个点之间绘制并得到一个矩形。

步骤 5　结束绘制。在键盘上按 Esc 键，结束斜矩形的绘制。

方法三：中心矩形

步骤 1　选择命令。单击"草绘"功能选项卡"草绘"区域中 □ 矩形 后的 ▾ 按钮，在系统弹出的快捷菜单中选择 □ 中心矩形 命令。

步骤 2　定义中心矩形的中心。在图形区任意位置单击，即可确定中心矩形的中心点。

步骤 3　定义中心矩形的一个角点。在图形区任意位置再次单击，即可确定中心矩形的角点，此时系统会自动绘制并得到一个中心矩形。

步骤 4 结束绘制。在键盘上按 Esc 键，结束中心矩形的绘制。

方法四：平行四边形

步骤 1 选择命令。单击"草绘"功能选项卡"草绘"区域中 □ 矩形 后的 ▾ 按钮，在系统弹出的快捷菜单中选择 ▱ 平行四边形 命令。

步骤 2 定义平行四边形的第 1 个角点。在图形区任意位置单击，即可确定平行四边形的第 1 个角点。

步骤 3 定义平行四边形的第 2 个角点。在图形区任意位置再次单击，即可确定平行四边形的第 2 个角点。

步骤 4 定义平行四边形的第 3 个角点。在图形区任意位置再次单击，即可确定平行四边形的第 3 个角点，此时系统会自动在 3 个点间绘制并得到一个平行四边形。

步骤 5 结束绘制。在键盘上按 Esc 键，结束平行四边形的绘制。

▷ 8min

3.4.5　圆的绘制

方法一：圆心和点方式

步骤 1 选择命令。单击"草绘"功能选项卡"草绘"区域中 ⊙ 圆 后的 ▾ 按钮，在系统弹出的快捷菜单中选择 ⊙ 圆心和点 命令。

步骤 2 定义圆的圆心。在图形区任意位置单击，即可确定圆的圆心。

步骤 3 定义圆的圆上点。在图形区任意位置再次单击，即可确定圆的圆上点，此时系统会自动在两个点间绘制并得到一个圆。

步骤 4 结束绘制。在键盘上按 Esc 键，结束圆的绘制。

方法二：三点方式

步骤 1 选择命令。单击"草绘"功能选项卡"草绘"区域中 ⊙ 圆 后的 ▾ 按钮，在系统弹出的快捷菜单中选择 ⊙ 3点 命令。

步骤 2 定义圆上的第 1 个点。在图形区任意位置单击，即可确定圆上的第 1 个点。

步骤 3 定义圆上的第 2 个点。在图形区任意位置再次单击，即可确定圆上的第 2 个点。

步骤 4 定义圆上的第 3 个点。在图形区任意位置再次单击，即可确定圆上的第 3 个点。

步骤 5 结束绘制。在键盘上按 Esc 键，结束圆的绘制。

方法三：同心方式

下面以如图 3.14 所示的圆为例，介绍同心圆的一般绘制过程。

步骤 1 打开文件 D:\Creo8.0\work\ch03.04\ 同心圆 -ex。

步骤 2 选择命令。单击"草绘"功能选项卡"草绘"区域中 ⊙ 圆 后的 ▾ 按钮，在系统弹出的快捷菜单中选择 ◎ 同心 命令。

步骤 3 选择圆心参考。在系统提示下选取如图 3.14(a) 所示的圆弧（系统自动选取圆弧圆心作为圆的圆心）。

步骤 4 定义圆的圆上点。在图形区任意位置再次单

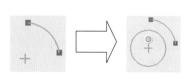

(a) 绘制前　　　　(b) 绘制后

图 3.14　同心圆

击，即可确定圆的圆上点，此时系统会自动在两个点之间绘制并得到一个圆，如图 3.14（b）
所示。

步骤 5　结束绘制。在键盘上按 Esc 键，结束圆的绘制。

方法四：三相切方式

下面以如图 3.15 所示的圆为例，介绍三相切圆的一般绘制过程。

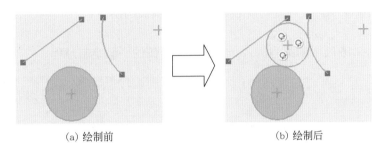

(a) 绘制前　　　　　　　　　　　　　　　(b) 绘制后

图 3.15　三相切圆

步骤 1　打开文件 D:\Creo8.0\work\ch03.04\ 三相切 -ex。

步骤 2　选择命令。单击"草绘"功能选项卡"草绘"区域中 ⊙圆 后的 ▼ 按钮，在系
统弹出的快捷菜单中选择 ○ 3相切 命令。

步骤 3　选择第 1 个相切参考。在系统提示下选取如图 3.15（a）所示的直线作为第 1
个相切参考。

步骤 4　选择第 2 个相切参考。在系统提示下选取如图 3.15（a）所示的圆作为第 2 个
相切参考。

步骤 5　选择第 3 个相切参考。在系统提示下选取如图 3.15（a）所示的圆弧作为第 3
个相切参考。

步骤 6　结束绘制。在键盘上按 Esc 键，结束圆的绘制。

3.4.6　圆弧的绘制

▶ 12min

方法一：三点方式

步骤 1　选择命令。单击"草绘"功能选项卡"草绘"区域中 ⌒弧 后的 ▼ 按钮，在系
统弹出的快捷菜单中选择 ⌒ 3点/相切端 命令。

步骤 2　定义圆弧的起点。在图形区任意位置单击，即可确定圆弧的起点。

步骤 3　定义圆弧的端点。在图形区任意位置再次单击，即可确定圆弧的端点。

步骤 4　定义圆弧的通过点。在图形区任意位置再次单击，即可确定圆弧的通过点，
此时系统会自动在 3 个点间绘制并得到一个圆弧。

步骤 5　结束绘制。在键盘上按 Esc 键，结束圆弧的绘制。

方法二：圆心和端点方式

步骤 1　选择命令。单击"草绘"功能选项卡"草绘"区域中 ⌒弧 后的 ▼ 按钮，在系

统弹出的快捷菜单中选择 🌂 圆心和端点 命令。

步骤2 定义圆弧的圆心。在图形区任意位置单击，即可确定圆弧的圆心。

步骤3 定义圆弧的起点。在图形区任意位置再次单击，即可确定圆弧的起点。

步骤4 定义圆弧的端点。在图形区任意位置再次单击，即可确定圆弧的端点，此时系统会自动得到一个圆弧（鼠标移动的方向就是圆弧生成的方向）。

步骤5 结束绘制。在键盘上按 Esc 键，结束圆弧的绘制。

方法三：三相切方式

下面以如图 3.16 所示的圆为例，介绍三相切圆弧的一般绘制过程。

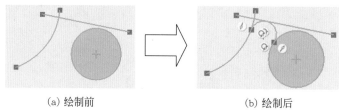

(a) 绘制前　　　　　　　　　　　　(b) 绘制后

图 3.16　三相切圆弧 1

步骤1 打开文件 D:\Creo8.0\work\ch03.04\ 三相切圆弧 -ex。

步骤2 选择命令。单击"草绘"功能选项卡"草绘"区域中 🌂 弧后的 ▾ 按钮，在系统弹出的快捷菜单中选择 🌂 3相切 命令。

步骤3 选择第 1 个相切参考。在系统提示下选取如图 3.16（a）所示的圆作为第 1 个相切参考。

步骤4 选择第 2 个相切参考。在系统提示下选取如图 3.16（a）所示的圆弧作为第 2 个相切参考。

步骤5 选择第 3 个相切参考。在系统提示下选取如图 3.16（b）所示的直线作为第 3 个相切参考。

步骤6 结束绘制。在键盘上按 Esc 键，结束圆弧的绘制。

说明：相切对象的选择顺序不同，得到的圆弧也不同，系统自动以所选第 1 个对象作为圆弧的起始点，以所选的第 2 个对象为终止点进行绘制圆弧，当第 1 个对象选取直线，第 2 个对象选取圆弧，第 3 个对象选取圆时，如图 3.17 所示。

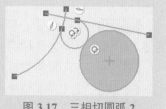

图 3.17　三相切圆弧 2

方法四：同心方式

下面以如图 3.18 所示的圆弧为例，介绍同心圆弧的一般绘制过程。

步骤1 打开文件 D:\Creo8.0\work\ch03.04\ 同心圆弧 -ex。

步骤2 选择命令。单击"草绘"功能选项卡"草绘"区域中 🌂 弧后的 ▾ 按钮，在系统弹出的快捷菜单中选择 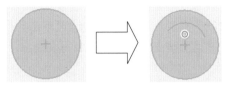 同心 命令。

(a) 绘制前　　　　　　　　(b) 绘制后

图 3.18　同心圆弧

步骤3 选择圆心参考。在系统提示下选取如图 3.18（a）所示的圆（系统会自动选取圆的圆心作为圆弧的圆心）。

步骤4 定义圆弧的起点。在图形区任意位置再次单击，即可确定圆弧的起点。

步骤5 定义圆弧的端点。在图形区任意位置再次单击，即可确定圆弧的端点，此时系统会自动得到一个圆弧（鼠标移动的方向就是圆弧生成的方向），如图 3.18（b）所示。

步骤6 结束绘制。在键盘上按 Esc 键，结束圆弧的绘制。

方法五：圆锥方式

步骤1 选择命令。单击"草绘"功能选项卡"草绘"区域中 ⌒弧 后的 ▾ 按钮，在系统弹出的快捷菜单中选择 ⚬ 圆锥 命令。

步骤2 定义圆弧的起点。在图形区任意位置单击，即可确定圆弧的起点。

步骤3 定义圆弧的端点。在图形区任意位置再次单击，即可确定圆弧的端点。

步骤4 定义圆弧上的点。在图形区任意位置再次单击，即可确定圆弧上的点，此时系统会自动得到一个圆弧。

步骤5 结束绘制。在键盘上按 Esc 键，结束圆弧的绘制。

3.4.7　椭圆的绘制

方法一：轴端点方式

步骤1 选择命令。单击"草绘"功能选项卡"草绘"区域中 ⚬椭圆 后的 ▾ 按钮，在系统弹出的快捷菜单中选择 ⚬ 轴端点椭圆 命令。

步骤2 定义椭圆长轴上的起点。在图形区任意位置单击，即可确定椭圆长轴上的起点。

步骤3 定义椭圆长轴上的端点。在图形区任意位置单击，即可确定椭圆长轴上的端点。

> 说明：椭圆长轴上的起点与端点的方向直接决定了椭圆的角度。

步骤4 定义椭圆短轴上的点。在图形区任意位置单击，即可确定椭圆短轴上的点。

步骤5 结束绘制。在键盘上按 Esc 键，结束椭圆的绘制。

方法二：中心和轴方式

步骤1 选择命令。单击"草绘"功能选项卡"草绘"区域中 ⚬椭圆 后的 ▾ 按钮，在系统弹出的快捷菜单中选择 ⚬ 中心和轴椭圆 命令。

▷ 3min

步骤2 定义椭圆中心。在图形区任意位置单击，即可确定椭圆的中心。
步骤3 定义椭圆长轴上的点。在图形区任意位置单击，即可确定椭圆长轴上的点。
步骤4 定义椭圆短轴上的点。在图形区任意位置单击，即可确定椭圆短轴上的点。
步骤5 结束绘制。在键盘上按 Esc 键，结束椭圆的绘制。

3.4.8　样条曲线的绘制

⏱ 2min

下面以绘制如图 3.19 所示的样条曲线为例，说明绘制样条曲线的一般操作过程。

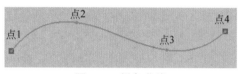

图 3.19　样条曲线

步骤1 选择命令。单击"草绘"功能选项卡"草绘"区域中∿样条命令。

步骤2 定义样条曲线的第 1 个定位点。在图形区点 1（见图 3.19）位置单击，即可确定样条曲线的第 1 个定位点。

步骤3 定义样条曲线的第 2 个定位点。在图形区点 2（见图 3.19）位置再次单击，即可确定样条曲线的第 2 个定位点。

步骤4 定义样条曲线的第 3 个定位点。在图形区点 3（见图 3.19）位置再次单击，即可确定样条曲线的第 3 个定位点。

步骤5 定义样条曲线的第 4 个定位点。在图形区点 4（见图 3.19）位置再次单击，即可确定样条曲线的第 4 个定位点。

步骤6 结束绘制。按两次鼠标中键结束样条曲线的绘制。

3.4.9　多边形的绘制

⏱ 3min

下面以绘制如图 3.20 所示的五边形为例，说明绘制多边形的一般操作过程。

步骤1 选择命令。单击"草绘"功能选项卡"草绘"区域中⬚选项板命令，系统会弹出如图 3.21 所示的"草绘器选项板"对话框。

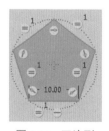

图 3.20　五边形

图 3.21　"草绘器选项板"对话框

步骤2 选择边数。在"草绘器选项板"对话框多边形选项卡双击多边形边数（如五边形）。

步骤3 放置多边形。在图形区任意位置单击，即可确定多边形的中心点。

步骤4 定义多边形的角度与大小。在"导入截面"功能选项卡 角度:文本框中输入 0，在 缩放因子:文本框中输入 10。

步骤5 单击 ✔ 按钮完成多边形的绘制。

3.4.10 轮廓形状的绘制

下面以绘制如图 3.22 所示的 C 形轮廓为例，说明绘制轮廓形状的一般操作过程。

步骤1 选择命令。单击"草绘"功能选项卡"草绘"区域中 □选项板 命令，系统会弹出"草绘器选项板"对话框。

步骤2 选择轮廓形状。在"草绘器选项板"对话框 轮廓 选项卡双击 C 形轮廓。

步骤3 放置 C 形轮廓。在图形区任意位置单击，即可确定 C 形轮廓的中心点。

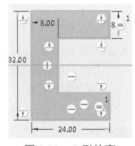

图 3.22 C 形轮廓

步骤4 定义 C 形轮廓的角度与大小。在"导入截面"功能选项卡 角度:文本框中输入 0，在 缩放因子:文本框中输入 8。

步骤5 单击 ✔ 按钮完成 C 形轮廓的绘制。

3.4.11 星形形状的绘制

下面以绘制如图 3.23 所示的五角星为例，说明绘制星形形状的一般操作过程。

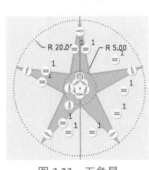

图 3.23 五角星

步骤1 选择命令。单击"草绘"功能选项卡"草绘"区域中 □选项板 命令，系统弹出"草绘器选项板"对话框。

步骤2 选择星形形状。在"草绘器选项板"对话框 星形 选项卡双击五角星。

步骤3 放置五角星。在图形区任意位置单击，即可确定五角星的中心点。

步骤4 定义五角星的角度与大小。在"导入截面"功能选项卡 角度:文本框中输入 0，在 缩放因子:文本框中输入 5。

步骤5 单击 ✔ 按钮完成五角星的绘制。

3.4.12 其他特殊形状的绘制

下面以绘制如图 3.24 所示的跑道形状为例，说明绘制其他特殊形状的一般操作过程。

步骤1 选择命令。单击"草绘"功能选项卡"草绘"区域中 □选项板 命令，系统会弹出"草绘器选项板"对话框。

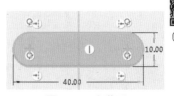

图 3.24 跑道形

▷ 2min

▷ 2min

▷ 2min

步骤 2 选择形状。在"草绘器选项板"对话框 形状 选项卡双击跑道形。

步骤 3 放置跑道形。在图形区任意位置单击，即可确定跑道形的中心点。

步骤 4 定义跑道形的角度与大小。在"导入截面"功能选项卡 角度:文本框中输入 0，在 缩放因子:文本框中输入 10。

步骤 5 单击 ✔ 按钮完成跑道形的绘制。

▷ 2min

3.4.13 文本的绘制

文本是指我们常说的文字，它是一种比较特殊的草图，在 Creo 中软件给我们提供的文本功能可用来绘制文字。

下面以绘制如图 3.25 所示的文本为例，说明绘制文本的一般操作过程。

步骤 1 选择命令。单击"草绘"功能选项卡"草绘"区域中 A 文本 命令。

步骤 2 定义起点位置。在系统提示下在图形区如图 3.26 所示的点 1 位置单击，即可确定文字的起点。

步骤 3 定义文字的方向与高度。在系统提示下在图形区如图 3.26 所示的点 2 位置单击，即可确定文字的方向与高度，系统会弹出如图 3.27 所示的"文本"对话框。

图 3.27 "文本"对话框

图 3.25 文本

图 3.26 起点与高度

说明：点 1 与点 2 的连线长度决定了文字高度，连线角度决定了文字的方向。

步骤 4　输入文本信息。在"文本"对话框的文本区域输入"清华大学出版社",在"字体"下拉列表中选择 font3d。

步骤 5　单击 确定 按钮后按鼠标中键完成文字的绘制。

3.4.14　点的绘制

3min

点是最小的几何单元,由点可以帮助我们绘制线对象、圆弧对象等,点的绘制在 Creo 中也比较简单;在零件设计、曲面设计时点有很大的作用。

步骤 1　选择命令。单击"草绘"功能选项卡"草绘"区域中 × 点 命令。

步骤 2　定义点的位置。在绘图区域中的合适位置单击就可以放置点,如果想继续放置,则可以继续单击放置点。

步骤 3　结束绘制。按中键结束点的绘制。

3.5　Creo 二维草图的编辑

对于比较简单的草图,在具体绘制时,对各个图元可以确定好,但是并不是每个图元都可以一步到位地绘制好,在绘制完成后还要对其进行必要的修剪或复制才能完成,这就是草图的编辑;在绘制草图时,由于绘制的速度较快,经常会出现绘制的图元形状和位置不符合要求的情况,这时就需要对草图进行编辑;草图的编辑包括操纵移动图元、镜像、修剪图元等,可以通过这些操作将一个很粗略的草图调整到很规整的状态。

3.5.1　图元的操纵

14min

图元的操纵主要用来调整现有对象的大小和位置。在 Creo 中不同图元的操纵方法是不一样的,接下来就对常用的几类图元的操纵方法进行具体介绍。

1. 直线的操纵

整体移动直线的位置:在图形区,把鼠标移动到直线上,单击选中直线,然后按住左键不放,同时移动鼠标,此时直线将随着鼠标指针一起移动,达到绘图意图后松开鼠标左键即可。

调整直线的大小:在图形区,把鼠标移动到直线端点上,按住左键不放,同时移动鼠标,此时会看到直线会以另外一个点为固定点伸缩或转动直线,达到绘图意图后松开鼠标左键即可。

2. 圆的操纵

整体移动圆的位置:在图形区,把鼠标移动到圆心上,按住左键不放,同时移动鼠标,此时圆将随着鼠标指针一起移动,达到绘图意图后松开鼠标左键即可。

调整圆的大小:在图形区,把鼠标移动到圆上,按住左键不放,同时移动鼠标,此时会看到圆随着鼠标的移动而变大或变小,达到绘图意图后松开鼠标左键即可。

3. 圆弧的操纵

整体移动圆弧的位置：在图形区，把鼠标移动到圆弧圆心上，按住左键不放，同时移动鼠标，此时圆弧将随着鼠标指针一起移动，达到绘图意图后松开鼠标左键即可。

调整圆弧的大小（方法一）：在图形区，把鼠标移动到圆弧的某个端点上，按住左键不放，同时移动鼠标，此时会看到圆弧会以另一端为固定点旋转，并且圆弧的夹角也会变化，达到绘图意图后松开鼠标左键即可。

调整圆弧的大小（方法二）：在图形区，把鼠标移动到圆弧上，按住左键不放，同时移动鼠标，此时会看到圆弧的两个端点固定不变，圆弧的夹角和圆心位置随着鼠标的移动而变化，达到绘图意图后松开鼠标左键即可。

> **注意：** 由于在调整圆弧大小时，圆弧圆心位置也会变化，因此为了更好地控制圆弧的位置，建议读者先调整好大小，然后调整位置。

4. 矩形的操纵

整体移动矩形的位置：在图形区，通过框选的方式选中整个矩形，然后将鼠标移动到矩形的任意一条边线上，按住左键不放，同时移动鼠标，此时矩形将随着鼠标指针一起移动，达到绘图意图后松开鼠标左键即可。

调整矩形的大小：在图形区，把鼠标移动到矩形的水平边线上，按住左键不放，同时移动鼠标，此时会看到矩形的宽度会随着鼠标的移动而变大或变小；在图形区，把鼠标移动到矩形的竖直边线上，按住左键不放，同时移动鼠标，此时会看到矩形的长度会随着鼠标的移动而变大或变小；在图形区，把鼠标移动到矩形的角点上，按住左键不放，同时移动鼠标，此时会看到矩形的长度与宽度会随着鼠标的移动而变大或变小，达到绘图意图后松开鼠标左键即可。

5. 样条曲线的操纵

整体移动样条曲线的位置：在图形区，把鼠标移动到样条曲线上，按住左键不放，同时移动鼠标，此时样条曲线将随着鼠标指针一起移动，达到绘图意图后松开鼠标左键即可。

调整样条曲线的形状与大小：在图形区，把鼠标移动到样条曲线的中间控制点上，按住左键不放，同时移动鼠标，此时会看到样条曲线的形状会随着鼠标的移动而不断变化；在图形区，把鼠标移动到样条曲线的某个端点上，按住左键不放，同时移动鼠标，此时样条曲线的另一个端点和中间点固定不变，其形状会随着鼠标的移动而变化，达到绘图意图后松开鼠标左键即可。

▷ 2min

3.5.2 图元的移动

图元的移动主要用来调整现有对象的整体位置。下面以如图 3.28 所示的圆弧为例，介绍图元移动的一般操作过程。

步骤1 打开文件 D:\Creo8.0\work\ch03.05\ 移动图元 -ex。

步骤2 选择移动对象。选取如图 3.28（a）所示的圆弧作为要移动的对象。

步骤3 选择命令。单击"草绘"功能选项卡"编辑"区域中 ⟳旋转调整大小 按钮，系统会弹出"旋转调整大小"对话框。

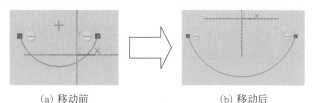

(a) 移动前　　　　　　　　　(b) 移动后

图 3.28　图元移动

步骤4 定义参数。在"旋转调整大小"对话框 平行:文本框中输入 2（表示沿着水平正方向移动 2mm），在 垂直:文本框中输入 −3（表示沿着竖直负方向移动 3mm）。

步骤5 单击 ✓ 按钮完成移动操作。

3.5.3　图元的修剪

图元的修剪主要用来修剪图元对象，也可以删除图元对象。下面以图 3.29 为例，介绍图元修剪的一般操作过程。

步骤1 打开文件 D:\Creo8.0\work\ch03.05\ 修剪图元 -ex。

步骤2 选择命令。选择"草绘"功能选项卡"编辑"区域中 ⤸删除段 命令。

步骤3 在系统提示下，按住左键拖动如图 3.30 所示的轨迹，与该轨迹相交的草图图元将被修剪，结果如图 3.29（b）所示。

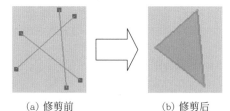

(a) 修剪前　　　　　(b) 修剪后

图 3.29　图元修剪

图 3.30　拖动轨迹

3.5.4　拐角

拐角主要用来将图元修剪或者延伸到其他图元上。下面以图 3.31 为例，介绍拐角的一般操作过程。

步骤1 打开文件 D:\Creo8.0\work\ch03.05\ 拐角 -ex。

步骤2 选择命令。选择"草绘"功能选项卡"编辑"区域中 ⊥拐角 命令。

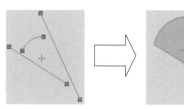

(a) 拐角前　　　　　　(b) 拐角后

图 3.31　拐角

 4min

步骤3 在系统提示下选取如图 3.32 所示的直线 1（靠近圆弧 1 与直线 1 虚拟交点的下方选取）与圆弧（靠近左侧选取），完成后的效果如图 3.33 所示。

步骤4 在系统提示下选取如图 3.32 所示的直线 2（靠近直线 2 与圆弧虚拟交点的下方选取）与圆弧（靠近右侧选取），完成后的效果如图 3.34 所示。

步骤5 在系统提示下选取如图 3.32 所示的直线 1（靠近下方选取）与直线 2（靠近直线 1 与直线 2 虚拟交点的上方选取），完成后的效果如图 3.31（b）所示。

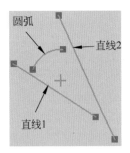
图 3.32 拐角参考

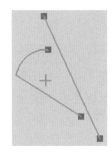
图 3.33 拐角 1

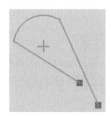
图 3.34 拐角 2

2min

3.5.5 图元的分割

图元的分割主要用来将一个草图图元分割为多个独立的草图图元。下面以图 3.35 为例，介绍图元分割的一般操作过程。

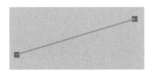
（a）分割前　　　　　　（b）分割后
图 3.35 图元分割

步骤1 打开文件 D:\Creo8.0\work\ch03.05\ 分割图元 -ex。

步骤2 选择命令。选择"草绘"功能选项卡"编辑"区域中 分割 命令。

步骤3 定义分割对象及位置。在绘图区需要分割的位置单击，此时系统将自动在单击处分割草图图元。

步骤4 结束操作。按 Esc 键结束分割操作，效果如图 3.35（b）所示。

3min

3.5.6 图元的镜像

图元的镜像主要用来将所选择的源对象，将其相对于某个镜像中心线进行对称复制，从而可以得到源对象的一个副本，这就是图元的镜像。下面以图 3.36 为例，介绍图元镜像的一般操作过程。

步骤1 打开文件 D:\Creo8.0\work\ch03.05\ 图元镜像 -ex。

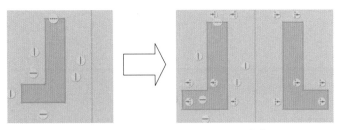

(a) 镜像前　　　　　　　　　　　(b) 镜像后
图 3.36　图元镜像

步骤 2 选择镜像对象。选取中心线左侧的所有对象（框选）作为要镜像的对象。

步骤 3 选择命令。选择"草绘"功能选项卡"编辑"区域中 ⋔ 镜像 命令。

步骤 4 选择镜像中心线。在系统提示下选取如图 3.36（a）所示的中心线作为镜像中心线，完成后的效果如图 3.36（b）所示。

> **说明：** 由于图元镜像后的副本与源对象之间是一种对称的关系，因此在具体绘制对称的一些图形时，就可以采用先绘制一半，然后通过镜像复制的方式快速得到另外一半，进而提高实际绘图效率。

3.5.7　图元的偏移

▶ 4min

图元的偏移主要用来将所选择的源对象，将其沿着某个方向移动一定的距离，从而得到源对象的一个副本，这就是图元的偏移。下面以图 3.37 为例，介绍图元偏移的一般操作过程。

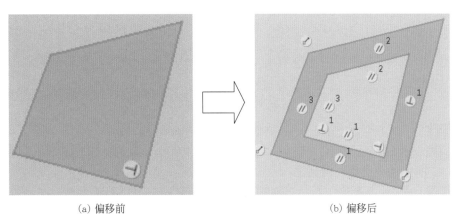

(a) 偏移前　　　　　　　　　　　(b) 偏移后
图 3.37　图元偏移

步骤 1 打开文件 D:\Creo8.0\work\ch03.05\ 图元偏移 -ex。

步骤 2 选择命令。选择"草绘"功能选项卡"草绘"区域中 ⊑ 偏移 命令，系统会弹出如图 3.38 所示的"类型"对话框。

步骤3 选择偏移对象。在"类型"对话框选中 ⊙ 环(L) 单选项，选取如图 3.37 所示的任意直线。

说明：如果用户想向内偏移，则可以通过输入负值实现。

步骤4 定义偏移方向与深度。默认偏移方向如图 3.39 所示，偏移距离为 1。

步骤5 单击 ✓ 按钮，然后按中键完成偏移操作。

图 3.38　"类型"对话框

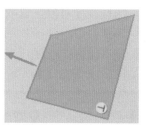

图 3.39　偏移方向

8min

3.5.8　图元的加厚

图元的加厚主要用来将所选择的源对象，将其沿着两个方向移动一定的距离，从而得到源对象的两个副本，这就是图元的加厚。下面以图 3.40 为例，介绍图元加厚的一般操作过程。

（a）加厚前　　　　　　　　　　　　　　　　　（b）加厚后

图 3.40　图元加厚

步骤1 打开文件 D:\Creo8.0\work\ch03.05\ 图元加厚 -ex。

步骤2 选择命令。选择"草绘"功能选项卡"草绘"区域中 加厚 命令，系统会弹出如图 3.41 所示的"类型"对话框。

步骤3 定义加厚类型。在"类型"对话框选中 ⊙ 单一(S) 与 ⊙ 圆形(C) 单选项。

步骤4 选择加厚对象。在系统提示下选取如图 3.40（a）所示的样条曲线作为加厚源对象。

步骤5 定义加厚的厚度值。在系统 输入厚度 [-退出-]: 的提示下输入 2，然后单击 ✓ 按钮，在系统 于箭头方向输入偏移[退出] 提示下输入 1，然后单击 ✓ 按钮，最后按中键完成加厚操作。

图 3.41 所示的"类型"对话框中各选项的说明如下：

（1）◉ 单一(S) 单选框：用于选择单一的加厚对象，如图 3.42 所示。

（2）◉ 链(H) 单选框：用于选择首尾对象之间的所有对象作为加厚对象，如图 3.43 所示。

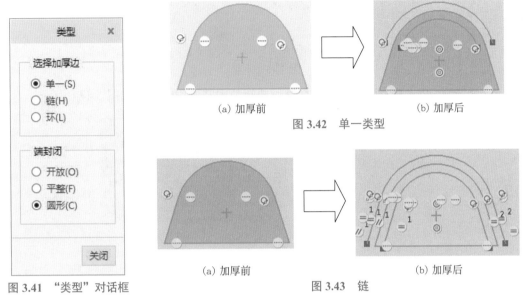

图 3.41　"类型"对话框

图 3.42　单一类型

（a）加厚前　　　（b）加厚后

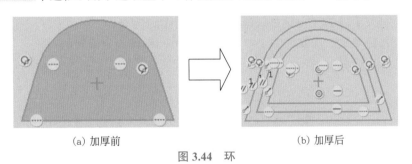

（a）加厚前　　　（b）加厚后

图 3.43　链

（3）◉ 环(L) 单选框：用于选取整个环作为加厚对象，如图 3.44 所示。

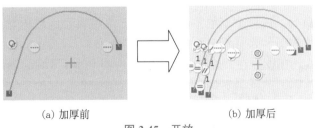

（a）加厚前　　　（b）加厚后

图 3.44　环

（4）◉ 开放(O) 单选框：用于在创建加厚后两端是开放的，如图 3.45 所示。

（a）加厚前　　　（b）加厚后

图 3.45　开放

（5）◉ 平整(F) 单选框：用于在创建加厚后两端是用直线封闭的，如图 3.46 所示。

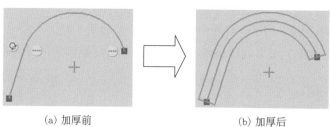

(a) 加厚前　　　　　　　　　　　(b) 加厚后

图 3.46　平整

（6）⦿ 圆形(C) 单选框：用于在创建加厚后两端是用圆弧封闭的，如图 3.47 所示。

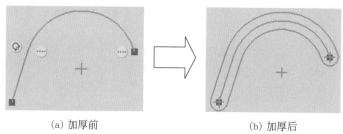

(a) 加厚前　　　　　　　　　　　(b) 加厚后

图 3.47　圆形

2min

3.5.9　图元的旋转

下面以图 3.48 为例，介绍图元旋转的一般操作过程。

步骤 1　打开文件 D:\Creo8.0\work\ch03.05\ 图元旋转 -ex。

步骤 2　选择对象。选取如图 3.48（a）所示的圆弧作为要旋转的对象。

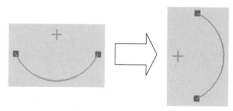

(a) 旋转前　　　　　　　　　(b) 旋转后

图 3.48　图元旋转

步骤 3　选择命令。选择"草绘"功能选项卡"编辑"区域中 ⟳ 旋转调整大小 命令，系统会弹出"旋转调整大小"选项卡。

步骤 4　定义旋转角度。在"旋转调整大小"选项卡 旋转 区域的 角度: 文本框中输入 90。

说明：系统默认以逆时针方向进行旋转，如果用户需要按顺时针旋转，则可通过输入负值实现。

步骤 5　单击 ✔ 按钮完成操作。

3.5.10　图元的缩放

下面以图 3.49 为例，介绍图元缩放的一般操作过程。

步骤 1　打开文件 D:\Creo8.0\work\ch03.05\图元缩放 -ex。

步骤 2　选择对象。选取如图 3.49（a）所示的圆作为要旋转的对象。

步骤 3　选择命令。选择"草绘"功能选项卡"编辑"区域中 旋转调整大小 命令，系统会弹出"旋转调整大小"选项卡。

步骤 4　定义旋转角度。在"旋转调整大小"选项卡 缩放 区域的 缩放因子:文本框中输入 0.5。

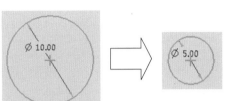

（a）缩放前　　　（b）缩放后

图 3.49　图元缩放

说明：当缩放因子小于 1 时，图形将被缩小，当缩放因子大于 1 时，图形将被放大。

步骤 5　单击 ✔ 按钮完成操作。

3.5.11　倒角

下面以图 3.50 为例，介绍倒角的一般操作过程。

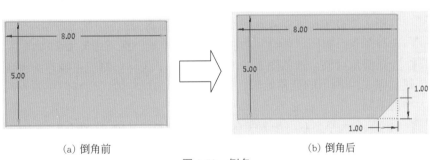

（a）倒角前　　　　　　（b）倒角后

图 3.50　倒角

步骤 1　打开文件 D:\Creo8.0\work\ch03.05\图元倒角 -ex。

步骤 2　选择命令。选择"草绘"功能选项卡"草绘"区域中 倒角 ▼ 命令。

步骤 3　选择倒角对象。选取图 3.50 中的下方水平线与右侧竖直线作为倒角参考，系统会自动创建如图 3.51 所示的倒角效果，并且标注两个倒角距离值（选择的位置不同，创建的默认倒角大小就不同）。

步骤 4　修改倒角大小。分别双击步骤 3 自动标注的两个倒角距离值，修改为 1，完成后如图 3.50（b）所示。

说明：Creo 软件向用户提供了两种创建倒角的方法，一种为倒角（效果如图 3.50（b）所示），另一种为修剪倒角（效果如图 3.52 所示）。

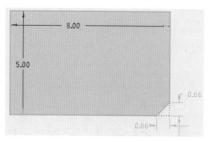

图 3.51　初步倒角

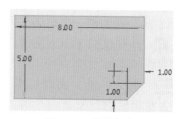

图 3.52　修剪倒角

3min

3.5.12　圆角

下面以图 3.53 为例，介绍圆角的一般操作过程。

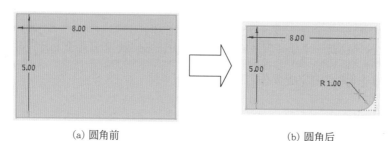

(a) 圆角前　　　　　　　　　　(b) 圆角后

图 3.53　圆角

步骤 1　打开文件 D:\Creo8.0\work\ch03.05\ 图元圆角 -ex。

步骤 2　选择命令。选择"草绘"功能选项卡"草绘"区域中 ⌐ 圆角 ▼ 命令。

步骤 3　选择倒角对象。选取图 3.53 中的下方水平线与右侧竖直线作为倒角参考，系统会自动创建如图 3.54 所示的圆角效果，并且标注圆角尺寸值（选择的位置不同，创建的默认倒角大小就不同）。

步骤 4　修改圆角大小。双击步骤 3 自动标注的圆角尺寸值，修改为 1，完成如图 3.53（b）所示。

说明：Creo 软件向用户提供了 4 种创建圆角的方法，①初步圆角（效果如图 3.53（b）所示），②圆形修剪（效果如图 3.55 所示），③椭圆形圆角（效果如图 3.56 所示），④椭圆形修剪圆角（效果如图 3.57 所示）。

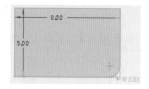

图 3.54　初步圆角

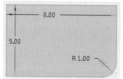

图 3.55　圆形修剪

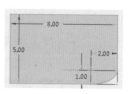

图 3.56　椭圆形圆角

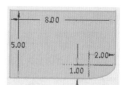

图 3.57　椭圆形修剪圆角

3.5.13　图元的删除

删除草图图元的一般操作过程如下。

步骤 1　在图形区选中要删除的草图图元。

步骤 2　按键盘上的 Delete 键，所选图元即可被删除。

3.6　Creo 二维草图的几何约束

3.6.1　几何约束概述

根据实际设计的要求，一般情况下，当用户将草图的形状绘制出来后，一般会根据实际要求增加一些（如平行、相切、相等和共线等）约束来帮助进行草图定位。我们把这些定义图元和图元之间几何关系的约束叫作草图几何约束。在 Creo 中可以很容易地添加这些约束。

3.6.2　几何约束的种类

在 Creo 中支持的几何约束类型包含 ╼ 重合 、 ┼ 水平 、 ╽ 竖直 、 ↘ 中点 、 ✗ 相切 、 ∥ 平行 、 ⊥ 垂直 、 ═ 相等 及 ➕ 对称 。

3.6.3　几何约束的显示与隐藏

在视图前导栏中单击 ▦，在系统弹出的下拉菜单中如果 ☑ ↳约束显示 被选中，则说明几何约束是显示的，如果 □ ↳约束显示 未被选中，则说明几何约束是隐藏的。

3.6.4　几何约束的自动添加

1. 基本设置

选择下拉菜单 文件 → 选项 命令，系统会弹出"Creo Parametric 选项"对话框，然后单击"Creo Parametric 选项"对话框中左侧的 草绘器 节点，在右侧的 草绘器约束假设 区域中选中需要捕捉的约束类型，其他参数采用默认，如图 3.58 所示。

2. 一般操作过程

下面以绘制 1 条水平的直线为例，介绍自动添加几何约束的一般操作过程。

步骤 1　选择命令。选择"草绘"功能选项卡"草绘"区域中的 ╲线 命令。

步骤 2　在绘图区域中单击确定直线的第 1 个端点，然后水平移动鼠标，如果此时在鼠标右下角可以看到 ⊖ 符号，就代表此线是一条水平线，此时单击鼠标就可以确定直线的第 2 个端点，完成直线的绘制。

步骤 3　在绘制完的直线的上方如果有 ━ 的几何约束符号就代表了几何约束已经添加成功，如图 3.59 所示。

▷ 5min

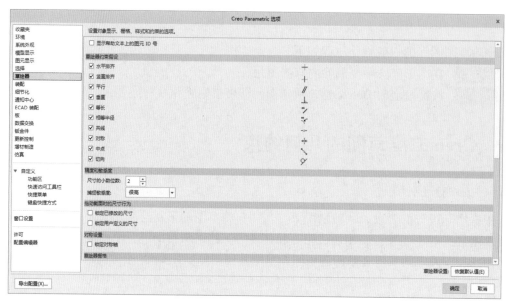

图 3.58 "Creo Parametric 选项"对话框

图 3.59 几何约束的自动添加框

3.6.5 几何约束的手动添加

2min

在 Creo 中手动添加几何约束的方法一般先选择要添加的约束类型，然后选择要添加约束的对象即可。下面以添加一个重合和相切约束为例，介绍手动添加几何约束的一般操作过程。

步骤 1 打开文件 D:\Creo8.0\work\ch03.06\ 几何约束 -ex。

步骤 2 选择命令。选择"草绘"功能选项卡"约束"区域中 ↦ 重合 命令。

步骤 3 选择添加合并约束的对象。选取直线的上端点和圆弧的右端点，如图 3.60 所示。完成后如图 3.61（a）所示。

步骤 4 添加相切约束。选择"草绘"功能选项卡"约束"区域中 ❥ 相切 命令，选取直线与圆弧，完成如图 3.61（b）所示。

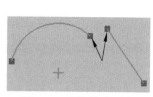

图 3.60 选取约束对象

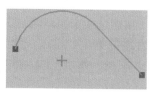

（a）重合约束

（b）相切约束

图 3.61 约束

3.6.6　几何约束的删除

在 Creo 中添加几何约束时，如果草图中有原本不需要的约束，则此时必须先把这些不需要的约束删除，然后添加必要的约束，原因是对于一个草图来讲，需要的几何约束应该是明确的，如果草图中存在不需要的约束，则必然会导致一些必要约束无法正常添加，因此我们就需要掌握约束删除的方法。下面以删除如图 3.62 所示的相切约束为例，介绍删除几何约束的一般操作过程。

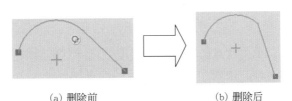

（a）删除前　　　　　　　　　（b）删除后

图 3.62　删除约束

步骤 1　打开文件 D:\Creo8.0\work\ch03.06\ 删除约束 -ex。

步骤 2　选择要删除的几何约束。在绘图区选中如图 3.62（a）所示的 ⊙ 符号。

步骤 3　删除几何约束。按键盘上的 Delete 键即可以删除约束。

步骤 4　操纵图形。将鼠标移动到直线与圆弧的连接处，按住鼠标左键拖动即可得到如图 3.62（b）所示的图形。

3.7　Creo 二维草图的尺寸约束

3.7.1　尺寸约束概述

尺寸约束也称标注尺寸，主要用来确定草图中几何图元的尺寸，例如长度、角度、半径和直径，它是一种以数值来确定草图图元精确大小的约束形式。一般情况下，当我们绘制完草图的大概形状后，需要对图形进行尺寸定位，使尺寸满足实际要求。

3.7.2　尺寸的类型

在 Creo 中标注的尺寸主要分为三类：第 1 种是弱尺寸，第 2 种是强尺寸，第 3 种是锁定尺寸。弱尺寸是软件自动标出的尺寸（见图 3.63）；强尺寸是用户标注的尺寸或者弱尺寸修改后的尺寸（见图 3.64）；锁定尺寸是用户手动锁定的尺寸，锁定的尺寸无法通过操纵进行调整，如图 3.65 所示。

图 3.63　弱尺寸

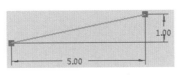

图 3.64　强尺寸

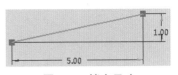

图 3.65　锁定尺寸

4min

3.7.3 标注线段长度

步骤1 打开文件 D:\ Creo8.0\work\ch03.07\ 尺寸标注 -ex。

步骤2 选择命令。单击"草绘"功能选项卡"尺寸"区域中的 ↦|（尺寸）按钮。

步骤3 选择标注对象。选取如图 3.66 所示的直线作为要标注的对象。

步骤4 定义尺寸放置位置。在直线上方的合适位置按中键，完成尺寸的放置，按 Esc 键完成标注。

2min

3.7.4 标注点线距离

步骤1 选择命令。单击"草绘"功能选项卡"尺寸"区域中的 ↦|（尺寸）按钮。

步骤2 选择标注对象。选取如图 3.67 所示的端点与直线。

步骤3 定义尺寸放置位置。在端点右侧的合适位置按中键，完成尺寸的放置，按 Esc 键完成标注。

图 3.66 标注线段长度

图 3.67 点线距离

3min

3.7.5 标注两点距离

步骤1 选择命令。单击"草绘"功能选项卡"尺寸"区域中的 ↦|（尺寸）按钮。

步骤2 选择标注对象。选取如图 3.68 所示的两个端点。

步骤3 定义尺寸放置位置。在端点右侧的合适位置按中键，完成尺寸的放置，按 Esc 键完成标注。

说明：在放置尺寸时，中键确定的位置不同所标注的尺寸也不同，如果在端点右侧的合适位置按中键，则可以标注如图 3.68 所示的竖直尺寸；如果在端点上方的合适位置按中键，则可以标注如图 3.69 所示的水平尺寸；如果在两端点中间的合适位置按中键，则可以标注如图 3.70 所示的倾斜尺寸。

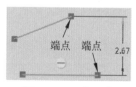

图 3.68 两点距离

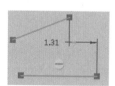

图 3.69 水平距离

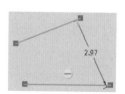

图 3.70 倾斜距离

3.7.6　标注两平行线间距离

2min

步骤 1　选择命令。单击"草绘"功能选项卡"尺寸"区域中的 |↔|（尺寸）按钮。

步骤 2　选择标注对象。选取如图 3.71 所示的两条直线。

步骤 3　定义尺寸放置位置。在两直线中间的合适位置按中键，完成尺寸的放置，按 Esc 键完成标注。

3.7.7　标注直径

2min

步骤 1　选择命令。单击"草绘"功能选项卡"尺寸"区域中的 |↔|（尺寸）按钮。

步骤 2　选择标注对象。在如图 3.72 所示的圆上单击两次。

步骤 3　定义尺寸放置位置。在圆右上方的合适位置按中键，完成尺寸的放置，按 Esc 键完成标注。

3.7.8　标注半径

2min

步骤 1　选择命令。单击"草绘"功能选项卡"尺寸"区域中的 |↔|（尺寸）按钮。

步骤 2　选择标注对象。选取如图 3.73 所示的圆弧。

步骤 3　定义尺寸放置位置。在圆弧上方的合适位置按中键，完成尺寸的放置，按 Esc 键完成标注。

3.7.9　标注角度

2min

步骤 1　选择命令。单击"草绘"功能选项卡"尺寸"区域中的 |↔|（尺寸）按钮。

步骤 2　选择标注对象。选取如图 3.74 所示的两条直线。

步骤 3　定义尺寸放置位置。在两直线之间的合适位置按中键，完成尺寸的放置，按 Esc 键完成标注。

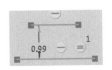

图 3.71　两平行线间距离

图 3.72　直径

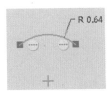

图 3.73　半径

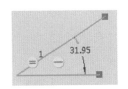

图 3.74　角度

3.7.10　标注两圆弧间的最小和最大距离

2min

步骤 1　选择命令。单击"草绘"功能选项卡"尺寸"区域中的 |↔|（尺寸）按钮。

步骤 2　选择标注对象。在靠近左侧的位置选取左侧圆，在靠近右侧的位置选取右侧圆。

步骤 3　定义尺寸放置位置。在圆上方的合适位置按中键，完成最大尺寸的放置，按 Esc 键完成标注，如图 3.75 所示。

说明： 在选取对象时，如果在靠近右侧的位置选取左侧圆，则在靠近左侧的位置
选取右侧圆放置尺寸时，此时将标注得到如图 3.76 所示的最小尺寸。

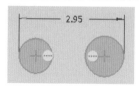

图 3.75　最大尺寸

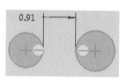

图 3.76　最小尺寸

3.7.11　标注对称尺寸

▷ 4min

步骤 1　选择命令。单击"草绘"功能选项卡"尺寸"区域中的 |↔| （尺寸）按钮。

步骤 2　选择标注对象。先选取如图 3.77 所示的直线的上端点与中心线，然后再次选取如图 3.77 所示的直线的上端点。

步骤 3　定义尺寸放置位置。在端点上方的合适位置按中键，完成尺寸的放置，按 Esc 键完成标注。

3.7.12　标注弧长

▷ 2min

步骤 1　选择命令。单击"草绘"功能选项卡"尺寸"区域中的 |↔| （尺寸）按钮。

步骤 2　选择标注对象。选取如图 3.78 所示的圆弧的两个端点及圆弧。

步骤 3　定义尺寸放置位置。在圆弧上方的合适位置按中键，完成尺寸的放置，按 Esc 键完成标注。

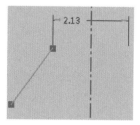

图 3.77　对称尺寸

图 3.78　弧长

3.7.13　修改尺寸

▷ 2min

步骤 1　打开文件 D:\ Creo8.0\work\ch03.07\ 尺寸修改 -ex。

步骤 2　在要修改的尺寸（例如图 4.49 的尺寸）上双击。

步骤 3　在"修改"文本框中输入数值 6，然后按中键完成尺寸的修改。

步骤 4　重复步骤 2、步骤 3，修改角度尺寸，最终结果如图 3.79（b）所示。

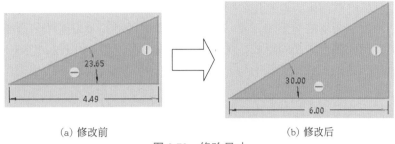

(a) 修改前　　　　　　　　　(b) 修改后

图 3.79　修改尺寸

3.7.14　删除尺寸

▷ 2min

删除尺寸的一般操作步骤如下。

步骤 1　选中要删除的尺寸（单个尺寸可以单击选取，多个尺寸可以按住 Ctrl 选取）。

步骤 2　按键盘上的 Delete 键（或者在选中的尺寸上右击，在弹出的快捷菜单中选择 删除(D) 命令），选中的尺寸就可被删除。

3.7.15　修改尺寸精度

▷ 3min

读者可以使用"系统选项"对话框来控制尺寸的默认精度。

步骤 1　选择下拉菜单 文件 → 选项 命令，系统会弹出"选项"对话框。

步骤 2　在"选项"对话框中单击"草绘器"节点。

步骤 3　定义尺寸精度。在 精度和敏感度 区域的 尺寸的小数位数: 下拉列表中设置尺寸值的小数位数。

步骤 4　单击"确定"按钮，完成尺寸精度的设置（设置为对后期的尺寸标注有效）。

3.8　Creo 二维草图绘制一般方法

3.8.1　常规法

常规法绘制二维草图主要针对一些外形不是很复杂或者比较容易进行控制的图形。在使用常规法绘制二维图形时，一般会经历以下几个步骤：

▷ 14min

（1）分析将要创建的截面几何图形。

（2）绘制截面几何图形的大概轮廓。

（3）初步编辑图形。

（4）处理相关的几何约束。

（5）标注并修改尺寸。

接下来就以绘制如图 3.80 所示的图形为例，向大家具体介绍，在每步中具体的工作有哪些。

步骤 1 分析将要创建的截面几何图形。

（1）分析所绘制图形的类型（开放、封闭或者多重封闭），此图形是一个封闭的图形。

（2）分析此封闭图形的图元组成，此图形是由 6 段直线和 2 段圆弧组成的。

（3）分析所包含的图元中有没有编辑可以做的一些对象（总结草图编辑中可以创建新对象的工具：镜像、偏移、加厚、倒角、圆角等），由于此图形是整体对称的图形，因此可以考虑使用镜像方式实现，此时只需绘制 4 段直线和 1 段圆弧。

（4）分析图形包含哪些几何约束，在此图形中包含了直线的水平约束、直线与圆弧的相切及对称约束。

（5）分析图形包含哪些尺寸约束，此图形包含 5 个尺寸约束。

步骤 2 新建草图文件。选择"快速访问工具栏"中的 命令，系统会弹出"新建"对话框；在"新建"对话框"类型"区域选择 ⊙ 草绘 ，在 文件名: 文本框中输入"常规法"，然后单击 确定 按钮进入草图设计环境。

步骤 3 绘制截面几何图形的大概轮廓。通过软件提供的直线与圆弧功能绘制如图 3.81 所示的大概轮廓。

步骤 4 初步编辑图形。通过图元操纵的方式调整图形的形状及整体位置，如图 3.82 所示。

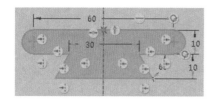

图 3.80 草图绘制一般过程

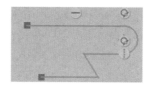

图 3.81 绘制大概轮廓

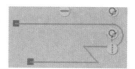

图 3.82 初步编辑图形

注意：在初步编辑时，暂时先不去进行镜像、偏移、加厚、复制等创建类的编辑操作。

步骤 5 处理相关的几何约束。

首先需要检查所绘制的图形中有没有无用的几何约束，如果有无用的约束，则需要及时删除，判断的依据就是第 1 步分析时所分析到的约束。

添加必要约束；添加水平约束，选择"草绘"功能选项卡"约束"区域中的 ＋水平命令，选择中间位置的直线作为添加约束的对象，完成后如图 3.83 所示。

添加对称约束；单击"草绘"功能选项卡"草绘"区域中的 中心线命令，绘制 1 条通过上方水平直线中点的中心线，如图 3.84 所示，选择"草绘"功能选项卡"约束"区域中的 ✦对称命令，选取中心线与下方水平直线的两个端点作为添加约束的对象，完成后如图 3.85 所示。

步骤 6 标注并修改尺寸。

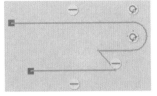

图 3.83　水平约束

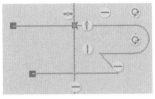

图 3.84　中心线

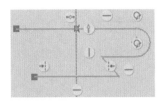

图 3.85　对称约束

单击"草绘"功能选项卡"尺寸"区域中的|←→|（尺寸）按钮,标注如图 3.86 所示的尺寸。

整体缩放图形：选取整个图形文件,选择"草绘"功能选项卡"编辑"区域中的 ⟳旋转调整大小 命令；在"旋转调整大小"选项卡 缩放 区域的 缩放因子:文本框中输入 15；单击 ✔ 按钮完成操作,完成后如图 3.87 所示。

说明： 缩放比例需要根据实际的绘图大小灵活调整。

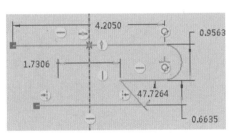

图 3.86　标注尺寸 1

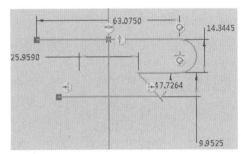

图 3.87　缩放图形

修改尺寸值至最终值,双击 25.9590 的尺寸值,在系统弹出的"修改"文本框中输入 30,单击两次 ✔ 按钮完成修改,如图 3.88 所示；采用相同的方法修改其他尺寸。修改后的效果如图 3.89 所示。

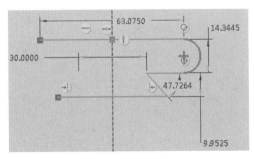

图 3.88　标注尺寸 2

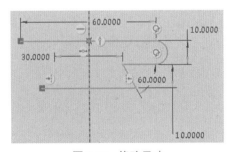

图 3.89　修改尺寸

注意： 一般情况下,如果绘制的图形比我们实际想要的图形大,则建议大家先修改小一些的尺寸,如果绘制的图形比我们实际想要的图形小,则建议大家先修改大一些的尺寸。

步骤 7 镜像复制。选取如图 3.90 所示的两条直线与圆弧作为要镜像的对象,选择"草绘"功能选项卡"编辑"区域中 镜像 命令,在系统提示下选取中间位置的中心线作为镜像中心线,完成后的效果如图 3.91 所示。

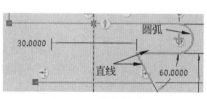

图 3.90 镜像源对象

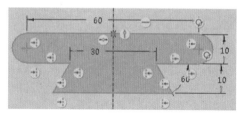

图 3.91 镜像复制

步骤 8 保存文件。选择"快速访问工具栏"中的"保存"命令,完成保存操作。

12min

3.8.2 逐步法

逐步法绘制二维草图主要针对一些外形比较复杂或者不容易进行控制的图形。接下来就以绘制如图 3.92 所示的图形为例,向大家具体介绍,使用逐步法绘制二维图形的一般操作过程。

步骤 1 新建草图文件。选择"快速访问工具栏"中的 命令,系统会弹出"新建"对话框;在"新建"对话框"类型"区域选择 草绘 ,在 文件名:文本框中输入"逐步法",然后单击 确定 按钮进入草图设计环境。

步骤 2 绘制圆 1。单击"草绘"功能选项卡"草绘"区域中 圆 后的 按钮,在系统弹出的快捷菜单中选择 圆心和点 命令,在图形区任意位置单击,即可确定圆的圆心,在图形区任意位置再次单击,即可确定圆的圆上点,此时系统会自动在两个点间绘制并得到一个圆;单击"草绘"功能选项卡"尺寸"区域中的 （尺寸）按钮,在圆上单击两次,在圆的右上方的合适位置按中键,完成尺寸的放置,按 Esc 键完成标注;双击标注的尺寸,将尺寸修改为 27,完成后如图 3.93 所示。

步骤 3 绘制圆 2。参照步骤 2 绘制圆 2,完成后如图 3.94 所示。

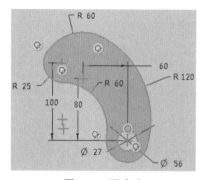

图 3.92 逐步法

图 3.93 圆 1

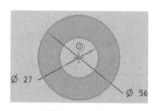

图 3.94 圆 2

步骤 4　绘制圆 3。单击"草绘"功能选项卡"草绘"区域中 ⊙ 圆 后的 ▾ 按钮，在系统弹出的快捷菜单中选择 ⊙ 圆心和点 命令，在相对圆 1 圆心的左上方的合适位置单击，即可确定圆的圆心，在图形区任意位置再次单击，即可确定圆的圆上点，此时系统会自动在两个点间绘制并得到一个圆；单击"草绘"功能选项卡"尺寸"区域中的 ↦ （尺寸）按钮，在圆上单击一次，在合适位置按中键，完成尺寸的放置，然后标注圆 3 圆心与圆 1 圆心的水平与竖直间距，按 Esc 键完成标注；依次双击标注的尺寸，分别将半径尺寸修改为 60，将水平间距也修改为 60，将竖直间距修改为 80，完成后如图 3.95 所示。

步骤 5　绘制圆弧 1。单击"草绘"功能选项卡"草绘"区域中 ⌒ 弧 后的 ▾ 按钮，在系统弹出的快捷菜单中选择 ⌒ 3点/相切端 命令，在半径为 60 的圆上的合适位置单击，即可确定圆弧的起点，在直径为 56 的圆上的合适位置再次单击，即可确定圆弧的终点，在直径为 56 的圆的右上角的合适位置再次单击，即可确定圆弧的通过点，此时系统会自动在 3 个点间绘制并得到一个圆弧；选择"草绘"功能选项卡"约束"区域中 ⊘ 相切 命令，选取圆弧与直径为 56 的圆，选取圆弧与半径为 60 的圆，按 Esc 键完成几何约束的添加；单击"草绘"功能选项卡"尺寸"区域中的 ↦ （尺寸）按钮，在圆弧上单击一次，在合适位置按中键，完成尺寸的放置，按 Esc 键完成标注；双击标注的尺寸，将尺寸修改为 120，完成后如图 3.96 所示。

步骤 6　绘制圆 4。单击"草绘"功能选项卡"草绘"区域中 ⊙ 圆 后的 ▾ 按钮，在系统弹出的快捷菜单中选择 ⊙ 圆心和点 命令，在圆 1 原点左上方的合适位置单击，即可确定圆的圆心，在图形区的合适位置再次单击，即可确定圆的圆上点，此时系统会自动在两个点间绘制并得到一个圆；选择"草绘"功能选项卡"约束"区域中 ⊘ 相切 命令，选取圆 4 与半径为 60 的圆，按 Esc 键完成几何约束的添加；单击"草绘"功能选项卡"尺寸"区域中的 ↦ （尺寸）按钮，在圆 4 上单击一次，在合适位置按中键，完成尺寸的放置，然后标注圆 4 圆心与圆 1 圆心的竖直间距，按 Esc 键完成标注；依次双击标注的尺寸，分别将半径尺寸修改为 25，将竖直间距修改为 100，完成后如图 3.97 示。

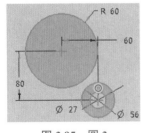

图 3.95　圆 3

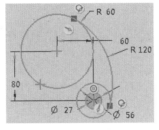

图 3.96　圆弧 1

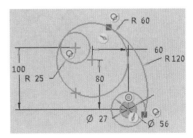

图 3.97　圆 4

步骤 7　绘制圆弧 2。单击"草绘"功能选项卡"草绘"区域中 ⌒ 弧 后的 ▾ 按钮，在系统弹出的快捷菜单中选择 ⌒ 3点/相切端 命令，在半径为 25 的圆上的合适位置单击，即可确定圆弧的起点，在直径为 56 的圆上的合适位置再次单击，即可确定圆弧的终点，在直径为 56 的圆的左上角的合适位置再次单击，即可确定圆弧的通过点，此时系统会自动在 3

个点间绘制并得到一个圆弧；选择"草绘"功能选项卡"约束"区域中 ✔ 相切 命令，选取圆弧与直径为 56 的圆，选取圆弧与半径为 25 的圆，按 Esc 键完成几何约束的添加；单击"草绘"功能选项卡"尺寸"区域中的 ↦ （尺寸）按钮，在圆弧上单击一次，在合适位置按中键，完成尺寸的放置，按 Esc 键完成标注；双击标注的尺寸，将尺寸修改为 60，完成后如图 3.98 所示。

步骤 8 修剪图元。选择"草绘"功能选项卡"编辑"区域中的 ⅍ 删除段 命令，在系统提示下，在需要修剪的图元上按住鼠标左键拖动，此时与该轨迹相交的草图图元将被修剪，结果如图 3.99 所示。

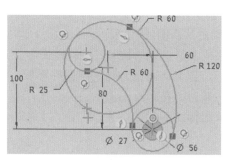

图 3.98 圆弧 2

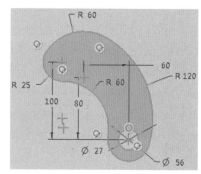

图 3.99 修剪图元

步骤 9 保存文件。选择"快速访问工具栏"中的"保存"命令，完成保存操作。

3.9 Creo 二维草图综合案例 1

▷ 7min

案例概述：本案例所绘制的图形相对简单，因此采用常规方法进行绘制，通过草图绘制功能绘制大概形状，通过草图约束限制大小与位置，通过草图编辑添加圆角圆弧，读者需要重点掌握创建常规草图的正确流程，案例如图 3.100 所示，其绘制过程如下。

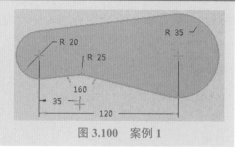

图 3.100 案例 1

步骤 1 设置工作目录。选择 主页 功能选项卡 数据 区域中的 ⬚ （选择工作目录）命令，在系统弹出的"选择工作目录"对话框中选择 D:\Creo 8.0\work\ch03.09，单击 确定 按钮完成工作目录的设置。

说明：设置工作目录后，后期在保存文件时系统会自动将文件保存到设置好的工作目录下。

步骤 2　新建文件。选择 主页 功能选项卡 数据 区域中的 ▯（新建）命令，在系统弹出的 "新建" 对话框中选中 ◉ 草绘 类型，在 文件名: 文本框中输入 "案例 1"，然后单击 确定 按钮。

步骤 3　绘制圆。单击 草绘 功能选项卡 草绘 区域中的 ◎ 圆 ▾ 命令，绘制如图 3.101 所示的圆。

步骤 4　绘制直线。单击 草绘 功能选项卡 草绘 区域中的 ✓ 线 ▾ 命令，绘制如图 3.102 所示的直线。

图 3.101　绘制圆

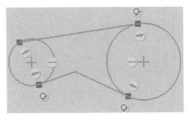

图 3.102　绘制直线

步骤 5　添加相切约束。选择 草绘 功能选项卡 约束 ▾ 区域中的 ✓ 相切 命令，选取上方直线与左侧圆为相切的对象，完成后如图 3.103 所示。

步骤 6　修剪图元。单击 草绘 功能选项卡 编辑 区域中的 ⌇ 删除段 命令，在需要修剪的图元上按住鼠标左键拖动，此时与该轨迹相交的草图图元将被修剪，结果如图 3.104 所示。

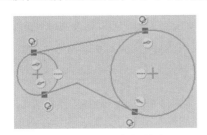

图 3.103　添加相切约束

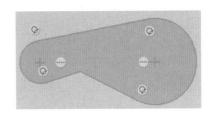

图 3.104　修剪图元

步骤 7　标注尺寸。选择 草绘 功能选项卡 尺寸 ▾ 区域中的 ↦ (尺寸) 命令，标注如图 3.105 所示的尺寸。

步骤 8　修改尺寸。双击半径为 14 的尺寸，将尺寸修改为 20，采用相同的办法修改其他尺寸，修改后效果如图 3.106 所示。

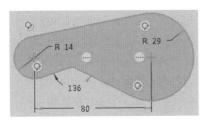

图 3.105　标注尺寸 1

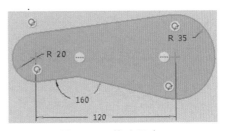

图 3.106　修改尺寸 1

步骤9 添加圆角并标注。选择 草绘 功能选项卡 草绘 区域中的 圆角 ▾命令，选取下方两条直线作为要倒圆角的对象，选择 草绘 功能选项卡 尺寸▾ 区域中的 ↦ (尺寸)命令，标注圆角的半径值，标注圆心与半径为 20 的圆弧圆心的水平间距，完成后如图 3.107 所示，将半径修改为 25，将水平间距修改为 35，完成后如图 3.108 所示。

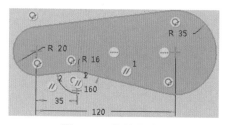

图 3.107　标注尺寸 2

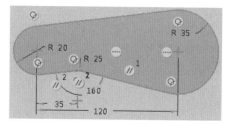

图 3.108　修改尺寸 2

步骤10 保存文件。选择"快速访问工具栏"中的"保存"命令，系统会弹出"保存对象"对话框，单击 确定 按钮，完成保存操作。

3.10　Creo 二维草图综合案例 2

▷ 12min

案例概述：本案例所绘制的图形相对比较复杂，因此我们采用逐步方法进行绘制，通过绘制约束同步进行的方法可以很好地控制图形的整体形状，案例如图 3.109 所示，其绘制过程如下。

步骤1 设置工作目录。选择 主页 功能选项卡 数据 区域中的 (选择工作目录)命令，在系统弹出的"选择工作目录"对话框中选择 D:\Creo 8.0\work\ch03.10，单击 确定 按钮完成工作目录的设置。

步骤2 新建文件。选择 主页 功能选项卡 数据 区域中的 (新建)命令，在系统弹出的"新建"对话框中选中 ⊙ 草绘 类型，在 文件名: 文本框中输入"案例 2"，然后单击 确定 按钮。

步骤3 绘制圆 1。单击 草绘 功能选项卡 草绘 区域中的 ⊙圆 ▾命令，在图形区任意位置单击即可确定圆的圆心，在图形区任意位置再次单击，即可确定圆的圆上点，此时系统会自动在两个点间绘制并得到一个圆；选择 草绘 功能选项卡 尺寸▾ 区域中的 ↦ (尺寸)命令，标注并将尺寸修改为 24，完成后如图 3.110 所示。

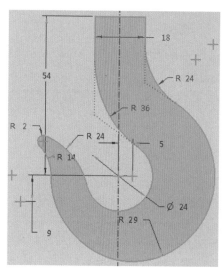

图 3.109　案例 2

步骤 4　绘制圆 2。单击 草绘 功能选项卡 草绘 区域中的 ⊙ 圆 ▾ 命令，在圆 1 圆心的水平右侧的合适位置单击即可确定圆的圆心，在图形区任意位置再次单击，即可确定圆的圆上点，此时系统会自动在两个点间绘制并得到一个圆；选择 草绘 功能选项卡 尺寸 ▾ 区域中的 ↦ (尺寸) 命令，标注圆的半径，标注圆 2 的圆心与圆 1 的圆心的水平间距，并且将半径修改为 29，将间距修改为 5，完成后如图 3.111 所示。

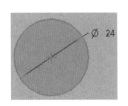

图 3.110　绘制圆 1

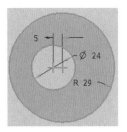

图 3.111　绘制圆 2

步骤 5　绘制圆 3。单击 草绘 功能选项卡 草绘 区域中的 ⊙ 圆 ▾ 命令，在圆 1 圆心的水平左侧的合适位置单击即可确定圆的圆心，在图形区捕捉到半径为 29 的左侧象限点位置再次单击，即可确定圆的圆上点，此时系统会自动在两个点间绘制并得到一个圆；选择 草绘 功能选项卡 尺寸 ▾ 区域中的 ↦（尺寸）命令，标注并将半径尺寸修改为 14，完成后如图 3.112 所示。

步骤 6　绘制圆 4。单击 草绘 功能选项卡 草绘 区域中的 ⊙ 圆 ▾ 命令，在坐标原点左下方的合适位置单击，即可确定圆的圆心，在图形区捕捉到直径为 24 的圆上点相切位置（靠近下方）再次单击，即可确定圆的圆上点，此时系统会自动在两个点间绘制并得到一个圆；选择 草绘 功能选项卡 尺寸 ▾ 区域中的 ↦（尺寸）命令，标注圆的半径，标注圆 4 的圆心与圆 1 的圆心的竖直间距，并且将半径修改为 24，将间距修改为 9，完成后如图 3.113 所示。

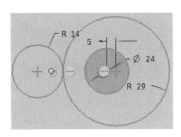

图 3.112　绘制圆 3

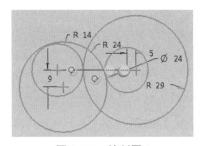

图 3.113　绘制圆 4

步骤 7　绘制直线。

单击 草绘 功能选项卡 草绘 区域中的 ∕ 线 ▾ 命令，绘制如图 3.114 所示的直线，单击 草绘 功能选项卡 草绘 区域中的 ┆ 中心线 ▾ 命令，绘制通过圆 1 的圆心并且竖直的中心线，完成后如图 3.115 所示。

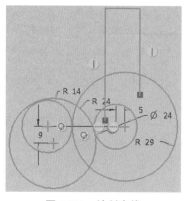

图 3.114　绘制直线

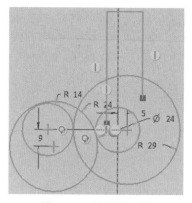

图 3.115　绘制中心线

选择 草绘 功能选项卡 约束▼ 区域中的 ┼ 对称命令，选取水平直线的两个端点关于竖直中心线对称，完成后如图 3.116 所示。

选择 草绘 功能选项卡 尺寸▼ 区域中的 ↦ (尺寸)命令，标注水平直线的长度，标注水平直线与圆 1 圆心的竖直间距，并且将直线长度修改为 18，将竖直间距修改为 54，完成后如图 3.117 所示。

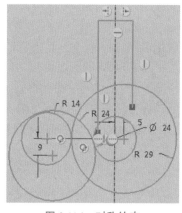

图 3.116　对称约束

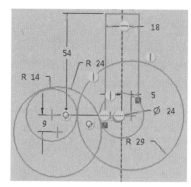

图 3.117　标注并修改尺寸

将竖直直线的长度调整至如图 3.118 所示的大概长度。

步骤8　绘制圆 5。单击 草绘 功能选项卡 草绘 区域中的 ⊙ 圆 ▼命令，在半径为 14 与半径为 24 的圆的中间的合适位置再次单击，即可确定圆的圆心，在图形区捕捉到半径为 24 的圆上相切点位置再次单击，即可确定圆的圆上点，此时系统会自动在两个点间绘制并得到一个圆；选择 草绘 功能选项卡 约束▼ 区域中的 ◌ 相切 命令，选取圆 5 与半径为 14 的圆为相切的对象；选择 草绘 功能选项卡 尺寸▼ 区域中的 ↦ (尺寸)命令，标注圆 5 的半径并修改为 2，完成后如图 3.119 所示。

步骤9　修剪图元。单击 草绘 功能选项卡 编辑 区域中的 ⊱ 删除段 命令，在需要修剪的图元上按住鼠标左键拖动，此时与该轨迹相交的草图图元将被修剪，结果如图 3.120 所示。

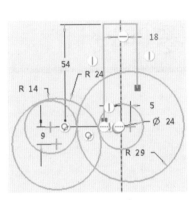

图 3.118　操纵直线

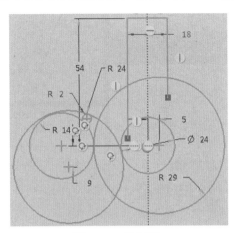

图 3.119　绘制圆 5

步骤 10　添加圆角 1 并标注。选择 草绘 功能选项卡 草绘 区域中的 圆角 ▾ 命令，选取左侧竖直直线与直径为 24 的圆弧作为要倒圆角的对象，选择 草绘 功能选项卡 尺寸 ▾ 区域中的 ⊢ (尺寸) 命令，标注圆角的半径值并修改为 36，完成后如图 3.121 所示。

步骤 11　添加圆角 2 并标注。选择 草绘 功能选项卡 草绘 区域中的 圆角 ▾ 命令，选取右侧竖直直线与半径为 29 的圆弧作为要倒圆角的对象，选择 草绘 功能选项卡 尺寸 ▾ 区域中的 ⊢ (尺寸) 命令，标注圆角的半径值并修改为 24，完成后如图 3.122 所示。

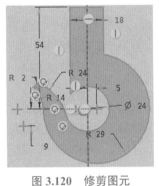

图 3.120　修剪图元

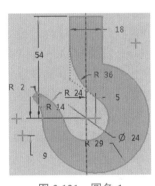

图 3.121　圆角 1

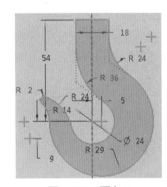

图 3.122　圆角 2

步骤 12　保存文件。选择"快速访问工具栏"中的"保存"命令，系统会弹出"保存对象"对话框，单击 确定 按钮，完成保存操作。

第4章

Creo 零件设计

4.1 拉伸特征

4.1.1 基本概述

拉伸特征是指将一个截面轮廓沿着草绘平面的垂直方向进行伸展而得到的一种实体。通过对概念的学习,我们应该可以总结得到,拉伸特征的创建需要有以下两大要素:一是截面轮廓,二是草绘平面。对于这两大要素来讲,一般情况下截面轮廓是绘制在草绘平面上的,因此,一般在创建拉伸特征时需要先确定草绘平面,然后考虑要在这个草绘平面上绘制一个什么样的截面轮廓草图。

9min

4.1.2 拉伸凸台特征的一般操作过程

一般情况下在使用拉伸特征创建特征结构时会经过以下几步:①执行命令;②选择合适的草绘平面;③定义截面轮廓;④设置拉伸的终止位置;⑤设置其他的拉伸特殊选项;⑥完成操作。接下来就以创建如图4.1所示的模型为例,介绍拉伸凸台特征的一般操作过程。

图4.1 拉伸凸台

步骤1 选择工作目录。选择 主页 功能选项卡 数据 区域中的 █ (选择工作目录)命令,在系统弹出的"选择工作目录"对话框中选择 D:\Creo 8.0\work\ch04.01,单击 确定 按钮完成工作目录的设置。

步骤2 新建文件。

(1)选择命令。选择 主页 功能选项卡 数据 区域中的 ▢ (新建)命令,在系统弹出的"新建"对话框中选中 ◉ ▢ 零件 类型,在 文件名 文本框中输入"拉伸凸台",取消选中 ▢ 使用默认模板 复选项,然后单击 确定 按钮。

(2)选择模板。在系统弹出的如图4.2所示的"新文件选项"对话框中选择 mmns_part_solid_abs 模板。

mmns-part-soild-abs:mmns 代表单位系统(毫米、牛顿、秒),part 代表零件,solid 代

表实体，abs 代表绝对精度。

（3）单击"新文件选项"对话框中的 确定 按钮完成新建操作。

步骤 3 选择命令。选择 模型 功能选项卡 形状 ▾ 区域中的 （拉伸）命令，系统会弹出"拉伸"功能选项卡。

步骤 4 绘制截面轮廓。在系统 选择一个平面或平面曲面作为草绘平面，或者选择草绘. 的提示下选取 FRONT 平面作为草图平面，绘制如图 4.3 所示的截面草图（具体操作可参考 3.8.1 节中的相关内容），绘制完成后单击 草绘 功能选项卡 关闭 选项卡中的 ✔ 按钮退出草图环境。

图 4.2　"新文件选项"对话框

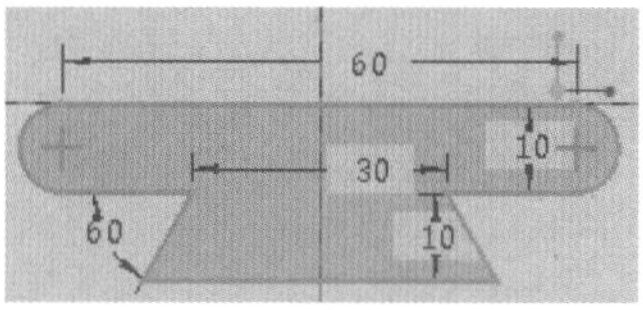

图 4.3　截面轮廓

退出草图环境的其他方法：在图形区按右键，在弹出的快捷菜单中选择 ✔ 命令。

步骤 5 定义拉伸的深度方向。采用系统默认的方向。

说明：（1）在"拉伸"功能选项卡对话框的 深度 区域中单击 按钮就可调整拉伸的方向。

（2）在绘图区域的模型中可以看到如图 4.4 所示的方向箭头，单击并拖动方向箭头即可调整方向。

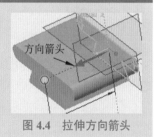

图 4.4　拉伸方向箭头

步骤 6 定义拉伸的深度类型及参数。在 拉伸 功能选项卡 深度 区域的下拉列表中选择 可变 选项，在"深度"文本框中输入 80，如图 4.5 所示。

步骤 7 完成拉伸凸台。单击 拉伸 功能选项卡中的 ✔ 按钮，完成特征的创建。

图 4.5 "拉伸"功能选项卡

▷ 6min

4.1.3 拉伸切除特征的一般操作过程

拉伸切除与拉伸凸台的创建方法基本一致，只不过拉伸凸台用于添加材料，而拉伸切除用于减去材料，下面以创建如图 4.6 所示的拉伸切除为例，介绍拉伸切除的一般操作过程。

步骤1 打开文件 D:\Creo 8.0\work\ch04.01\ 拉伸切除 -ex。

步骤2 选择命令。选择 模型 功能选项卡 形状▼ 区域中的 （拉伸）命令，系统会弹出"拉伸"功能选项卡。

步骤3 绘制截面轮廓。在系统 选择一个平面或平面曲面作为草绘平面，或者选择草绘。的提示下选取模型上表面作为草图平面，绘制如图 4.7 所示的截面草图，绘制完成后单击 草绘 功能选项卡 关闭 选项卡中的 ✔ 按钮退出草图环境。

步骤4 设置拉伸参数。在 拉伸 功能选项卡 设置 区域选中 移除材料 。

步骤5 定义拉伸的深度方向。在 拉伸 功能选项卡 深度 区域单击 按钮，方向如图 4.8 所示。

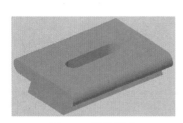
图 4.6 拉伸切除

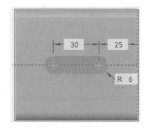
图 4.7 截面轮廓

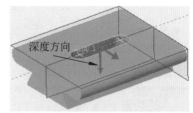
图 4.8 深度方向

步骤6 定义拉伸的深度类型及参数。在 拉伸 功能选项卡 深度 区域的下拉列表中选择 穿透 选项。

步骤7 完成拉伸切除。单击 拉伸 功能选项卡中的 ✔ 按钮，完成特征的创建。

▷ 5min

4.1.4 拉伸特征的截面轮廓要求

绘制拉伸特征的横截面时，需要满足以下要求：
（1）横截面需要闭合，不允许有缺口，如图 4.9（a）所示（拉伸切除除外）。
（2）横截面不能有探出多余的图元，如图 4.9（b）所示。

（3）横截面不能有重复的图元，如图 4.9（c）所示。

（4）横截面可以包含一个或者多个封闭截面，在生成特征时，外环生成实体，内环生成孔，环与环之间不可以相切，如图 4.9（d）所示，环与环之间也不能有直线或者圆弧相连，如图 4.9（e）所示。

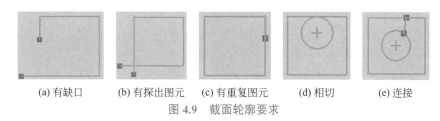

(a) 有缺口　　(b) 有探出图元　　(c) 有重复图元　　(d) 相切　　(e) 连接

图 4.9　截面轮廓要求

4.1.5　拉伸深度的控制选项

▷ 9min

"拉伸"对话框 深度 区域深度类型下拉列表各选项的说明：

（1）可变 选项：表示通过给定一个深度值确定拉伸的终止位置，当选择此选项时，特征将从草绘平面开始，按照给定的深度，沿着特征创建的方向进行拉伸，如图 4.10 所示。

（2）到下一个 选项：表示特征将在拉伸方向上拉伸到第 1 个有意义的面，如图 4.11 所示。

（3）穿透 选项：表示将特征从草绘平面开始拉伸到所沿方向上的最后一个面上，此选项通常可以帮助我们做一些通孔，如图 4.12 所示。

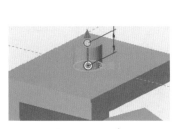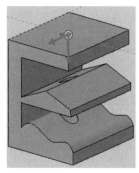

图 4.10　可变　　　　　　　图 4.11　到下一个　　　　　　　图 4.12　穿透

（4）穿至 选项：表示特征将拉伸到用户所指定的面（模型平面表面、基准面或者模型曲面表面均可）上，如图 4.13 所示（注意：拉伸到的参考面一般需要能够完全放下截面，当无法放下截面时，系统会自动选取旁边的面放置特征，如图 4.14 所示）。

（5）到参考 选项：表示特征将拉伸到用户所指定的面（模型平面表面、基准面或者模型曲面表面均可）上（注意：此选项与 穿至 选项比较类似，主要区别为当拉伸到的面无法完全放下时，穿至 选项系统将自动寻找参考面周围的面进行放置，如果没有周围面，则系统会报错，而 到参考 选项的参考面，系统会自动线性延伸曲面，如图 4.15 所示）。

图 4.13　穿至

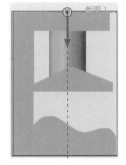
图 4.14　穿至（不可放下）

（6）┼┠┼ 对称选项：表示特征将沿草绘平面正垂直方向与负垂直方向同时伸展，并且伸展的距离是相同的，如图 4.16 所示。

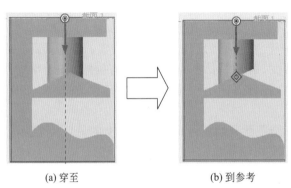

(a) 穿至　　　　　　　　(b) 到参考

图 4.15　到参考

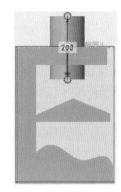

图 4.16　对称

⊳ 5min

4.1.6　拉伸切除方向的控制

下面以创建如图 4.17 所示的模型为例，介绍拉伸切除方向控制的一般操作过程。

步骤 1　打开文件 D:\Creo 8.0\work\ch04.01\ 切除方向 -ex。

步骤 2　选择命令。选择 模型 功能选项卡 形状▾ 区域中的 （拉伸）命令，系统会弹出"拉伸"功能选项卡。

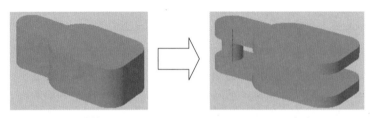

(a) 切除前　　　　　　　　(b) 切除后

图 4.17　拉伸切除方向的控制

步骤 3　绘制截面轮廓。在系统 选择一个平面或平面曲面作为草绘平面，或者选择草绘。 的提示下选取

TOP 平面作为草图平面，绘制如图 4.18 所示的截面草图，绘制完成后单击 [草绘] 功能选项卡 [关闭] 选项卡中的 ✔ 按钮退出草图环境。

> **说明：** 在绘制拉伸截面时，截面圆与如图 4.18 所示的边线同心，系统在默认情况下无法直接选取捕捉模型边线，用户需要通过软件向用户提供的 [参考] 功能实现，具体操作为选择 [草绘] 功能选项卡 [设置▼] 区域中的 [参考] 命令，系统会弹出如图 4.19 所示的"参考"对话框，然后选取如图 4.18 所示的模型边线作为参考，然后单击 [关闭] 按钮即可。

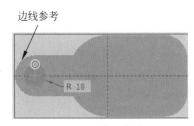

图 4.18　截面轮廓

图 4.19　"参考"对话框

步骤 4 设置拉伸参数。在 [拉伸] 功能选项卡 [设置] 区域选中 [移除材料]。

步骤 5 定义拉伸的深度方向。在 [拉伸] 功能选项卡 [深度] 区域的下拉列表中选择 [对称] 选项，在"深度"文本框中输入 40。

步骤 6 定义切除方向。在 [拉伸] 功能选项卡 [设置] 区域单击 按钮。

步骤 7 完成拉伸切除。单击 [拉伸] 功能选项卡中的 ✔ 按钮，完成特征的创建。

4.1.7　拉伸中的薄壁选项

在 [拉伸] 功能选项卡对话框 [设置] 区域选中 □ [加厚草绘] 选项即可设置壁厚。如果草图是封闭草图，则将得到如图 4.20 所示的中间是空的实体效果；如果草图是开放草图，则将得到如图 4.21 所示的有一定厚度的实体（注意：对于封闭截面薄壁可以添加也可以不添加，对于

▷ 5min

图 4.20　封闭截面薄壁

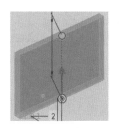

图 4.21　开放截面薄壁

开放截面要想创建实体效果则必须添加薄壁选项，用户在绘制草图前必须提前设置薄壁参数）；单击 ▨ 按钮可以调整壁厚方向，可以向内，可以向外，也可以两侧对称，如图 4.22 所示。

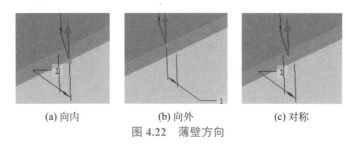

(a) 向内   (b) 向外   (c) 对称

图 4.22　薄壁方向

4.2　旋转特征

4.2.1　基本概述

旋转特征是指将一个截面轮廓绕着我们给定的中心轴旋转一定的角度而得到的实体效果。通过对概念的学习，我们应该可以总结得到，旋转特征的创建需要有以下两大要素：一是截面轮廓，二是中心轴。这两个要素缺一不可。

▷ 9min

4.2.2　旋转凸台特征的一般操作过程

一般情况下在使用旋转凸台特征创建特征结构时会经过以下几步：①执行命令；②选择合适的草绘平面；③定义截面轮廓；④设置旋转中心轴；⑤设置旋转的截面轮廓；⑥设置旋转的方向及旋转角度；⑦完成操作。接下来就以创建如图 4.23 所示的模型为例，介绍旋转凸台特征的一般操作过程。

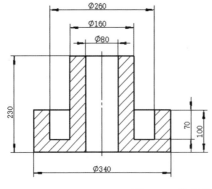

图 4.23　旋转凸台特征

步骤 1　选择工作目录。选择 主页 功能选项卡 数据 区域中的 ▨ （选择工作目录）命令，在系统弹出的"选择工作目录"对话框中选择 D:\Creo 8.0\work\ch04.02，单击 确定 按钮完成工作目录的设置。

步骤 2　新建文件。选择 主页 功能选项卡 数据 区域中的 ▯（新建）命令，在系统弹出的"新建"对话框中选中 ◉ ▯ 零件 类型，在 文件名: 文本框中输入"旋转凸台"，取消选中 □ 使用默认模板 复选项，然后单击 确定 按钮；在系统弹出的"新文件选项"对话框中选择 mmns_part_solid_abs 模板，单击 确定 按钮完成新建操作。

步骤 3　选择命令。选择 模型 功能选项卡 形状▼ 区域中的 ⟲ 旋转 命令，系统会弹出"旋转"功能选项卡。

步骤 4　绘制截面轮廓。在系统 选择一个平面或平面曲面作为草绘平面，或者选择草绘。 的提示下选取 FRONT 平面作为草图平面，绘制如图 4.24 所示的截面草图，绘制完成后单击 草绘 功能选项卡 关闭 选项卡中的 ✔ 按钮退出草图环境。

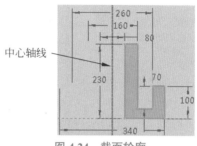

图 4.24　截面轮廓

> 说明:　如图 4.24 所示的中心线需要使用 草绘 功能选项卡 基准 区域的 ┊ 中心线 功能进行绘制。

> 注意:　旋转特征的截面轮廓要求与拉伸特征的截面轮廓基本一致：①截面需要尽可能封闭；②不允许有多余及重复的图元；③当有多个封闭截面时，环与环之间不可相切，环与环之间也不能有直线或者圆弧相连。

步骤 5　定义旋转轴。在 旋转 功能选项卡 轴 区域中系统自动选取如图 4.24 所示的竖直中心轴作为旋转轴。

> 注意:　旋转轴的一般要求为要让截面轮廓位于旋转轴的一侧。

步骤 6　定义旋转方向与角度。采用系统默认的旋转方向，在 旋转 功能选项卡 角度 区域的下拉列表中选择 ⊥ 可变 选项，在"角度"文本框中输入 360。

步骤 7　完成旋转凸台。单击 旋转 功能选项卡中的 ✔ 按钮，完成特征的创建。

4.2.3　旋转切除特征的一般操作过程

旋转切除与旋转凸台的操作基本一致，下面以创建如图 4.25 所示的模型为例，介绍旋转切除特征的一般操作过程。

▷ 4min

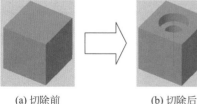

(a) 切除前　　　　(b) 切除后

图 4.25　旋转切除特征

步骤 1　打开文件 D:\Creo 8.0\work\ch04.02\旋转切除 -ex。

步骤 2　选择命令。选择 模型 功能选项卡 形状▼ 区域中的 ⟲ 旋转 命令，系统会弹出"旋转"功能选项卡。

步骤 3　绘制截面轮廓。在系统 选择一个平面或平面曲面作为草绘平面，或者选择草绘 的提示下选取 FRONT 平面作为草图平面，绘制如图 4.26 所示的截面草图，绘制完成后单击 草绘 功能选项卡 关闭 选项卡中的 ✔ 按钮退出草图环境。

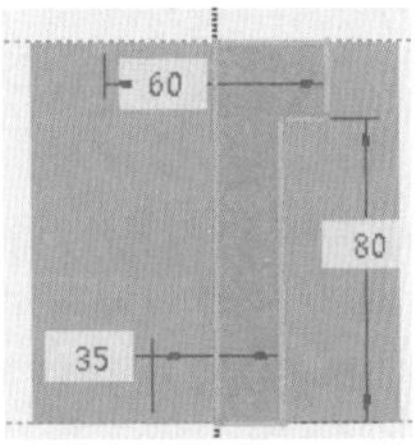

步骤 4　设置旋转参数。在 旋转 功能选项卡 设置 区域确认选中 ⊿ 移除材料 。

步骤 5　定义旋转轴。在 旋转 功能选项卡 轴 区域中系统自动选取如图 4.26 所示的竖直中心轴作为旋转轴。

步骤 6　定义旋转方向与角度。采用系统默认的旋转方向，在 旋转 功能选项卡 角度 区域的下拉列表中选择 ⊥ 可变 选项，在"角度"文本框中输入 360。

图 4.26　截面轮廓

步骤 7　完成旋转切除。单击 旋转 功能选项卡中的 ✔ 按钮，完成特征的创建。

4.3　Creo 的模型树

4.3.1　基本概述

Creo 的模型树一般出现在对话框的左侧，它的功能是以树的形式显示当前活动模型中的所有特征和零件。在不同的环境下所显示的内容也稍有不同，在零件设计环境中，模型树的顶部显示当前零件模型的名称，下方显示当前模型所包含的所有特征的名称，在装配设计环境中，模型树的顶部显示当前装配的名称，下方显示当前装配所包含的所有零件（零件下显示零件所包含的所有特征的名称）或者子装配（子装配下显示当前子装配所包含的所有零件或者下一级别子装配的名称）的名称；如果程序打开了多个 Creo 文件，则模型树只显示当前活动文件的相关信息。

4.3.2　模型树的作用与一般规则

▶ 12min

1. 模型树的作用

1）选取对象

用户可以在模型树中选取要编辑的特征或者零件对象，当选取的对象在绘图区域不容易选取或者所选对象在图形区被隐藏时，使用模型树选取就非常方便了。软件中的某一些功能在选取对象时必须在模型树中选取。

> 注意：Creo 模型树中会列出特征所需的截面轮廓，在选取截面轮廓的相关对象时，必须在草图设计环境中。

2）更改特征的名称

更改特征名称可以帮助用户更快地在模型树中选取所需对象。在模型树中缓慢单击特征两次，然后输入新的名称即可，如图 4.27 所示，也可以在模型树中右击要修改的特征，选择 ⬚ 重命名 命令，然后输入新的名称。

3）创建自定义分组

在模型树中创建分组可以将多个特征放置在此文件夹中，这样可以统一管理某类有特定含义的特征，也可以减少模型树的长度。

在模型树中选中多个特征后右击，在系统弹出的快捷菜单中选择 ⬚（分组）命令，此时就会在右击特征位置添加一个新的文件夹，默认名称为组 LOCAL_GROUP_ 数字，如图 4.28 所示，用户可以缓慢单击两下重新输入新的名称，默认情况下此分组下只有我们所选的特征，如果想添加其他特征，则可以直接按住左键拖动到分组中最后一个特征下。

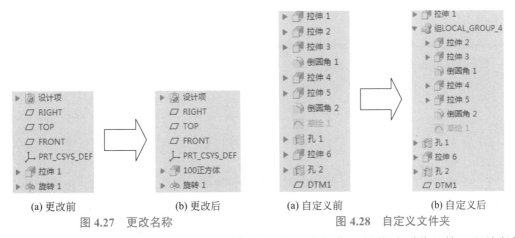

(a) 更改前	(b) 更改后		(a) 自定义前	(b) 自定义后
图 4.27　更改名称			图 4.28　自定义文件夹	

将特征从分组中移除的方法：在模型树中从分组中按住左键拖动到分组外，释放鼠标即可，如图 4.29 所示。

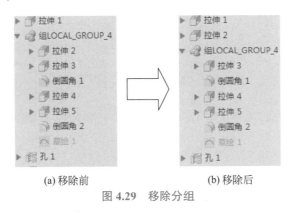

(a) 移除前　　　　　　　(b) 移除后

图 4.29　移除分组

注意：拖动特征时，可以将任何连续的特征或者零部件放置到单独的文件夹中，但是不能按住 Ctrl 键后拖动多个不连续的特征。

如果用户想取消分组，则可以在组节点上右击，并在系统弹出的快捷菜单中选择 ◥（取消分组）命令。

4）插入特征

模型树中有一个绿色的拖回控制棒，其作用是在创建特征时控制特征的插入位置。默认情况下，它的位置是在模型树中所有特征的最后；可以在模型树中将其上下拖动，将特征插入模型中其他特征之间，此时如果添加新的特征，则新特征将会在控制棒所在的位置；将控制棒移动到新位置后，控制棒后面的特征将被隐藏，特征将不会在图形区显示。

5）调整特征顺序

默认情况下，模型树将会以特征创建的先后顺序进行排序，如果在创建时顺序安排得不合理，则可以通过模型树对顺序进行重排；按住需要重排的特征拖动，然后放置到合适的位置即可，如图 4.30 所示。

> **注意：** 特征顺序的重排与特征的父子关系有很大关系，没有父子关系的可以重排，存在父子关系的不允许重排，父子关系的具体内容将在 4.3.4 节中具体介绍。

2. 模型树的一般规则

（1）模型树特征前如果有"▶"号，则代表该特征包含关联项，单击"▶"号可以展开该项目，并且显示关联内容。

（2）查看装配约束状态，装配体中的零部件包含部分定义、完全定义，在模型树中将分别用"▫""▣"表示，如图 4.31 所示。

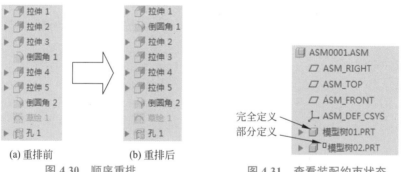

图 4.30　顺序重排　　　　图 4.31　查看装配约束状态

4.3.3　编辑特征

1. 显示特征尺寸并修改

步骤 1　打开文件 D:\Creo 8.0\work\ch04.03\ 编辑特征 -ex。

步骤 2　显示特征尺寸，在如图 4.32 所示的模型树中，右击要修改的特征（例如拉伸 1），在系统弹出的快捷菜单中选择 ⬚（编辑尺寸）命令，此时该特征的所有尺寸都会显示出来，如图 4.33 所示。

图 4.32　模型树

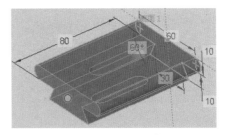

图 4.33　显示尺寸

修改特征尺寸，在模型中双击需要修改的尺寸，在"尺寸"对话框的文本框中输入新的尺寸，按 Enter 键确认。

2. 编辑定义特征

编辑定义特征用于修改特征的一些参数信息，例如深度类型、深度信息等。

步骤 1 选择命令。在模型树中选中要编辑的"拉伸 1"右击，选择 ✐（编辑定义）命令。

步骤 2 修改参数。在系统弹出的"拉伸"功能选项卡中可以调整拉伸的深度类型、深度信息等。

3. 编辑草图

编辑草图用于修改草图中的一些参数信息。

步骤 1 选择命令。在模型树中右击拉伸节点下的 ☑ 截面 1，选择 ✐（编辑定义）命令。

选择命令的其他方法：在模型树中右击拉伸，选择 ✐（编辑定义）命令，在系统弹出的"拉伸"功能选项卡 放置 节点下选择 编辑… 命令。

步骤 2 修改参数。在草图设计环境中可以编辑调整草图的一些相关参数。

4.3.4　父子关系

4min

父子关系是指：在创建当前特征时，有可能会借用之前特征的一些对象，被用到的特征称为父特征，当前特征就是子特征。父子特征在进行编辑特征时非常重要，假如修改了父特征，子特征有可能会受到影响，并且有可能会导致子特征无法正确生成而报错，所以为了避免错误的产生就需要清楚某个特征的父特征与子特征，在修改特征时应尽量不要修改父子关系相关联的内容。

查看特征的父子关系的方法如下。

步骤 1 选择命令。在模型树中右击要查看父子关系的特征（例如拉伸 4），在系统弹出的快捷菜单中依次选择 ⓘ 信息 → ◻ 特征信息(F) 命令。

步骤 2 查看父子关系。在系统弹出的"特征信息"对话框中可以查看当前特征的父特征与子特征，如图 4.34 所示。

选择命令的其他方法：在模型树中右击要查看父子关系的特征（例如拉伸 4），在系统弹出的快捷菜单中依次选择 ⓘ 信息 → 🔎 参考查看器(V) 命令，在系统弹出的如图 4.35 所示的"参考查看器"对话框中查看父子关系。

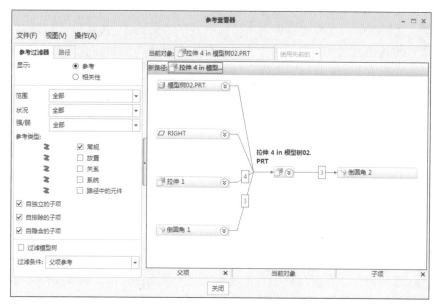

图 4.34 "特征信息"对话框

图 4.35 "参考查看器"对话框

说明： 在拉伸 4 特征的父项中包含拉伸 1、倒圆角 1 及 RIGHT 基准面；在拉伸 4 特征的子项中包含倒圆角 2、草绘 1 及孔 1。

4.3.5　删除特征

对于模型树中不再需要的特征就可以删除。删除的一般操作步骤如下。

步骤 1　选择命令。在模型树中右击要删除的特征（例如拉伸 4），在弹出的快捷菜单中选择 ✕ | 删除(D)　　Del 命令。

说明：选中要删除的特征后，直接按键盘上的 Delete 键也可以删除。

步骤 2　在系统弹出的如图 4.36 所示的"删除"对话框中单击 确定 按钮即可完成特征的删除。

图 4.36　"删除"对话框

4.3.6　隐藏特征

在 Creo 中，隐藏基准特征与隐藏实体特征的方法是不同的。下面以如图 4.37 所示的图形为例，介绍隐藏特征的一般操作过程。

步骤 1　打开文件 D:\Creo 8.0\work\ch04.03\ 隐藏特征 -ex。

步骤 2　隐藏基准特征。在模型树中右击 RIGHT 基准面，在弹出的快捷菜单中选择 ✎（隐藏）命令，即可隐藏 RIGHT 基准面。

基准特征包括基准面、基准轴、基准点及基准坐标系等。

步骤 3　隐藏实体特征。在模型树中右击"拉伸 2"，在弹出的快捷菜单中选择 ▣（隐含）命令，在系统弹出的如图 4.38 所示的"隐含"对话框中选择 确定 命令即可隐藏拉伸 2，如图 4.37（b）所示。

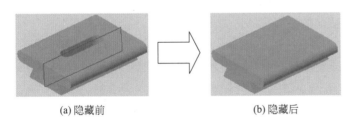

(a) 隐藏前　　　　　　　　　　(b) 隐藏后

图 4.37　隐藏特征

图 4.38　"隐含"对话框

说明：

（1）基准特征包括基准面、基准轴、基准点及基准坐标系等；实体特征包括拉伸、旋转、抽壳、扫描、混合等。

（2）如果用户想显示基准特征，则可以在模型树中右击需要显示的基准特征，在系统弹出的快捷菜单中选择 ◉（显示）命令；如果用户想显示实体特征，则可以在模型树中右击需要显示的实体特征，在系统弹出的快捷菜单中选择 ▣（恢复）命令。

4.4 Creo 模型的定向与显示

4.4.1 模型的定向

9min

在设计模型的过程中，需要经常改变模型的视图方向，利用模型的定向工具就可以将模型精确地定向到某个特定方位上。定向工具在如图 4.39 所示的视图前导栏中的 🔲（已保存视图）节点上，🔲已保存的视图节点下各选项的说明如下。

🔲 BACK：沿着 FRONT 基准面负法向的平面视图，如图 4.40 所示。

🔲 BOTTOM：沿着 TOP 基准面负法向的平面视图，如图 4.41 所示。

图 4.39 "视图定向"节点

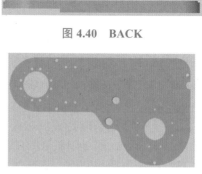

图 4.40 BACK

图 4.41 BOTTOM

🔲 FRONT：沿着 FRONT 基准面正法向的平面视图，如图 4.42 所示。

🔲 LEFT：沿着 LEFT 基准面负法向的平面视图，如图 4.43 所示。

🔲 RIGHT：沿着 RIGHT 基准面正法向的平面视图，如图 4.44 所示。

🔲 TOP：沿着 TOP 基准面正法向的平面视图，如图 4.45 所示。

图 4.42 FRONT

图 4.43 LEFT

图 4.44 RIGHT

标准方向：将视图调整到等轴测方位，如图 4.46 所示。

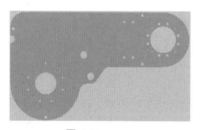

图 4.45 TOP

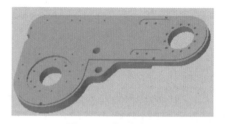

图 4.46 标准方向

🔲 重定向(O)…：用于保存自定义的新视图方位。保存自定义视图方位主要分为以下两种类型：保存轴测方位、保存平面方位。

1）保存轴测方位

步骤1 通过鼠标的操纵将模型调整到一个合适的方位，如图 4.47 所示。

步骤2 单击"视图前导栏" （已保存视图）节点下的 ⁺ 重定向(O)… 命令，系统会弹出如图 4.48 所示的"视图"对话框。

图 4.47　轴测方位

步骤3 在"视图"对话框 视图名称: 文本框中输入视图方位名称（例如 V01），然后单击 按钮。

步骤4 在"视图"对话框中单击 确定 按钮完成视图的保存。

步骤5 查看已保存的视图。单击"视图前导栏" （已保存视图）节点下选择保存的 V01 视图即可，如图 4.49 所示。

2）保存平面方位

下面以保存如图 4.50 所示的平面方位为例介绍保存平面方位的一般操作过程。

图 4.48　"视图"对话框

图 4.49　查看已保存视图

图 4.50　平面方位

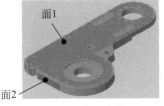

图 4.51　方位参考

步骤1 单击"视图前导栏" （已保存视图）节点下的 ⁺ 重定向(O)… 命令，系统会弹出"视图"对话框。

步骤2 定义前参考。在"视图"对话框 类型: 下拉列表中选择 按参考定向 ，在 参考一: 下拉列表中选择 前 ，选取如图 4.51 所示的面 1 作为参考。

步骤3 定义下参考。在"视图"对话框 参考二: 下拉列

表中选择 下 ，选取如图 4.51 所示的面 2 作为参考。

步骤 4 在"视图"对话框 视图名称: 文本框中输入视图方位名称（例如 V02），然后单击 按钮。

步骤 5 在"视图"对话框中单击 确定 按钮完成视图的保存。

🔊 5min

4.4.2 模型的显示

Creo 向用户提供了 6 种不同的显示方法，通过不同的显示方式可以方便用户查看模型内部的细节结构，也可以帮助用户更好地选取一个对象；用户可以在视图前导栏中单击"显示样式"节点，选择不同的模型显示方式，如图 4.52 所示。

图 4.52 显示样式节点

模型显示样式节点下各选项的说明如下。

 带反射着色：模型以实体方式显示，并且带有反射效果，如图 4.53 所示。

 带边着色：模型以实体方式显示，并且可见边加粗显示，如图 4.54 所示。

 着色：模型以实体方式显示，所有边线不加粗显示，如图 4.55 所示。

图 4.53 带反射着色

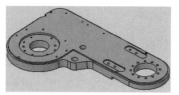

图 4.54 带边着色

图 4.55 着色

 消隐：模型以线框方式显示，可见边加粗显示，不可见线不显示，如图 4.56 所示。

 隐藏线：模型以线框方式显示，可见边加粗显示，不可见线以灰色线方式显示，如图 4.57 所示。

 线框：模型以线框方式显示，所有边线加粗显示，如图 4.58 所示。

说明：在视图前导栏中 （透视图）用于控制是否打开透视，如图 4.59 所示。

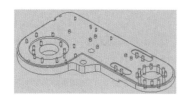

图 4.56 消隐

图 4.57 隐藏线

图 4.58 线框

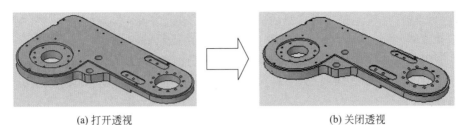

(a) 打开透视　　　　　　　　　　　　(b) 关闭透视

图 4.59　透视

4.5　设置零件模型的属性

4.5.1　材料的设置

设置模型材料的主要作用：材料给定后可以确定模型的密度，进而确定模型的质量属性。

1. 添加现有材料

下面以一个如图 4.60 所示的模型为例，说明设置零件模型材料属性的一般操作过程。

步骤 1　打开文件 D:\Creo 8.0\work\ch04.05\ 属性设置 -ex。

步骤 2　选择命令。选择下拉菜单 文件 → 准备(R) → 模型属性(I) 编辑模型属性 命令，系统会弹出如图 4.61 所示的"模型属性"对话框，单击 材料 后的 更改 按钮，系统会弹出如图 4.62 所示的"材料"对话框。

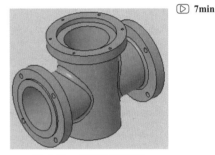

图 4.60　设置材料属性

图 4.61　"模型属性"对话框

步骤3 选择材料。在"材料"对话框 **常用文件夹** 区域选中 Material Directory，在"材料列表"中依次选择 Standard-Materials_Granta-Design（标准材料）→ Ferrous_metals → Steel_cast.mtl 。

步骤4 单击"材料"对话框中的 →（将材料分配给模型）命令，然后单击 确定 按钮，在系统弹出的"模型属性"对话框"材料"区域将可以看到材料 STEEL_CAST ，单击 关闭 按钮完成材料设置。

2. 添加新材料

步骤1 打开文件 D:\Creo 8.0\work\ch04.05\ 属性设置 -ex。

步骤2 选择下拉菜单 文件 → 准备(R) → 模型属性(I)编辑模型属性 命令，系统会弹出"模型属性"对话框，单击 材料 后的 更改 按钮，系统会弹出"材料"对话框。

步骤3 选择"材料"对话框中的（创建新的实体材料）命令，系统会弹出如图 4.63 所示的"材料定义"对话框。

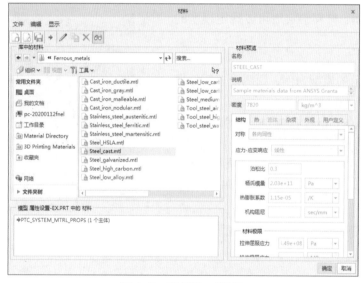

图 4.62 "材料"对话框

图 4.63 "材料定义"对话框

步骤4 在"材料定义"对话框定义材料的名称及属性。

步骤5 应用材料。在"材料定义"对话框中单击 保存到模型(M) 按钮，将材料应用到模型，然后依次单击 确定 和 关闭 按钮。

▷ **6min**

4.5.2　单位的设置

在 Creo 中，每个模型都有一个基本的单位系统，从而保证模型大小的准确性，Creo系统向用户提供了一些预定义的单位系统，其中一个是默认的单位系统，用户可以自己选择合适的单位系统，也可以自定义一个单位系统；需要注意，在进行某个产品的设计之前，需要保证产品中所有的零部件的单位系统是统一的。

修改或者自定义单位系统的方法如下。

步骤 1 选择命令。选择下拉菜单 文件 → 准备(R)
→ 模型属性(I) 编辑模型属性 命令,系统会弹出"模型属性"对话框,
单击 单位 后的 更改 按钮,系统会弹出如图 4.64 所示
的"单位管理器"对话框。

步骤 2 在"单位管理器"对话框 单位制(M) 选
项卡下会显示系统向用户提供的 7 个单位系统,如
图 4.64 所示。

> **说明:** 系统默认的单位系统是 毫米牛顿秒(mmNs) ,
> 表示长度单位是 mm,力单位是 N,时间单位为 s。

步骤 3 如果需要应用其他的单位系统,则只需
在对话框中选中要使用的单选项,然后单击 设置(S)...
按钮。

图 4.64　"单位管理器"对话框

> **说明:** 在调整单位系统时,系统会弹出如图 4.65 所示的"更改模型单位"对话框,
> 当选择 转换尺寸 时,模型大小将保持不变,假如原始长度单位为 in,转换到的长度单位
> 为 mm,原始尺寸大小将整体放大 25.4 倍从而保持模型大小不变;当选择 解释尺寸 时,
> 尺寸值将保持不变,假如原始长度单位为 in,转换到的长度单位为 mm,原始尺寸大小
> 将保持不变,但是此时模型将被整体缩小为原来的 1/25.4。

如果需要自定义单位系统,则需要单击 新建(N)... 按钮,在系统弹出的如图 4.66 所示的"单
位制定义"对话框中设置单位制的名称及各单位信息。

图 4.65　"更改模型单位"对话框

图 4.66　"单位制定义"对话框

步骤4 完成修改后，单击对话框中的 关闭(C) 按钮。

4.6 倒角特征

4.6.1 基本概述

倒角特征是指在选定的边线处通过裁掉或者添加一块平直剖面材料，从而在共有该边线的两个原始曲面之间创建出一个斜角曲面。

倒角特征的作用：①提高模型的安全等级；②提高模型的美观程度；③方便装配。

4.6.2 倒角特征的一般操作过程

下面以如图 4.67 所示的简单模型为例，介绍创建倒角特征的一般过程。

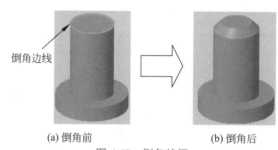

倒角边线

(a) 倒角前   (b) 倒角后

图 4.67　倒角特征

步骤1 打开文件 D:\Creo 8.0\work\ch04.06\ 倒角 -ex。

步骤2 选择命令。选择 模型 功能选项卡 工程▼ 区域中的 ◇倒角 ▼命令，系统会弹出如图 4.68 所示的"边倒角"功能选项卡。

步骤3 定义倒角类型。在"边倒角"功能选项卡 尺寸标注 区域的下拉列表中选择 D×D 类型。

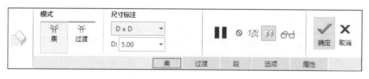

图 4.68　"边倒角"功能选项卡

步骤4 定义倒角对象。在系统提示下选取如图 4.67（a）所示的边线作为倒角对象。

> 说明：倒角对象可以是边线，如图 4.67（a）所示，也可以是两个相交（见图 4.69）或者不相交的面（见图 4.70）。

步骤5 定义倒角参数。在"边倒角"功能选项卡 尺寸标注 区域的 D: 文本框中输入 5。

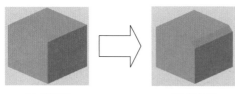

(a) 倒角前　　　　　　　(b) 倒角后

图 4.69　相交面

(a) 倒角前　　　　　　　(b) 倒角后

图 4.70　不相交面

步骤 6　完成操作。在"边倒角"功能选项卡中单击 ✔（确定）按钮,完成倒角的定义,如图 4.67（b）所示。

图 4.68 所示的"倒角"功能选项卡部分选项的说明如下：

（1） D x D 类型：用于通过两个相同的距离控制倒角的大小。

（2） D1 x D2 类型：用于通过两个不同的距离控制倒角的大小。

（3） 角度 x D 类型：用于通过角度与距离控制倒角的大小。

4.6.3　过渡倒角特征的一般操作过程

▷ 4min

下面以如图 4.71 所示的简单模型为例,介绍创建过渡倒角特征的一般过程。

步骤 1　打开文件 D:\Creo 8.0\work\ch04.06\ 过渡倒角 -ex。

步骤 2　选择命令。选择 模型 功能选项卡 工程▾ 区域中的 ⬦倒角 ▾命令,系统会弹出"边倒角"功能选项卡。

步骤 3　定义倒角类型。在"边倒角"功能选项卡 尺寸标注 区域的下拉列表中选择 D x D 类型。

步骤 4　定义倒角对象。在系统提示下按住 Ctrl 键选取如图 4.71（a）所示的 3 条边线作为倒角对象。

步骤 5　定义倒角参数。在"边倒角"功能选项卡 尺寸标注 区域的 D: 文本框中输入 6。

步骤 6　定义倒角模式。在"边倒角"功能选项卡 模式 区域选中 ⼲（过渡）类型。

步骤 7　定义过渡对象。在系统 ⇨从屏幕上或从过渡页的过渡列表中选择过渡 的提示下选取如图 4.72 所示的过渡对象。

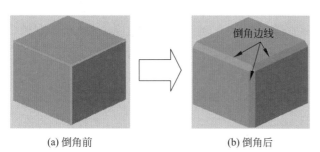

(a) 倒角前　　　　　　　(b) 倒角后

图 4.71　过渡倒角特征

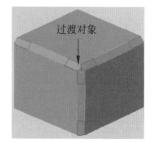

过渡对象

图 4.72　过渡对象

步骤 8　定义过渡模式。在"边倒角"功能选项卡 过渡设置 区域的下拉列表中选择

拐角平面 。

步骤 9 完成操作。在"边倒角"功能选项卡中单击 ✔ （确定）按钮，完成倒角的定义，如图 4.73 所示。

"过渡设置"下拉列表各选项的说明如下。

（1） 默认(相交) 类型：用于通过相交的方式进行过渡，完成后如图 4.74 所示。

（2） 拐角平面 类型：用于通过平面对由 3 个相交倒角集所形成的拐角倒角，完成后如图 4.73 所示。

（3） 曲面片 类型：用于通过在 3 个或者 4 个收敛集的交点之间创建一个曲面片曲面，选取此选项后用户需要选取一个曲面参考，还需要定义一个半径参数，完成后如图 4.75 所示。

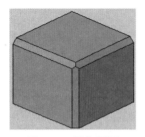
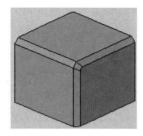
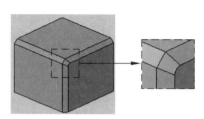

图 4.73 拐角平面　　　　　图 4.74 相交　　　　　图 4.75 曲面片

2min

4.6.4 拐角倒角特征的一般操作过程

下面以如图 4.76 所示的简单模型为例，介绍创建拐角倒角特征的一般过程。

步骤 1 打开文件 D:\Creo 8.0\work\ch04.06\ 拐角倒角 -ex。

步骤 2 选择命令。单击 模型 功能选项卡 工程▾ 区域中 ◈倒角 ▾后的▾，在系统弹出的快捷菜单中选择 ◥ 拐角倒角 命令，系统会弹出"拐角倒角"功能选项卡。

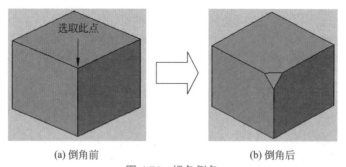

选取此点

(a) 倒角前　　　　　　　　　　(b) 倒角后

图 4.76 拐角倒角

步骤 3 选择参考点。在系统 ➡选择要进行倒角的顶点。提示下，选取如图 4.76 所示的点作为参考。

步骤 4 定义参数。在"拐角倒角"功能选项卡 设置 区域的 D1: D2: D3:文本框均输入 15。

步骤 5 完成操作。在"拐角倒角"功能选项卡中单击 ✔（确定）按钮，完成倒角的定义，如图 4.76（b）所示。

4.7　圆角特征

4.7.1　基本概述

圆角特征是指在选定的边线处通过裁掉或者添加一块圆弧剖面材料，从而在共有该边线的两个原始曲面之间创建出一个圆弧曲面。

圆角特征的作用：①提高模型的安全等级；②提高模型的美观程度；③方便装配；④消除应力集中。

4.7.2　恒定半径圆角

恒定半径圆角是指在所选边线的任意位置半径值都恒定相等；下面以如图 4.77 所示的模型为例，介绍创建恒定半径圆角特征的一般过程。

步骤 1　打开文件 D:\Creo 8.0\work\ch04.07\圆角 -ex。

步骤 2　选择命令。选择 模型 功能选项卡 工程▼ 区域中的 倒圆角 ▼ 命令，系统会弹出"倒圆角"功能选项卡。

步骤 3　定义圆角类型。在"倒圆角"功能选项卡 尺寸标注 区域的下拉列表中选择 圆形 类型。

步骤 4　定义圆角对象。在系统提示下选取如图 4.77（a）所示的边线作为圆角对象。

步骤 5　定义圆角参数。在"倒圆角"功能选项卡 尺寸标注 区域的 半径 文本框中输入 5。

步骤 6　完成操作。在"倒圆角"功能选项卡中单击 ✔（确定）按钮，完成倒圆角的定义，如图 4.77（b）所示。

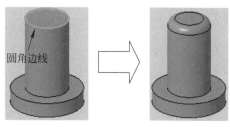

（a）圆角前　　　　（b）圆角后

图 4.77　恒定半径圆角

6min

4.7.3　变半径圆角

变半径圆角是指在所选边线的不同位置具有不同的圆角半径值。下面以如图 4.78 所示的模型为例，介绍创建变半径圆角特征的一般过程。

4min

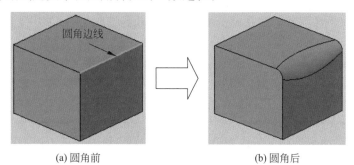

（a）圆角前　　　　　　（b）圆角后

图 4.78　变半径圆角

步骤1 打开文件 D:\Creo 8.0\work\ch04.07\ 变半径 -ex。

步骤2 选择命令。选择 模型 功能选项卡 工程▼ 区域中的 ⌒倒圆角 ▼命令，系统会弹出"倒圆角"功能选项卡。

步骤3 定义圆角对象。在系统提示下选取如图 4.78（a）所示的边线作为圆角对象。

#	半径	位置
1	5.00	顶点:边:F5(
2	5.00	顶点:边:F5(
3	10.00	0.50

图 4.79 变半径参数

步骤4 定义圆角参数。在如图 4.79 所示变半径设置区域 1 后的半径文本框中输入半径值 5，在变半径设置区域空白位置右击并选择 添加半径 命令，接着在 2 后的半径文本框中输入半径值 5，再次在变半径设置区域空白位置右击并选择 添加半径 命令，然后在 3 后的半径文本框中输入 10，在 3 后的位置文本框中输入 0.5。

步骤5 完成操作。在"倒圆角"功能选项卡中单击 ✓（确定）按钮，完成倒圆角的定义，如图 4.78（b）所示。

4.7.4 面圆角

4min

面圆角是指在面与面之间进行倒圆角。下面以如图 4.80 所示的模型为例，介绍创建面圆角特征的一般过程。

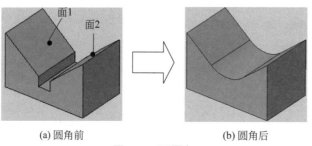

（a）圆角前   （b）圆角后

图 4.80 面圆角

步骤1 打开文件 D:\Creo 8.0\work\ch04.07\ 面圆角 -ex。

步骤2 选择命令。选择 模型 功能选项卡 工程▼ 区域中的 ⌒倒圆角 ▼命令，系统会弹出"倒圆角"功能选项卡。

步骤3 定义圆角类型。在"倒圆角"功能选项卡 尺寸标注 区域的下拉列表中选择 圆形 类型。

步骤4 定义圆角对象。在系统提示下按住 Ctrl 键选取如图 4.80（a）所示的面 1 与面 2 作为圆角对象。

步骤5 定义圆角参数。在"倒圆角"功能选项卡 尺寸标注 区域的 半径 文本框中输入 40。

步骤6 完成操作。在"倒圆角"功能选项卡中单击 ✓（确定）按钮，完成倒圆角的定义，如图 4.80（b）所示。

说明：对于两个不相交的曲面来讲，在给定圆角半径值时，圆角半径需大于两曲面最小距离的一半。

4.7.5　完全圆角

完全圆角是指在 3 个相邻的面之间进行倒圆角。下面以如图 4.81 所示的模型为例，介绍创建完全圆角特征的一般过程。

▶ 4min

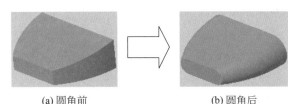

(a) 圆角前　　　　　　　　　　(b) 圆角后

图 4.81　完全圆角

步骤 1　打开文件 D:\Creo 8.0\work\ch04.07\ 完全圆角 -ex。

步骤 2　选择命令。选择 模型 功能选项卡 工程▼ 区域中的 ◯倒圆角 ▼命令，系统会弹出"倒圆角"功能选项卡。

步骤 3　定义圆角对象。在系统提示下按住 Ctrl 键选取如图 4.82（a）所示的边线 1 与边线 2 作为圆角对象。

步骤 4　定义圆角类型。在"倒圆角"功能选项卡 集 区域选择 完全倒圆角 按钮完成完全圆角的创建，完成后如图 4.83 所示。

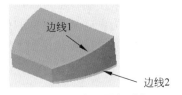

图 4.82　定义圆角对象

图 4.83　完全倒圆角

步骤 5　完成操作。在"倒圆角"功能选项卡中单击 ✔（确定）按钮，完成倒圆角的定义。

步骤 6　参考步骤 2 与步骤 5 再次创建另外一侧的完全圆角，如图 4.81（b）所示。

4.7.6　倒圆的顺序要求

在创建圆角时，一般需要遵循以下几点规则和顺序：

（1）先创建竖直方向的圆角，再创建水平方向的圆角。

（2）如果要生成具有多个圆角边线及拔模面的铸模模型，则在大多数情况下，应先创建拔模特征，再进行圆角的创建。

（3）一般将模型的主体结构创建完成后再尝试创建修饰作用的圆角，因为创建圆角越早，在重建模型时花费的时间就越长。

（4）当有多个圆角汇聚于一点时，先生成较大半径的圆角，再生成较小半径的圆角。

（5）为加快零件建模的速度，可以使用单一圆角操作来处理相同半径圆角的多条边线。

4.8 基准特征

4.8.1 基本概述

基准特征在建模的过程中主要起到定位参考的作用，需要注意基准特征并不能帮助我

们得到某个具体的实体结构，虽然基准特征并不能帮助我们得到某个具体的实体结构，但是在创建模型中的很多实体结构时，如果没有合适的基准，则将很难或者不能完成结构的具体创建，例如创建如图 4.84 所示的模型，该模型有一个倾斜结构，要想得到这个倾斜结构，就需要创建一个倾斜的基准平面。

基准特征在 Creo 中主要包括基准面、基准轴、基准点及基准坐标系。这些几何元素可以作为创建其他几何体的参照进行使用，在创建零件中的一般特征、曲面及装配时起到了非常重要的作用。

图 4.84 基准特征

4.8.2 基准面

▷ 14min

基准面也称为基准平面，在创建一般特征时，如果没有合适的平面了，就可以自己创建出一个基准平面，此基准平面可以作为特征截面的草图平面来使用，也可以作为参考平面来使用，基准平面是一个无限大的平面，在 Creo 中为了查看方便，基准平面的显示大小可以自己调整。在 Creo 中，软件给我们提供了很多种创建基准平面的方法，接下来就对一些常用的创建方法进行具体介绍。

1. 通过平行且有一定间距创建基准面

通过平行且有一定间距创建基准面需要提供一个平面参考，新创建的基准面与所选参考面平行，并且有一定的间距值。下面以创建如图 4.85 所示的基准面为例，介绍创建平行且有一定间距基准面的一般创建方法。

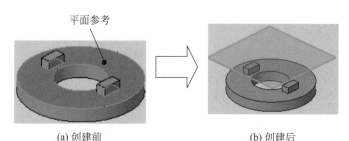

平面参考

(a) 创建前　　　　　　　　　　　(b) 创建后

图 4.85 平行且有一定间距基准面

步骤 1 打开文件 D:\Creo 8.0\work\ch04.08\ 基准面 01-ex。

步骤 2 选择命令。选择 模型 功能选项卡 基准▼ 区域中的 ▱ （平面）命令，系统会弹出如图 4.86 所示的"基准平面"对话框。

步骤 3　选取平面参考。选取如图 4.85（a）所示的面作为参考平面。

步骤 4　定义间距值。在"基准平面"对话框 平移 文本框中输入间距值 20。

步骤 5　完成操作。在"基准平面"对话框中单击 确定 按钮，完成基准面的定义，如图 4.85（b）所示。

2. 通过轴与面成一定角度创建基准面

通过轴与面有一定角度创建基准面需要提供一个平面参考与一个轴的参考，新创建的基准面通过所选的轴，并且与所选面成一定的夹角。下面以创建如图 4.87 所示的基准面为例介绍通过轴与面有一定角度创建基准面的一般创建方法。

图 4.86　"基准平面"对话框

步骤 1　打开文件 D:\Creo 8.0\work\ch04.08\ 基准面 02-ex。

步骤 2　选择命令。选择 模型 功能选项卡 基准▼ 区域中的 ▱（平面）命令，系统会弹出"基准平面"对话框。

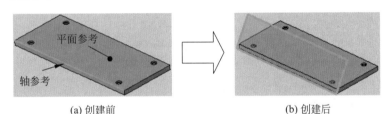

(a) 创建前　　　　　　　　　　　　　(b) 创建后

图 4.87　通过轴与面成一定夹角创建基准面

步骤 3　选取轴线参考与关系。选取如图 4.87（a）所示的轴参考，并且将与轴线的关系设置为 穿过▼。

步骤 4　选取平面参考与关系。按住 Ctrl 键选取如图 4.87（a）所示的面作为参考平面，并且将与面的关系设置为 偏移▼，在 旋转 文本框中输入 60。

步骤 5　完成操作。在"基准平面"对话框中单击 确定 按钮，完成基准面的定义，如图 4.87（b）所示。

3. 垂直于曲线创建基准面

垂直于曲线创建基准面需要提供曲线参考与一个点的参考，一般情况下点是曲线端点或者曲线上的点，新创建的基准面通过所选的点，并且与所选曲线垂直。下面以创建如图 4.88 所示的基准面为例介绍垂直于曲线创建基准面的一般创建方法。

步骤 1　打开文件 D:\Creo 8.0\work\ch04.08\ 基准面 03-ex。

步骤 2　选择命令。选择 模型 功能选项卡 基准▼ 区域中的 ▱（平面）命令，系统会弹出"基准平面"对话框。

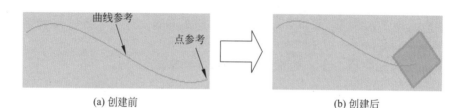

(a) 创建前   (b) 创建后

图 4.88　垂直于曲线创建基准平面

步骤 3　选取点参考与关系。选取如图 4.88（a）所示的点参考，并且将与点的关系设置为 穿过 。

步骤 4　选取曲线参考与关系。按住 Ctrl 键选取如图 4.88（a）所示的曲线作为参考，并且将与曲线的关系设置为 法向 。

> 说明：曲线参考可以是草图中的直线、样条曲线、圆弧等开放对象，也可以是现有实体中的一些边线。

步骤 5　完成操作。在"基准平面"对话框中单击 确定 按钮，完成基准面的定义，如图 4.88（b）所示。

4. 其他常用的创建基准面的方法

通过 3 点创建基准平面，所创建的基准面通过选取的 3 个点，如图 4.89 所示。

通过直线和点创建基准平面，所创建的基准面通过选取的直线和点，如图 4.90 所示。

通过与某一平面平行并且通过点创建基准平面，所创建的基准面通过选取的点，并且与参考平面平行，如图 4.91 所示。

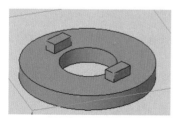
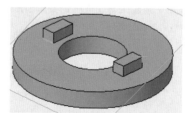
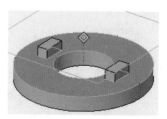

图 4.89　通过 3 点创建基准平面　　图 4.90　通过直线和点创建基准平面　　图 4.91　通过平行通过点创建基准平面

通过两个平行平面创建基准平面，所创建的基准面在所选两个平行基准平面的中间位置，如图 4.92 所示。

通过两个相交平面创建基准平面，所创建的基准面在所选两个相交基准平面的角平分位置，如图 4.93 所示。

通过与曲面相切创建基准平面，所创建的基准面与所选曲面相切，并且还需要其他参考，例如与某个平面平行或者垂直，或者通过某个对象均可以，如图 4.94 所示。

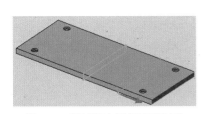

图 4.92　通过两个平行平面创建
基准平面

图 4.93　通过两个相交平面
创建基准平面

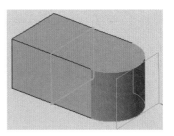

图 4.94　通过与曲面相切创建基
准平面

8min

4.8.3　基准轴

基准轴与基准面一样，可以作为特征创建时的参考，也可以为创建基准面、同轴放置项目及圆周阵列等提供参考。在 Creo 中，软件向我们提供了很多种创建基准轴的方法，接下来对一些常用的创建方法进行具体介绍。

1. 通过直线 / 边创建基准轴

通过直线 / 边创建基准轴需要提供一个草图直线、边或者轴的参考。下面以创建如图 4.95 所示的基准轴为例介绍通过直线 / 边创建基准轴的一般创建方法。

步骤 1　打开文件 D:\Creo 8.0\work\ch04.08\ 基准轴 -ex。

步骤 2　选择命令。选择 模型 功能选项卡 基准▼ 区域中的 / 轴 命令，系统会弹出如图 4.96 所示的"基准轴"对话框。

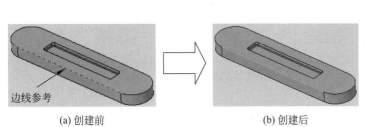

(a) 创建前　　　　　　　　(b) 创建后

图 4.95　通过直线 / 边 / 轴创建基准轴

图 4.96　"基准轴"对话框

步骤 3　选取参考。选取如图 4.95（a）所示的边线作为参考。

步骤 4　在"基准轴"对话框 参考 区域的下拉列表中选择 穿过▼。

步骤 5　完成操作。在"基准轴"对话框中单击 确定 按钮，完成基准轴的定义，如图 4.95（b）所示。

2. 通过两平面创建基准轴

通过两平面创建基准轴需要提供两个平面的参考。下面以创建如图 4.97 所示的基准轴为例介绍通过两平面创建基准轴的一般创建方法。

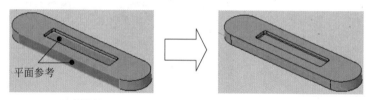

(a) 创建前   (b) 创建后

图 4.97   通过两平面创建基准轴

步骤 1   打开文件 D:\Creo 8.0\work\ch04.08\ 基准轴 -ex。

步骤 2   选择命令。选择 模型 功能选项卡 基准▼ 区域中的 ⁄ 轴 命令，系统会弹出"基准轴"对话框。

步骤 3   选取参考。选取如图 4.97（a）所示的平面作为参考。

步骤 4   在"基准轴"对话框 参考 区域的下拉列表中均选择 穿过▼。

步骤 5   完成操作。在"基准轴"对话框中单击 确定 按钮，完成基准轴的定义，如图 4.97（b）所示。

3. 通过两点创建基准轴

通过两点创建基准轴需要提供两个点的参考。下面以创建如图 4.98 所示的基准轴为例介绍通过两点创建基准轴的一般创建方法。

步骤 1   打开文件 D:\Creo 8.0\work\ch04.08\ 基准轴 -ex。

步骤 2   选择命令。选择 模型 功能选项卡 基准▼ 区域中的 ⁄ 轴 命令，系统会弹出"基准轴"对话框。

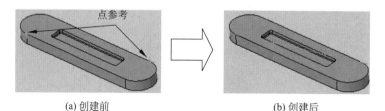

(a) 创建前   (b) 创建后

图 4.98   通过两点创建基准轴

步骤 3   选取参考。选取如图 4.98（a）所示的点参考。

步骤 4   在"基准轴"对话框 参考 区域的下拉列表中均选择 穿过▼。

步骤 5   完成操作。在"基准轴"对话框中单击 确定 按钮，完成基准轴的定义，如图 4.98（b）所示。

4. 通过圆柱 / 圆锥面创建基准轴

通过圆柱 / 圆锥面创建基准轴需要提供一个圆柱或者圆锥面的参考，系统会自动提取这个圆柱或者圆锥面的中心轴。下面以创建如图 4.99 所示的基准轴为例介绍通过圆柱 / 圆锥面创建基准轴的一般创建方法。

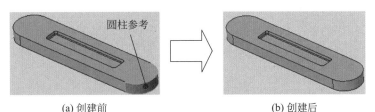

(a) 创建前　　　　　　　　　　　(b) 创建后

图 4.99　通过圆柱 / 圆锥面创建基准轴

步骤1　打开文件 D:\Creo 8.0\work\ch04.08\ 基准轴 -ex。

步骤2　选择命令。选择 模型 功能选项卡 基准▼ 区域中的 ╱ 轴 命令，系统会弹出"基准轴"对话框。

步骤3　选取参考。选取如图 4.99（a）所示的圆柱面作为参考。

步骤4　在"基准轴"对话框 参考 区域的下拉列表中均选择 穿过▼。

步骤5　完成操作。在"基准轴"对话框中单击 确定 按钮，完成基准轴的定义，如图 4.99（b）所示。

5. 通过点和面 / 基准面创建基准轴

通过点和面 / 基准面创建基准轴需要提供一个点参考和一个面的参考，点用于确定轴的位置，面用于确定轴的方向。下面以创建如图 4.100 所示的基准轴为例介绍通过点和面 / 基准面创建基准轴的一般创建方法。

步骤1　打开文件 D:\Creo 8.0\work\ch04.08\ 基准轴 -ex。

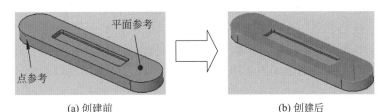

(a) 创建前　　　　　　　　　　　(b) 创建后

图 4.100　通过点和面 / 基准面创建基准轴

步骤2　选择命令。选择 模型 功能选项卡 基准▼ 区域中的 ╱ 轴 命令，系统会弹出"基准轴"对话框。

步骤3　选取参考。选取如图 4.100（a）所示的点和平面作为参考。

步骤4　在"基准轴"对话框 参考 区域"顶点"后的下拉列表中均选择 穿过▼，在"曲面"后的下拉列表中选择 法向▼。

步骤5　完成操作。在"基准轴"对话框中单击 确定 按钮，完成基准轴的定义，如图 4.100（b）所示。

4.8.4　基准点

点是最小的几何单元，由点可以得到线，由点也可以得到面，所以在创建基准轴或者

▷ 7min

基准面时，如果没有合适的点了，就可以通过基准点命令进行创建，另外基准点也可以作为其他实体特征创建的参考元素。在 Creo 中，软件向我们提供了很多种创建基准点的方法，接下来对一些常用的创建方法进行具体介绍。

1. 通过圆弧中心创建基准点

通过圆弧中心创建基准点需要提供一个圆弧或者圆的参考。下面以创建如图 4.101 所示的基准点为例介绍通过圆弧中心创建基准点的一般创建方法。

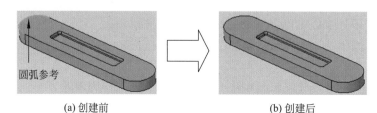

(a) 创建前　　　　　　　　　　　　　　(b) 创建后

图 4.101　通过圆弧中心创建基准点

步骤1　打开文件 D:\Creo 8.0\work\ch04.08\ 基准点 -ex。

步骤2　选择命令。选择 模型 功能选项卡 基准▼ 区域中的 ⁂ 点 ▼ 命令，系统会弹出如图 4.101 所示"基准点"对话框。

步骤3　选取参考。选取如图 4.101（a）所示的圆弧作为参考。

步骤4　在"基准点"对话框 参考 区域下拉列表中选择 居中▼ 。

步骤5　完成操作。在"基准点"对话框中单击 确定 按钮，完成基准点的定义，如图 4.101（b）所示。

2. 通过面创建基准点

通过面创建基准点需要提供一个面（平面、圆弧面、曲面）的参考，还需要提供两个线性的偏移参考。下面以创建如图 4.102 所示的基准点为例介绍通过面创建基准点的一般创建方法。

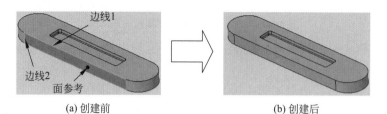

(a) 创建前　　　　　　　　　　　　　　(b) 创建后

图 4.102　通过面创建基准点

步骤1　打开文件 D:\Creo 8.0\work\ch04.08\ 基准点 -ex。

步骤2　选择命令。选择 模型 功能选项卡 基准▼ 区域中的 ⁂ 点 ▼ 命令，系统会弹出"基准点"对话框。

步骤3　选取面参考。选取如图 4.102（a）所示的面参考，此时图形区如图 4.103 所示。

步骤4　选取偏移参考 1。将如图 4.103 所示的"参考选择器 1"拖动至如图 4.102 所示的边线 1 上，在距离文本框中输入间距 20。

步骤 5　选取偏移参考 2。将如图 4.103 所示的"参考选择器 2"拖动至如图 4.102 所示的边线 2 上，在距离文本框中输入间距 150。

步骤 6　完成操作。在"基准点"对话框中单击 确定 按钮，完成基准点的定义，如图 4.102（b）所示。

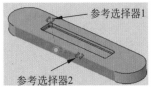

图 4.103　选取面参考后

3. 其他创建基准点的方式

通过交叉点创建基准点，以这种方式创建基准点需要提供两个相交的曲线对象，如图 4.104 所示。

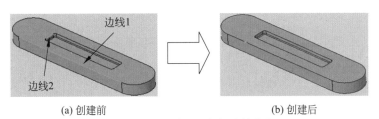

(a) 创建前　　　　　　　　　　　(b) 创建后

图 4.104　通过交叉点创建基准点

通过投影创建基准点，以这种方式创建基准点需要提供一个要投影的点（曲线端点、草图点或者模型端点），以及要投影到的面（基准面、模型表面或者曲面）。

通过沿曲线创建基准点，可以快速生成沿选定曲线的点，曲线可以是模型边线或者草图线段，在具体创建点时可以通过比率定义点的位置，如图 4.105 所示，也可以通过距离控制点的位置，如图 4.106 所示。

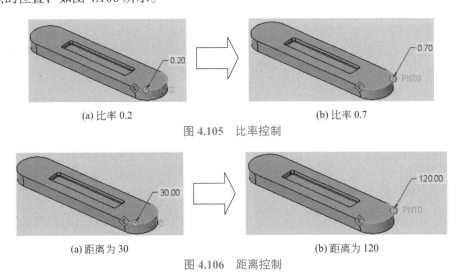

(a) 比率 0.2　　　　　　　　　　(b) 比率 0.7

图 4.105　比率控制

(a) 距离为 30　　　　　　　　　　(b) 距离为 120

图 4.106　距离控制

4.8.5　基准坐标系

基准坐标系是可以定义零件或者装配的坐标系，添加基准坐标系有以下几点作用：计算

▷ 3min

质量属性、组装元件、用作定位其他特征的参考、作为方向参考、为有限元分析提供放置参考。下面以创建如图 4.107 所示的基准坐标系为例介绍创建基准坐标系的一般创建方法。

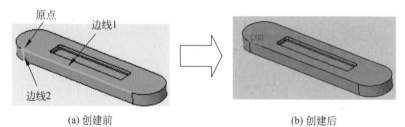

图 4.107　基准坐标系

步骤 1 打开文件 D:\Creo 8.0\work\ch04.08\ 基准坐标系 -ex。

步骤 2 选择命令。选择 模型 功能选项卡 基准▼ 区域中的 坐标系 命令，系统会弹出如图 4.108 所示"坐标系"对话框。

步骤 3 选择位置命令。在系统提示下选取如图 4.107 所示的点作为参考。

步骤 4 选择 X 方向参考。在"坐标系"对话框中单击 方向 选项卡，单击激活 使用 后的文本框，选取如图 4.107（a）所示的边线 1 作为 X 方向参考，在 确定 下拉列表中选择 X ，方向为反向。

步骤 5 选择 Y 方向参考。选取如图 4.107（a）所示的边线 2 作为 Y 方向参考，方向为反向。

步骤 6 完成操作。在"坐标系"对话框中单击 确定 按钮，完成坐标系的定义，如图 4.107（b）所示。

图 4.108　"坐标系"对话框

4.9　抽壳特征

4.9.1　基本概述

抽壳特征是指移除一个或者多个面，然后将其余所有的模型外表面向内或者向外偏移一个相等或者不等的距离而实现的一种效果。通过对概念的学习可以总结得到抽壳的主要作用是帮助我们快速得到箱体或者壳体效果的特征。

4.9.2　等壁厚抽壳

7min

下面以如图 4.109 所示的效果为例，介绍创建等壁厚抽壳的一般过程。

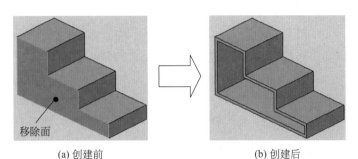

(a) 创建前　　　　　　　　(b) 创建后

图 4.109　等壁厚抽壳

步骤 1　打开文件 D:\Creo 8.0\work\ch04.09\ 抽壳 -ex。

步骤 2　选择命令。选择 模型 功能选项卡 工程▼ 区域中的 壳命令，系统会弹出如图 4.110 所示"壳"功能选项卡。

图 4.110　"壳"对话框

步骤 3　定义移除面。选取如图 4.109（a）所示的移除面。

步骤 4　定义抽壳厚度。在"壳"功能选项卡 设置 区域的 厚度:文本框中输入 3。

步骤 5　完成操作。在"壳"对话框中单击 ✔（确定）按钮，完成抽壳的创建，如图 4.109（b）所示。

4.9.3　不等壁厚抽壳

不等壁厚抽壳是指抽壳后不同面的厚度是不同的，下面以如图 4.111 所示的效果为例，介绍创建不等壁厚抽壳的一般过程。

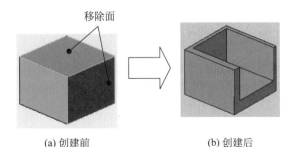

(a) 创建前　　　　　　　　(b) 创建后

图 4.111　不等壁厚抽壳

步骤 1　打开文件 D:\Creo 8.0\work\ch04.09\ 抽壳 02-ex。

步骤 2　选择命令。选择 模型 功能选项卡 工程▼ 区域中的 壳命令，系统会弹出"壳"功能选项卡。

步骤 **3** 定义移除面。选取如图 4.111（a）所示的移除面。

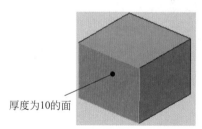

图 4.112 不等壁厚面

步骤 **4** 定义抽壳厚度。在"壳"功能选项卡 设置 区域的 厚度: 文本框中输入 5；激活"壳"功能选项卡 非默认厚度 区域的文本框，选取如图 4.112 所示的面，在"厚度"文本框中输入 10（代表此面的厚度为 10），然后按住 Ctrl 键选取长方体的底面，在"厚度"文本框中输入 15（代表底面的厚度为 15）。

步骤 **5** 完成操作。在"壳"功能选项卡中单击 ✔（确定）按钮，完成抽壳的创建，如图 4.111（b）所示。

▷ 3min

4.9.4 抽壳方向的控制

前面创建的抽壳方向都是向内抽壳，从而保证模型整体尺寸的不变，其实抽壳的方向也可以向外，只是需要注意，当抽壳方向向外时，模型的整体尺寸会发生变化。例如图 4.113 所示的长方体原始尺寸为 80×80×60；如果是正常的向内抽壳，假如抽壳厚度为 5，则抽壳后的效果如图 4.114 所示，此模型的整体尺寸依然是 80×80×60，中间腔槽的尺寸为 70×70×55；如果是向外抽壳，则只需在"壳"功能选项卡中单击 厚度: 后的 按钮，假如抽壳厚度为 5，抽壳后的效果如图 4.115 所示，此模型的整体尺寸为 90×90×65，中间腔槽的尺寸为 80×80×60。

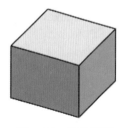

图 4.113 原始模型

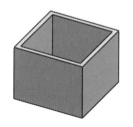

图 4.114 向内抽壳

图 4.115 向外抽壳

▷ 7min

4.9.5 抽壳的高级应用（抽壳的顺序）

抽壳特征是一个对顺序要求比较严格的功能，同样的特征按不同的顺序进行抽壳操作，对最终的结果还是有非常大的影响的。接下来就以创建圆角和抽壳为例，来介绍不同顺序对最终效果的影响。

方法一：先圆角再抽壳

步骤 **1** 打开文件 D:\Creo 8.0\work\ch04.09\ 抽壳 03-ex。

步骤 **2** 创建如图 4.116 所示的倒圆角 1。选择 模型 功能选项卡 工程▼ 区域中的 倒圆角 ▼命令，在"倒圆角"功能选项卡 尺寸标注 区域的下拉列表中选择 圆形 类型；在系统提示下选取 4 根竖直边线作为圆角对象；在"倒圆角"功能选项卡 尺寸标注 区域的 半径:文本框中输入 15；单击 ✔（确定）按钮完成倒圆角的定义。

步骤3 创建如图 4.117 所示的倒圆角 2。选择 模型 功能选项卡 工程▾ 区域中的 ⌐倒圆角 ▾命令，在"倒圆角"功能选项卡 尺寸标注 区域的下拉列表中选择 圆形 类型；在系统提示下选取下侧水平边线作为圆角对象；在"倒圆角"功能选项卡 尺寸标注 区域的 半径:文本框中输入 8；单击 ✔（确定）按钮完成倒圆角的定义。

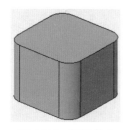

图 4.116　倒圆角 1

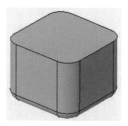

图 4.117　倒圆角 2

步骤4 创建如图 4.118 所示的抽壳。选择 模型 功能选项卡 工程▾ 区域中的 ▥壳命令，系统会弹出"壳"功能选项卡，选取如图 4.118（a）所示的移除面，在"壳"功能选项卡 设置 区域的 厚度:文本框中输入 5，在"壳"对话框中单击 ✔（确定）按钮，完成抽壳的创建，如图 4.118（b）所示。

移除面

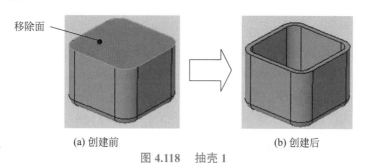

(a) 创建前　　　　　　　　　　(b) 创建后

图 4.118　抽壳 1

方法二：先抽壳再圆角

步骤1 打开文件 D:\Creo 8.0\work\ch04.09\ 抽壳 03-ex。

步骤2 创建如图 4.119 所示的抽壳。选择 模型 功能选项卡 工程▾ 区域中的 ▥壳命令，系统会弹出"壳"功能选项卡，选取如图 4.119（a）所示的移除面，在"壳"功能选项卡 设置 区域的 厚度:文本框中输入 5，在"壳"对话框中单击 ✔（确定）按钮，完成抽壳的创建，如图 4.119（b）所示。

步骤3 创建如图 4.120 所示的倒圆角 1。选择 模型 功能选项卡 工程▾ 区域中的 ⌐倒圆角 ▾命令，在"倒圆角"功能选项卡 尺寸标注 区域的下拉列表中选择 圆形 类型；在系统提示下选取 4 根竖直边线作为圆角对象；在"倒圆角"功能选项卡 尺寸标注 区域的 半径:文本框中输入 15；单击 ✔（确定）按钮完成倒圆角的定义。

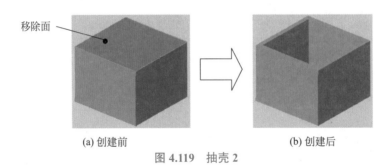

移除面

(a) 创建前　　　　　　　　　　　　(b) 创建后

图 4.119　抽壳 2

步骤 4　创建如图 4.121 所示的倒圆角 2。选择 模型 功能选项卡 工程▼ 区域中的 ⏷倒圆角 ▼命令，在"倒圆角"功能选项卡 尺寸标注 区域的下拉列表中选择 圆形 类型；在系统提示下选取下侧水平边线作为圆角对象；在"倒圆角"功能选项卡 尺寸标注 区域的 半径 文本框中输入 8；单击 ✔（确定）按钮完成倒圆角的定义。

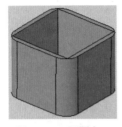

图 4.120　倒圆角 1

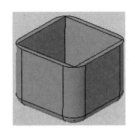

图 4.121　倒圆角 2

总结：相同的参数，不同的操作步骤所得到的效果是截然不同的。那么出现不同结果的原因是什么呢？那是由抽壳时保留面的数目不同导致的，在方法一中，先创建圆角，当我们移除一个面进行抽壳时，剩下了 17 个面（5 个平面和 12 个圆角面）参与抽壳偏移，从而可以得到如图 4.118 所示的效果；在方法二中，虽然也移除了一个面，但是由于圆角是抽壳后创建的，因此剩下的面只有 5 个，这 5 个面参与抽壳进而得到如图 4.119 所示的效果，后面再单独创建圆角得到如图 4.121 所示的效果。那么在实际使用抽壳时我们该如何合理地安排抽壳的顺序呢？一般情况下需要把要参与抽壳的特征放在抽壳特征的前面创建，将不需要参与抽壳的特征放到抽壳后面创建。

4.10　孔特征

4.10.1　基本概述

孔在我们的设计过程中起着非常重要的作用，主要起着定位配合和固定设计产品的重要作用，既然有这么重要的作用，当然软件也向我提供了很多孔的创建方法。例如简单的通孔（用于上螺钉的）、一般产品底座上的沉头孔（也是用于上螺钉的）、两个产品配合的锥形孔（通过销来定位和固定的孔）、最常见的螺纹孔等，这些不同的孔都可以通过软件向我们提供的孔命令进行具体实现。

4.10.2　创建孔

使用孔特征创建孔，一般会经过以下几个步骤：

（1）选择命令。

（2）定义打孔平面。

（3）定义孔的位置。

（4）定义打孔的类型。

（5）定义孔的对应参数。

下面以如图 4.122 所示的效果为例，具体介绍创建孔特征的一般过程。

步骤 1 　打开文件 D:\Creo 8.0\work\ch04.10\ 孔 -ex。

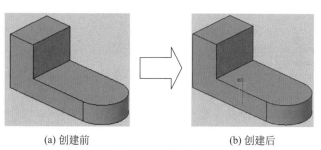

(a) 创建前　　　　　　　　　　(b) 创建后

图 4.122　孔特征

步骤 2 　选择命令。选择 模型 功能选项卡 工程▼ 区域中的 孔 命令，系统会弹出如图 4.123 所示的"孔"功能选项卡。

图 4.123　"孔"功能选项卡

步骤 3 　定义放置类型。在"孔"功能选项卡 放置 区域的 类型 下拉列表中选择 线性，选取如图 4.124 所示的面作为孔的放置面，激活 偏移参考 文本框，选取如图 4.124 所示的边线 1 与边线 2 作为参考，偏移距离分别为 15 与 20，参数如图 4.125 所示。

步骤 4 　定义孔类型。在"孔"功能选项卡 类型 区域选中 简单，在 轮廓 区域选中 钻孔 与 沉孔。

步骤 5 　定义孔参数。在"孔"功能选项卡 形状 区域设置如图 4.126 所示的参数。

步骤 6 　完成操作。在"孔"对话框中单击 ✔（确定）按钮，完成孔的创建，如图 4.122（b）所示。

图 4.128 所示放置类型区域部分选项说明如下。

（1） 线性：用于通过选择两个线性参考定义孔位置，如图 4.122（b）所示。

（2） 径向：用于使用一个半径和一个角度尺寸放置，如图 4.127 所示。

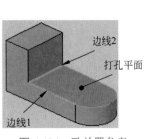

图 4.124　孔放置参考

图 4.125　孔放置参数

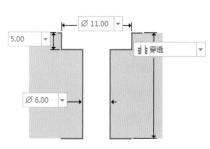

图 4.126　孔参数

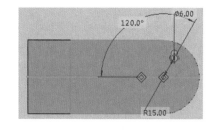

图 4.127　径向

（3）直径：用于使用一个直径和一个角度尺寸放置，如图 4.128 所示。

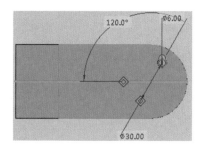

图 4.128　直径

（4）同轴：用于通过选取一个轴作为孔的放置参考，如图 4.129 所示。

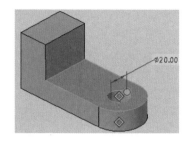

图 4.129　同轴

（5） ⌖ 点上 ：用于通过选取一个基准点作为孔的放置参考，如图 4.130 所示。

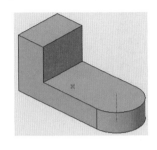

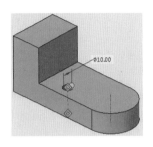

图 4.130　点上

（6） ⋰ 草绘 ：用于通过选取一个草图作为孔的放置参考，如图 4.131 所示。

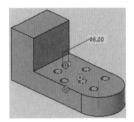

图 4.131　草绘

4.11　拔模特征

4.11.1　基本概述

拔模特征是指将竖直的平面或者曲面倾斜一定的角，从而得到一个斜面或者说有锥度的曲面。注塑件和铸造件往往都需要一个拔模斜度才可以顺利脱模，拔模特征就是专门用来创建拔模斜面的。

有关拔模的几个关键术语如下。

（1）拔模曲面：要进行拔模的模型曲面。

（2）枢轴平面：拔模曲面可绕着枢轴平面与拔模曲面的交线旋转而形成拔模斜面。

（3）拔模方向：拔模方向总是垂直于拔模参照平面或平行于拔模参照轴或参照边。

（4）拔模角度：拔模方向与生成的拔模曲面之间的角度。

（5）分割区域：可对拔模曲面进行分割，然后为各区域分别定义不同的拔模角度和方向。

4.11.2　普通拔模

下面以如图 4.132 所示的效果为例，介绍创建普通拔模的一般过程。

▷ 7min

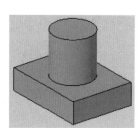

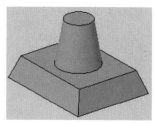

(a) 创建前　　　　　　　　　　　　　　　　(b) 创建后

图 4.132　普通拔模

步骤 1　打开文件 D:\Creo 8.0\work\ch04.11\ 拔模 01-ex。

步骤 2　选择命令。选择 模型 功能选项卡 工程▼ 区域中的 ▨拔模▼命令，系统会弹出如图 4.133 所示的"拔模"功能选项卡。

图 4.133　"拔模"功能选项卡

步骤 3　定义拔模面。在系统 ➡选择一组曲面以进行拔模. 的提示下选取如图 4.134 所示的面作为拔模面。

步骤 4　定义拔模枢轴面。激活"拔模"功能选项卡 参考 区域中的 拔模枢轴:文本框，在系统 ➡选择平面、面组、倒圆角、倒角或曲线链以定义拔模枢轴.的提示下选取如图 4.135 所示的面作为拔模枢轴面。

步骤 5　定义拔模角度。在"拔模"功能选项卡 角度 区域的 角度 1:文本框中输入 10，然后单击 ▨按钮。

步骤 6　完成操作。在"拔模"对话框中单击 ✔（确定）按钮，完成拔模的创建，如图 4.136 所示。

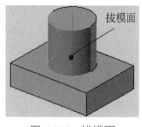
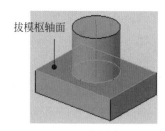

图 4.134　拔模面　　　　　　　图 4.135　拔模枢轴面　　　　　　　图 4.136　拔模 1

步骤 7　选择命令。选择 模型 功能选项卡 工程▼ 区域中的 ▨拔模 ▼命令，系统会弹出"拔模"功能选项卡。

步骤 8　定义拔模面。在系统 ➡选择一组曲面以进行拔模. 的提示下选取长方体的 4 个侧面作为拔模面。

步骤 9　定义拔模枢轴面。激活"拔模"功能选项卡 参考 区域中的 拔模枢轴:文本框，在系统➡选择平面、面组、倒圆角、倒角或曲线链以定义拔模枢轴。的提示下选取如图 4.135 所示的面作为拔模枢轴面。

步骤 10　定义拔模角度。在"拔模"功能选项卡 角度 区域的 角度 1: 文本框中输入 20，然后单击 ✗ 按钮。

步骤 11　完成操作。在"拔模"对话框中单击 ✔（确定）按钮，完成拔模的创建，如图 4.132（b）所示。

4.11.3　分割拔模：根据拔模枢轴

▷ 5min

下面以如图 4.137 所示的效果为例，介绍创建根据拔模枢轴分割拔模的一般过程。

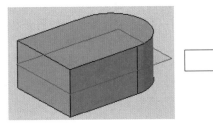

(a) 创建前　　　　　　　　(b) 创建后

图 4.137　分割拔模：根据拔模枢轴

步骤 1　打开文件 D:\Creo 8.0\work\ch04.11\ 拔模 02-ex。

步骤 2　选择命令。选择 模型 功能选项卡 工程▾ 区域中的 ⬧拔模 ▾命令，系统会弹出"拔模"功能选项卡。

步骤 3　定义拔模面。在系统➡选择一组曲面以进行拔模。的提示下选取如图 4.138 所示的面作为拔模面。

步骤 4　定义拔模枢轴面。激活"拔模"功能选项卡 参考 区域中的 拔模枢轴: 文本框，在系统➡选择平面、面组、倒圆角、倒角或曲线链以定义拔模枢轴。的提示下选取如图 4.139 所示的面作为拔模枢轴面。

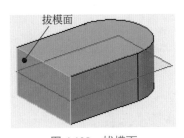

图 4.138　拔模面

图 4.139　拔模枢轴面

步骤 5　定义分割类型。在"拔模"功能选项卡 分割 区域的 分割选项 下拉列表中选择 根据拔模枢轴分割 类型，在 侧选项 下拉列表中选择 只拔模第二侧 选项，如图 4.140 所示。

步骤 6　定义拔模角度。在"拔模"功能选项卡 角度 区域的 角度 2: 文本框中输入 20，然后单击 ✗ 按钮。

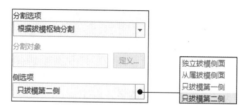

图 4.140 "分割"区域

步骤7 完成操作。在"拔模"对话框中单击 ✔（确定）按钮，完成拔模的创建，如图 4.137（b）所示。

图 4.140 所示分割区域 侧选项 下拉选项说明如下。

（1）独立拔模侧面：用于指定两个独立的拔模角，如图 4.141 所示。

（2）从属拔模侧面：用于指定一个拔模角，第二侧以相反方向拔模，如图 4.142 所示。

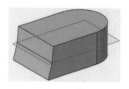

图 4.141 独立拔模侧面   图 4.142 从属拔模侧面

（3）只拔模第一侧：用于只拔模曲面的第 1 个侧面，如图 4.143 所示。

（4）只拔模第二侧：用于只拔模曲面的第 2 个侧面，如图 4.144 所示。

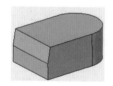

图 4.143 只拔模第一侧   图 4.144 只拔模第二侧

6min

4.11.4 分割拔模：根据分割对象

下面以如图 4.145 所示的效果为例，介绍创建根据分割对象分割拔模的一般过程。

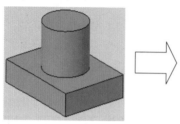

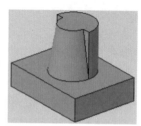

(a) 创建前   (b) 创建后

图 4.145 分割拔模：根据分割对象

步骤 1　打开文件 D:\Creo 8.0\work\ch04.11\ 拔模 03-ex。

步骤 2　选择命令。选择 模型 功能选项卡 工程▼ 区域中的 🖫 拔模 ▼命令,系统会弹出"拔模"功能选项卡。

步骤 3　定义拔模面。在系统 ⇨选择一组曲面以进行拔模. 的提示下选取如图 4.146 所示的面作为拔模面。

步骤 4　定义拔模枢轴面。激活 "拔模" 功能选项卡 参考 区域中的 拔模枢轴: 文本框,在系统 ⇨选择平面、面组、倒圆角、倒角或曲线链以定义拔模枢轴. 的提示下选取如图 4.147 所示的面作为拔模枢轴面。

步骤 5　定义分割类型。在 "拔模" 功能选项卡 分割 区域的 分割选项 下拉列表中选择 根据分割对象分割 类型。

步骤 6　定义分割对象。在 "拔模" 功能选项卡 分割 区域单击 定义... 按钮,选取 RIGHT 平面作为草图平面,绘制如图 4.148 所示的直线。

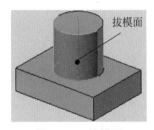
图 4.146　拔模面

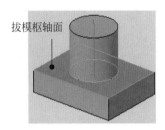
图 4.147　拔模枢轴面

图 4.148　分割对象

步骤 7　定义分割参数。在 "拔模" 功能选项卡 分割 区域的 侧选项 下拉列表中选择 只拔模第一侧 选项,在 角度 区域的 角度 2:文本框中输入 10,然后单击 🖾 按钮。

步骤 8　完成操作。在 "拔模" 对话框中单击 ✔ (确定) 按钮,完成拔模的创建,如图 4.145 (b) 所示。

4.11.5　可变拔模

下面以如图 4.149 所示的效果为例,介绍创建可变拔模的一般过程。

▷ 4min

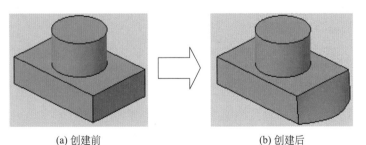
(a) 创建前　　　　　　　　　　(b) 创建后
图 4.149　可变拔模

步骤 1　打开文件 D:\Creo 8.0\work\ch04.11\ 拔模 04-ex。

步骤 2　选择命令。单击 模型 功能选项卡 工程▼ 区域中 🖫 拔模 ▼后的 ▼按钮,在系统弹出的快捷菜单中选择 可变拖拉方向拔模 命令，系统会弹出"可变拖拉方向拔模"功能选项卡。

步骤 3 定义拖拉方向。在系统 选择参考来定义拖拉方向。的提示下选取如图 4.150 所示的面作为方向参考面。

步骤 4 定义拔模枢轴。激活"可变拖拉方向拔模"功能选项卡 参考 区域中的 拔模枢轴: 文本框，在系统 选择作为拔模几何枢轴的任意数目的曲线或边链。的提示下选取如图 4.151 所示的边线作为参考。

步骤 5 定义拔模参数。在如图 4.152 所示变角度设置区域 1 后的角度文本框中输入角度值 10，在变角度设置区域的空白位置右击并选择 添加角度 命令，然后在 2 后的角度文本框中输入角度值 10，再次在变角度设置区域的空白位置右击并选择 添加角度 命令，然后在 3 后的角度文本框中输入 30，在 3 后的位置文本框中输入 0.5。

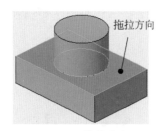

图 4.150 拖拉方向

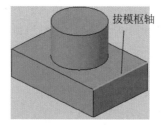

图 4.151 拔模枢轴

#	角度1	参考	位置
1	10.0	顶点边:F5(	0.00
2	10.0	顶点边:F5(	1.00
3	30.0	点:边:F5(拉	0.50

图 4.152 变角度参数

步骤 6 完成操作。在"可变拖拉方向拔模"功能选项卡中单击 ✔（确定）按钮，完成可变拔模的定义，如图 4.149（b）所示。

4.12 加强筋特征

4.12.1 基本概述

加强筋顾名思义是用来加固零件的，当想要提升一个模型的承重或者抗压能力时，就可以在当前模型的一些特殊位置加上加强筋结构。加强筋的创建过程与拉伸特征比较类似，不同点在于拉伸需要一个封闭的截面，而加强筋只需开放截面就可以了。在 Creo 中加强筋包含两种类型：轨迹筋、轮廓筋。

▷ 7min

4.12.2 轮廓筋特征的一般操作过程

下面以如图 4.153 所示的效果为例，介绍创建轮廓筋特征的一般过程。

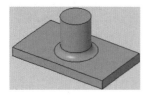

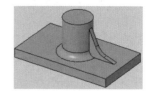

(a) 创建前   (b) 创建后

图 4.153 轮廓筋

步骤 1　打开文件 D:\Creo 8.0\work\ch04.12\ 加强筋 01-ex。

步骤 2　选择命令。单击 模型 功能选项卡 工程▼ 区域中 筋后的 ▼ 按钮,在系统弹出的快捷菜单中选择 轮廓筋 命令,系统会弹出如图 4.154 所示的"轮廓筋"功能选项卡。

图 4.154　"轮廓筋"功能选项卡

步骤 3　定义轮廓筋截面轮廓。在"轮廓筋"功能选项卡 参考 区域单击 定义... 按钮,选取 FRONT 平面作为草图平面,绘制如图 4.155 所示的轮廓。

步骤 4　定义轮廓筋深度方向。在"轮廓筋"功能选项卡 深度 区域单击 反向方向 按钮调整方向,如图 4.156 所示。

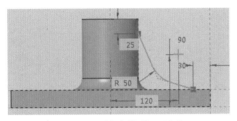

图 4.155　轮廓筋截面轮廓

图 4.156　轮廓筋深度方向

步骤 5　定义轮廓筋宽度。在"轮廓筋"功能选项卡 宽度 区域的文本框中输入 15。

步骤 6　完成操作。在"轮廓筋"功能选项卡中单击 ✔（确定）按钮,完成轮廓筋的定义,如图 4.153（b）所示。

4.12.3　轨迹筋特征的一般操作过程

下面以如图 4.157 所示的效果为例,介绍创建轨迹筋特征的一般过程。

▶ 5min

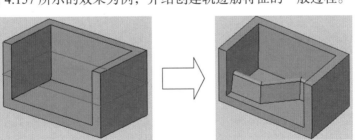

(a) 创建前　　　　　　　　　　(b) 创建后

图 4.157　轨迹筋

步骤 1　打开文件 D:\Creo 8.0\work\ch04.12\ 加强筋 02-ex。

步骤 2　选择命令。单击 模型 功能选项卡 工程▼ 区域中 筋后的 ▼ 按钮,在系统弹出的快捷菜单中选择 轮廓筋 命令,系统会弹出如图 4.158 所示的"轨迹筋"功能选项卡。

图 4.158 "轨迹筋"功能选项卡

步骤3 定义轨迹筋截面轮廓。在"轨迹筋"功能选项卡 参考 区域单击 定义... 按钮，选取 TOP 平面作为草图平面，绘制如图 4.159 所示的轮廓。

步骤4 定义轨迹筋深度方向。在"轨迹筋"功能选项卡 深度 区域单击 ⁄ 反向方向 按钮调整方向，如图 4.160 所示。

步骤5 定义轨迹筋的其他参数。在"轨迹筋"功能选项卡 选项 区域选中 添加拔模 与 倒圆角暴露边 复选项，在 形状 区域设置如图 4.161 所示的参数。

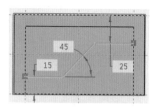

图 4.159 轨迹筋截面轮廓

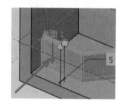

图 4.160 轨迹筋深度方向

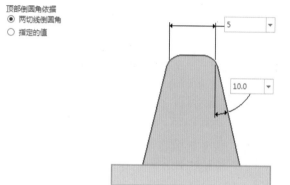

图 4.161 轨迹筋形状参数

步骤6 完成操作。在"轨迹筋"功能选项卡中单击 ✔（确定）按钮，完成轨迹筋的定义，如图 4.157（b）所示。

4.13 扫描特征

4.13.1 基本概述

扫描特征是指将一个截面轮廓沿着我们给定的曲线路径掠过而得到的一个实体效果。通过对概念的学习可以总结得到，要想创建一个扫描特征就需要有以下两大要素作为支持：一是截面轮廓，二是曲线路径。

4.13.2 扫描特征的一般操作过程

16min

下面以如图 4.162 所示的效果为例，介绍创建扫描特征的一般过程。

步骤 1 选择工作目录。选择 主页 功能选项卡 数据 区域中的 🗁（选择工作目录）命令，在系统弹出的"选择工作目录"对话框中选择 D:\Creo 8.0\work\ch04.13，单击 确定 按钮完成工作目录的设置。

步骤 2 新建文件。选择 主页 功能选项卡 数据 区域中的 🗋（新建）命令，在系统弹出的"新建"对话框中选中 ⦿ ⬜ 零件 类型，在 文件名: 文本框中输入"扫描特征"，取消选中 ⬜ 使用默认模板 复选项，然后单击 确定 按钮；在系统弹出的"新文件选项"对话框中选择 mmns_part_solid_abs 模板，单击 确定 按钮完成新建操作。

步骤 3 绘制扫描路径。选择 模型 功能选项卡 基准▾ 区域中的 🗘（草绘）命令，选取 TOP 平面作为草图平面，绘制如图 4.163 所示的草图。

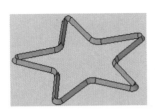

图 4.162 扫描特征

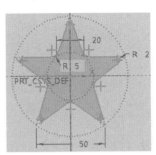

图 4.163 扫描路径

步骤 4 选择命令。选择 模型 功能选项卡 形状▾ 区域中的 🖝扫描 ▾命令，系统会弹出如图 4.164 所示的"扫描"功能选项卡。

步骤 5 选择扫描路径。在系统 ➡选择任何数量的链用作扫描的轨迹。的提示下选取步骤 3 创建的草图作为扫描路径。

步骤 6 定义扫描截面。在"扫描"功能选项卡 截面 区域中单击 🖊草绘 按钮，绘制如图 4.165 所示的截面。

图 4.164 "扫描"功能选项卡

图 4.165 扫描截面

步骤 7 完成操作。在"扫描"功能选项卡中单击 ✔（确定）按钮，完成扫描的定义，如图 4.162 所示。

注意：创建扫描特征，必须遵循以下规则。
（1）对于扫描凸台，截面需要封闭。
（2）路径可以是开环也可以是闭环。
（3）路径可以是一个草图或者模型边线。

（4）路径不能自相交。

（5）路径的起点必须位于轮廓所在的平面上。

（6）相对于轮廓截面的大小，路径的弧或样条半径不能太小，否则扫描特征在经过该弧时会由于自身相交而出现特征生成失败现象。

3min

4.13.3 扫描切除

下面以如图 4.166 所示的效果为例，介绍创建扫描切除的一般过程。

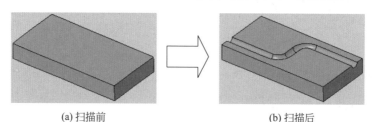

(a) 扫描前　　　　　　　　　　(b) 扫描后

图 4.166　扫描切除

步骤1 打开文件 D:\Creo 8.0\work\ch04.13\ 扫描切除 -ex。

步骤2 绘制扫描路径。选择 模型 功能选项卡 基准▾ 区域中的 ╲（草绘）命令，选取如图 4.167 所示的平面作为草图平面，绘制如图 4.168 所示的草图。

步骤3 选择命令。选择 模型 功能选项卡 形状▾ 区域中的 ☞扫描▾ 命令，系统会弹出"扫描"功能选项卡。

步骤4 选择扫描路径。在系统 ➡选择任何数量的链作扫描的轨迹。 的提示下选取步骤 2 创建的草图作为扫描路径。

步骤5 定义扫描截面。在"扫描"功能选项卡 截面 区域中单击 ☑草绘 按钮，绘制如图 4.169 所示的截面。

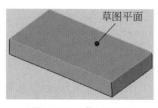

图 4.167　草图平面

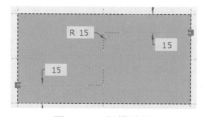

图 4.168　扫描路径

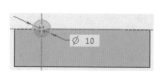

图 4.169　扫描截面

步骤6 定义扫描参数。在"扫描"功能选项卡 设置 区域选中 ☑移除材料 单选项，其他参数采用系统默认。

步骤7 完成操作。在"扫描"功能选项卡中单击 ✔（确定）按钮，完成扫描的定义，如图 4.166（b）所示。

4.13.4　螺旋扫描

螺旋扫描是指将一个截面沿着螺旋轨迹线进行扫描，下面以如图 4.170 所示的效果为例，介绍创建螺旋扫描的一般过程。

▷ **8min**

步骤 1　选择工作目录。选择 主页 功能选项卡 数据 区域中的 🗁（选择工作目录）命令，在系统弹出的"选择工作目录"对话框中选择 D:\Creo 8.0\work\ch04.13，单击 确定 按钮完成工作目录的设置。

步骤 2　新建文件。选择 主页 功能选项卡 数据 区域中的 🗋（新建）命令，在系统弹出的"新建"对话框中选中 ◉ 🗋 零件 类型，在 文件名: 文本框中输入"螺旋扫描"，取消选中 □ 使用默认模板 复选项，然后单击 确定 按钮；在系统弹出的"新文件选项"对话框中选择 mmns_part_solid_abs 模板，单击 确定 按钮完成新建操作。

步骤 3　选择命令。单击 模型 功能选项卡 形状▼ 区域中 ⟳ 扫描 ▼后的▼ 按钮，在系统弹出的快捷菜单中选择 ⟳ 螺旋扫描 命令，系统会弹出如图 4.171 所示的"螺旋扫描"功能选项卡。

图 4.170　螺旋扫描

图 4.171　"螺旋扫描"功能选项卡

步骤 4　定义螺旋轮廓。在"螺旋扫描"功能选项卡 参考 区域单击 定义... 按钮，选取 FRONT 平面作为草图平面，绘制如图 4.172 所示的螺旋轮廓。

步骤 5　定义螺旋截面。在"螺旋扫描"功能选项卡 截面 区域中单击 🖊 草绘 按钮，绘制如图 4.173 所示的截面。

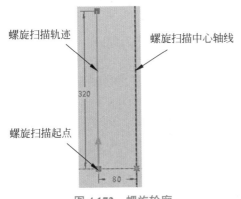

螺旋扫描轨迹　　　螺旋扫描中心轴线

320

螺旋扫描起点

80

图 4.172　螺旋轮廓

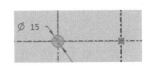

Ø 15

图 4.173　螺旋截面

步骤 6　定义螺旋可变螺距。在"螺旋扫描"功能选项卡 间距 区域 1 后的间距文本框中输入间距值 15，在 间距 空白位置右击并选择 添加间距点 命令，然后在 2 后的间距文本框中输入间距值 15，在 间距 空白位置右击并选择 添加间距点 命令，在位置类型的下拉列表中选

择 按值 ，在"距离"文本框中输入 40，在间距文本框中输入间距值 15，在 间距 空白位置右击并选择 添加间距点 命令，在位置类型的下拉列表中选择 按值 ，在"距离"文本框中输入 60，在间距文本框中输入间距值 40，在 间距 空白位置右击并选择 添加间距点 命令，在位置类型的下拉列表中选择 按值 ，在"距离"文本框中输入 260，在"间距"文本框中输入间距值 40，在 间距 空白位置右击并选择 添加间距点 命令，在位置类型的下拉列表中选择 按值 ，在"距离"文本框中输入 280，在间距文本框中输入间距值 15，完成后如图 4.174 所示。

#	间距	位置类型	位置
1	15		起点
2	15		终点
3	15	按值	40
4	40	按值	60
5	40	按值	260
6	15	按值	280
添加间距			

图 4.174　变间距参数

步骤 7　完成操作。在"螺旋扫描"功能选项卡中单击 ✓ （确定）按钮，完成螺旋扫描的定义，如图 4.170 所示。

4.14　混合特征

4.14.1　基本概述

混合特征是指将一组不同的截面，将其沿着边线，用一个过渡曲面的形式连接形成一个连续的特征。通过对概念的学习可以总结得到，要想创建混合特征，只需提供一组不同的截面。

> 注意：一组不同截面的要求为数量至少两个，并且不同的截面需要绘制在不同的草绘平面。

4.14.2　混合特征的一般操作过程

9min

下面以如图 4.175 所示的效果为例，介绍创建混合特征的一般过程。

步骤 1　选择工作目录。选择 主页 功能选项卡 数据 区域中的 🗁 （选择工作目录）命令，在系统弹出的"选择工作目录"对话框中选择 D:\Creo 8.0\work\ch04.14，单击 确定 按钮完成工作目录的设置。

步骤 2　新建文件。选择 主页 功能选项卡 数据 区域中的 🗋 （新建）命令，在系统弹出的"新建"对话框中选中 ⦿ 🔲 零件 类型，在 文件名: 文本框中输入"混合特征"，取消选中 □ 使用默认模板 复选项，然后单击 确定 按钮；在系统弹出的"新文件选项"对话框中选择 mmns_part_solid_abs 模板，单击 确定 按钮完成新建操作。

步骤 3　绘制混合截面 1。选择 模型 功能选项卡 基准▼ 区域中

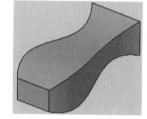

图 4.175　混合特征

的 ✎（草绘）命令，选取 FRONT 平面作为草图平面，绘制如图 4.176 所示的草图。

步骤 4 创建 DTM1 基准平面。选择 模型 功能选项卡 基准▾ 区域中的 ▱（平面）命令，选取 FRONT 平面作为参考，在 平移 文本框中输入间距值 100，单击 确定 按钮，完成基准面的定义，如图 4.177 所示。

步骤 5 绘制混合截面 2。选择 模型 功能选项卡 基准▾ 区域中的 ✎（草绘）命令，选取 DTM1 平面作为草图平面，绘制如图 4.178 所示的草图。

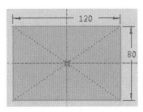
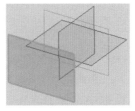
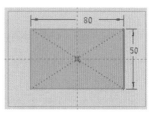

图 4.176　混合截面 1　　　图 4.177　DTM1 基准平面　　　图 4.178　混合截面 2

步骤 6 创建 DTM2 基准平面。选择 模型 功能选项卡 基准▾ 区域中的 ▱（平面）命令，选取 DTM1 平面作为参考，在 平移 文本框中输入间距值 100，单击 确定 按钮，完成基准面的定义，如图 4.179 所示。

步骤 7 绘制混合截面 3。选择 模型 功能选项卡 基准▾ 区域中的 ✎（草绘）命令，选取 DTM2 平面作为草图平面，绘制如图 4.180 所示的草图。

注意： 通过投影复制截面 1 中的矩形。

步骤 8 创建 DTM3 基准平面。选择 模型 功能选项卡 基准▾ 区域中的 ▱（平面）命令，选取 DTM2 平面作为参考，在 平移 文本框中输入间距值 100，单击 确定 按钮，完成基准面的定义，如图 4.181 所示。

步骤 9 绘制混合截面 4。选择 模型 功能选项卡 基准▾ 区域中的 ✎（草绘）命令，选取 DTM3 平面作为草图平面，绘制如图 4.182 所示的草图。

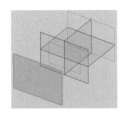
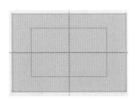
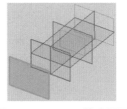
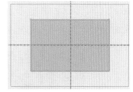

图 4.179　DTM2 基准平面　　图 4.180　混合截面 3　　图 4.181　DTM3 基准平面　　图 4.182　混合截面 4

注意： 通过投影复制截面 2 中的矩形。

步骤 10 选择命令。单击 模型 功能选项卡中的 形状▾ 按钮，在系统弹出的快捷菜单中选择 🔷 混合 命令，系统会弹出"混合"功能选项卡。

步骤 11 定义截面类型。在"混合"功能选项卡 截面 区域选中 ⊙ 选定截面 单选项。

步骤 12 选取混合截面。选取如图 4.176 所示的混合截面作为截面 1，单击 截面 区域中的 添加 按钮，选取如图 4.178 所示的混合截面作为截面 2，再次单击 截面 区域中的 添加 按钮，选取如图 4.180 所示的混合截面作为截面 3，再次单击 截面 区域中的 添加 按钮，选取如图 4.182 所示的混合截面作为截面 4。

步骤 13 完成创建。单击"混合"功能选项卡中的 ✔（确定）按钮，完成混合的创建，如图 4.175 所示。

4.14.3　截面不类似的混合

▶ 9min

下面以如图 4.183 所示的效果为例，介绍创建截面不类似混合特征的一般过程。

步骤 1 选择工作目录。选择 主页 功能选项卡 数据 区域中的 ⬚（选择工作目录）命令，在系统弹出的"选择工作目录"对话框中选择 D:\Creo 8.0\work\ch04.14，单击 确定 按钮完成工作目录的设置。

步骤 2 新建文件。选择 主页 功能选项卡 数据 区域中的 ▯（新建）命令，在系统弹出的"新建"对话框中选中 ⊙ ▭ 零件 类型，在 文件名: 文本框中输入"截面不类似混合"，取消选中 ☐ 使用默认模板 复选项，然后单击 确定 按钮；在系统弹出的"新文件选项"对话框中选择 mmns_part_solid_abs 模板，单击 确定 按钮完成新建操作。

步骤 3 选择命令。单击 模型 功能选项卡中的 形状▼ 按钮，在系统弹出的快捷菜单中选择 ❏ 混合 命令，系统会弹出"混合"功能选项卡。

步骤 4 定义截面类型。在"混合"功能选项卡 截面 区域选中 ⊙ 草绘截面 单选项。

步骤 5 定义混合截面 1。在"混合"功能选项卡 截面 区域单击 定义... 按钮，选取 TOP 平面作为草图平面，绘制如图 4.184 所示的草图。

> 注意：绘制截面时应注意起点的位置与方向，如果位置方向不对，则可以通过选中合适点，然后按住右键，在系统弹出的快捷菜单中选择起点命令。

步骤 6 定义混合截面 2。在"混合"功能选项卡 截面 区域选中 ⊙ 偏移尺寸 ，在 偏移自 下拉列表中选择 截面1 ，在"距离"文本框中输入 100，然后单击 草绘... 按钮，绘制如图 4.185 所示的草图，定义完成后的效果如图 4.186 所示。

图 4.183　截面不类似混合特征

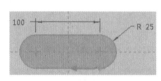
图 4.184　混合截面 1

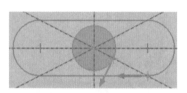
图 4.185　混合截面 2

> 注意：绘制截面时起点的位置与方向需要与截面 1 一致，否则将出现特征扭曲的情况，如图 4.187 所示。

步骤 7　定义混合相切选项。在"混合"功能选项卡 相切 区域的 开始截面 下拉列表中选择"垂直"，在 终止截面 的下拉列表中选择"垂直"，完成后如图 4.188 所示。

步骤 8　完成创建。单击"混合"功能选项卡中的 ✔（确定）按钮，完成混合的创建，如图 4.183 所示。

图 4.186　混合效果

图 4.187　混合扭曲

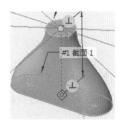

图 4.188　相切控制

▷ 5min

4.14.4　点混合

下面以如图 4.189 所示的效果为例，介绍创建点混合特征的一般过程。

步骤 1　选择工作目录。选择 主页 功能选项卡 数据 区域中的 🗁（选择工作目录）命令，在系统弹出的"选择工作目录"对话框中选择 D:\Creo 8.0\work\ch04.14，单击 确定 按钮完成工作目录的设置。

步骤 2　新建文件。选择 主页 功能选项卡 数据 区域中的 📄（新建）命令，在系统弹出的"新建"对话框中选中 ⊙ ▢ 零件 类型，在 文件名: 文本框中输入"五角星"，取消选中 ▢ 使用默认模板 复选项，然后单击 确定 按钮；在系统弹出的"新文件选项"对话框中选择 mmns_part_solid_abs 模板，单击 确定 按钮完成新建操作。

步骤 3　选择命令。单击 模型 功能选项卡中的 形状▾ 按钮，在系统弹出的快捷菜单中选择 ▱ │ 混合 命令，系统会弹出"混合"功能选项卡。

步骤 4　定义截面类型。在"混合"功能选项卡 截面 区域选中 ⊙ 草绘截面 单选项。

步骤 5　定义混合截面 1。在"混合"功能选项卡 截面 区域单击 定义... 按钮，选取 TOP 平面作为草图平面，绘制如图 4.190 所示的草图。

步骤 6　定义混合截面 2。在"混合"功能选项卡 截面 区域选中 ⊙ 偏移尺寸 ，在 偏移自 下拉列表中选择 截面1 ，在"距离"文本框中输入 10，然后单击 草绘... 按钮，绘制如图 4.191 所示的草图（此草图为一个点）。

图 4.189　点混合

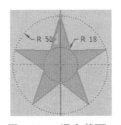

图 4.190　混合截面 1

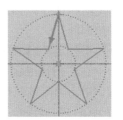

图 4.191　混合截面 2

步骤 7 完成创建。单击"混合"功能选项卡中的 ✔（确定）按钮，完成混合的创建，如图 4.189 所示。

4.15 扫描混合特征

8min

4.15.1 基本概述

扫描混合特征是指通过混合至少两个沿一条或者两条轨迹扫描的二维截面创建三维实体。扫描混合至少需要两个截面及 1~2 个轨迹。

4.15.2 扫描混合特征的一般操作过程

下面以如图 4.192 所示的效果为例，介绍创建扫描混合特征的一般过程。

步骤 1 选择工作目录。选择 主页 功能选项卡 数据 区域中的 🗂（选择工作目录）命令，在系统弹出的"选择工作目录"对话框中选择 D:\Creo 8.0\work\ch04.15，单击 确定 按钮完成工作目录的设置。

步骤 2 新建文件。选择 主页 功能选项卡 数据 区域中的 🗋（新建）命令，在系统弹出的"新建"对话框中选中 ⊙ 🗇 零件 类型，在 文件名: 文本框中输入"扫描混合"，取消选中 □ 使用默认模板 复选项，然后单击 确定 按钮；在系统弹出的"新文件选项"对话框中选择 mmns_part_solid_abs 模板，单击 确定 按钮完成新建操作。

步骤 3 绘制扫描混合轨迹。选择 模型 功能选项卡 基准▾ 区域中的 ⬙（草绘）命令，选取 TOP 平面作为草图平面，绘制如图 4.193 所示的草图。

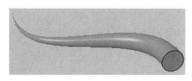

图 4.192 扫描混合

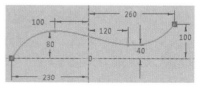

图 4.193 扫描混合轨迹

步骤 4 选择命令。单击 模型 功能选项卡 形状▾ 区域中的 🖉扫描混合 命令，系统会弹出"扫描混合"功能选项卡。

步骤 5 选择扫描混合轨迹。在系统 ➡选择最多两个链作为扫描混合的轨迹。 的提示下选取步骤 3 绘制的样条曲线。

步骤 6 定义扫描混合截面。

（1）在"扫描混合"功能选项卡 截面 区域选中 ⊙ 草绘截面 ，起始位置如图 4.194 箭头所指位置，单击 草绘 按钮绘制如图 4.195 所示的圆形截面。

（2）在"扫描混合"功能选项卡 截面 区域中单击 插入 按钮，然后再次单击 草绘 按钮绘制如图 4.196 所示的点截面。

图 4.194　起始位置

图 4.195　起始截面

图 4.196　终止截面

说明：扫描混合的截面数量可以是多个，一般情况下当用户设置好起始与终止的截面后，再次单击 插入 按钮，然后选择合适的参考点即可。

步骤 7　完成创建。单击"扫描混合"功能选项卡中的 ✓（确定）按钮，完成扫描混合的创建，如图 4.192 所示。

4.16　边界混合特征

▷ 17min

4.16.1　基本概述

边界混合特征主要用来创建曲面造型，此功能可以利用一个或者两个方向上的多个曲线创建特征，在每个方向上选定第 1 个和最后一个作为边界，用户还可以添加更多的曲线，从而更完整地定义特征形状。

说明：通过边界混合可以得到高质量、准确的特征，这在创建复杂形状时非常有用，特别是在消费类产品设计、医疗、航空航天、模具等领域。

4.16.2　边界混合特征的一般操作过程

下面以如图 4.197 所示的效果为例，介绍创建边界混合特征的一般过程。

图 4.197　边界混合特征

步骤 1　选择工作目录。选择 主页 功能选项卡 数据 区域中的 ⬚（选择工作目录）命令，在系统弹出的"选择工作目录"对话框中选择 D:\Creo 8.0\work\ch04.16，单击 确定 按钮完成工作目录的设置。

步骤 2　新建文件。选择 主页 功能选项卡 数据 区域中的 ▯（新建）命令，在系统弹出的"新建"对话框中选中 ⦿ ▯ 零件 类型，在 文件名: 文本框中输入"边界混合"，取消选中 ☐ 使用默认模板 复选项，然后单击 确定 按钮；在系统弹出的"新文件选项"对话框中选择 mmns_part_solid_abs 模板，单击 确定 按钮完成新建操作。

步骤 3　绘制边界混合第一方向截面 1。选择 模型 功能选项卡 基准▾ 区域中的 ✍（草绘）命令，选取 TOP 平面作为草图平面，绘制如图 4.198 所示的草图。

步骤 4　创建 DTM1 基准平面。选择 模型 功能选项卡 基准▾ 区域中的 ▱（平面）命令，选取 TOP 平面作为参考，在 平移 文本框中输入间距值 100，单击 确定 按钮，完成基准面的定义，如图 4.199 所示。

步骤 5 绘制边界混合第一方向截面 2。选择 模型 功能选项卡 基准▼ 区域中的 ∿（草绘）命令，选取 DTM1 平面作为草图平面，绘制如图 4.200 所示的草图。

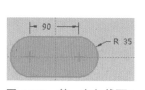 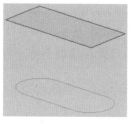 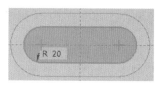

图 4.198　第一方向截面 1　　图 4.199　DTM1 基准平面　　图 4.200　第一方向截面 2

步骤 6 创建 DTM2 基准平面。选择 模型 功能选项卡 基准▼ 区域中的 ▱（平面）命令，选取如图 4.201 所示的直线与点作为参考，单击 确定 按钮，完成基准面的定义，如图 4.202 所示。

步骤 7 绘制边界混合第二方向截面 1，如图 4.203 所示。选择 模型 功能选项卡 基准▼ 区域中的 ∿（草绘）命令，选取 DTM2 平面作为草图平面，绘制如图 4.204 所示的草图。

注意：第二方向截面的起点与端点需要第一方向的截面重合。

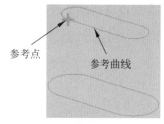 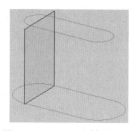 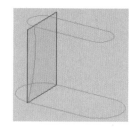

图 4.201　基准面参考　　图 4.202　DTM2 基准平面　　图 4.203　第二方向截面 1（轴测）

步骤 8 绘制边界混合第二方向截面 2，如图 4.205 所示。选择 模型 功能选项卡 基准▼ 区域中的 ∿（草绘）命令，选取 DTM2 平面作为草图平面，绘制如图 4.206 所示的草图。

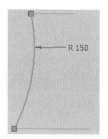  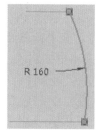

图 4.204　第二方向截面 1（平面）　图 4.205　第二方向截面 2（轴测）　图 4.206　第二方向截面 2（平面）

注意： 第二方向截面的起点与端点需要同第一方向的截面重合。

步骤 9 创建 DTM3 基准平面。选择 模型 功能选项卡 基准▼ 区域中的 ⊡（平面）命令，选取如图 4.207 所示的直线与点作为参考，单击 确定 按钮，完成基准面的定义，如图 4.208 所示。

步骤 10 绘制边界混合第二方向截面 3，如图 4.209 所示。选择 模型 功能选项卡 基准▼ 区域中的 ⌇（草绘）命令，选取 DTM3 平面作为草图平面，绘制如图 4.210 所示的草图。

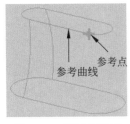

参考点
参考曲线

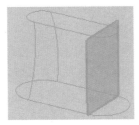

图 4.207　基准面参考　　　图 4.208　DTM3 基准平面　　　图 4.209　第二方向截面 3（轴测）

步骤 11 绘制边界混合第二方向截面 4，如图 4.211 所示。选择 模型 功能选项卡 基准▼ 区域中的 ⌇（草绘）命令，选取 DTM3 平面作为草图平面，绘制如图 4.212 所示的草图。

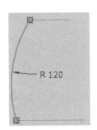

R 120

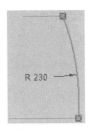

R 230

图 4.210　第二方向截面 3（平面）　图 4.211　第二方向截面 4（轴测）　图 4.212　第二方向截面 4（平面）

步骤 12 选择命令。选择 模型 功能选项卡 曲面▼ 区域中的 ⬦（边界混合）命令，系统会弹出"边界混合"功能选项卡。

步骤 13 定义第一方向截面。在绘图区域依次选取第一方向截面 1 与第一方向截面 2，效果如图 4.213 所示。

步骤 14 定义第二方向截面。在"边界混合"功能选项卡 参考 区域激活 第二方向: 文本框，在绘图区域依次选取第二方向截面 1、第二方向截面 2、第二方向截面 4 与第二方向截面 3，效果如图 4.214 所示。

步骤 15 完成创建。单击"边界混合"功能选项卡中的 ✔（确定）按钮，完成边界混合的创建。

步骤 16 创建如图 4.215 所示的填充曲面 1。选择 模型 功能选项卡 曲面▼ 区域中的 ▢填充 命令，选取如图 4.200 所示的草图作为边界。

步骤 17 创建如图 4.216 所示的填充曲面 2。选择 模型 功能选项卡 曲面▼ 区域中的 ▢填充 命令，选取如图 4.198 所示的草图作为边界。

步骤 18 创建曲面合并。选择步骤 15 创建的边界混合曲面、步骤 16 创建的填充曲面 1 与步骤 17 创建的填充曲面 2，然后选择 模型 功能选项卡 编辑▼ 区域中的 ▢合并 命令，在系统弹出的"合并"功能选项卡中选择 ✔（确定）命令即可。

 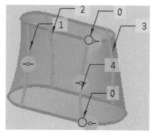  

图 4.213 第一方向截面　　图 4.214 第二方向截面　　图 4.215 填充曲面 1　　图 4.216 填充曲面 2

步骤 19 创建曲面实体化。选择步骤 18 创建的合并曲面，然后选择 模型 功能选项卡 编辑▼ 区域中的 ▢实体化 命令，在系统弹出的"实体化"功能选项卡下选择 ▢填充实体 类型，单击 ✔（确定）完成实体化操作。

4.17　镜像特征

4.17.1　基本概述

镜像特征是指将用户所选的源对象相对于某个镜像中心平面进行对称复制，从而得到源对象的一个副本。通过对概念的学习可以总结得到，要想创建镜像特征就需要有以下两大要素作为支持：一是源对象，二是镜像中心平面。

> 说明：镜像特征的源对象可以是单个特征、多个特征；镜像特征的镜像中心平面可以是系统默认的 3 个基准平面、现有模型的平面表面或者自己创建的基准平面。

4min

4.17.2　镜像特征的一般操作过程

下面以如图 4.217 所示的效果为例，具体介绍创建镜像特征的一般过程。

步骤 1 打开文件 D:\Creo 8.0\work\ch04.17\ 镜像 01-ex。

步骤 2 选择要镜像的源对象。在模型树中选中"拉伸 2""拉伸 3"与"倒圆角 1"作为要镜像的源对象。

步骤 3 选择命令。选择 模型 功能选项卡 编辑▼ 区域中的 ▢镜像 命令，系统会弹出"镜像"功能选项卡。

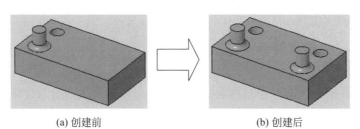

(a) 创建前　　　　　　　　　　　　(b) 创建后

图 4.217　镜像特征

步骤 4 选择镜像中心平面。在系统⇨选择一个平面或目的基准平面作为镜像平面。的提示下选取RIGHT 平面作为镜像中心平面。

步骤 5 完成创建。单击"镜像"功能选项卡中的✔（确定）按钮，完成镜像的创建，如图 4.217（b）所示。

说明： 镜像后的源对象的副本与源对象之间是有关联的，也就是说当源对象发生变化时，镜像后的副本也会发生相应变化。

4.17.3　镜像体的一般操作过程

下面以如图 4.218 所示的效果为例，介绍创建镜像体的一般过程。

步骤 1 打开文件 D:\Creo 8.0\work\ch04.17\ 镜像 02-ex。

步骤 2 选择要镜像的源对象。在模型树中选中"主体 1"作为要镜像的源对象，如图 4.219 所示。

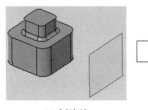
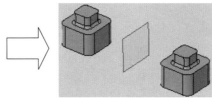

(a) 创建前　　　　　　　　　　　　(b) 创建后

图 4.218　镜像体　　　　　　　　　　　图 4.219　镜像源对象

步骤 3 选择命令。选择 模型 功能选项卡 编辑▾ 区域中的〗〖镜像命令，系统会弹出"镜像"功能选项卡。

步骤 4 选择镜像中心平面。在系统⇨选择一个平面或目的基准平面作为镜像平面。的提示下选取 RIGHT 平面作为镜像中心平面。

步骤 5 完成创建。单击"镜像"功能选项卡中的✔（确定）按钮，完成镜像的创建，如图 4.218（b）所示。

▷ 3min

4.18 阵列特征

4.18.1 基本概述

阵列特征主要用来快速得到源对象的多个副本。接下来就通过对比镜像与阵列这两个特征之间的相同与不同之处来理解阵列特征的基本概念，首先总结相同之处：第一点是它们的作用，这两个特征都用来得到源对象的副本，因此在作用上是相同的，第二点是所需要的源对象，我们都知道镜像特征的源对象可以是单个特征、多个特征，阵列特征的源对象也是如此；接下来总结不同之处：第一点，我们都知道镜像是由一个源对象镜像复制得到一个副本，这是镜像的特点，而阵列是由一个源对象快速得到多个副本，第二点是由镜像所得到的源对象的副本与源对象之间是关于镜像中心面对称的，而阵列所得到的多个副本，软件根据不同的排列规律向用户提供了多种不同的阵列方法，这其中就包括方向阵列、轴阵列、曲线阵列、点阵列及填充阵列等。

4.18.2 方向阵列

下面以如图 4.220 所示的效果为例，介绍创建方向阵列的一般过程。

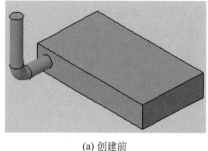
(a) 创建前

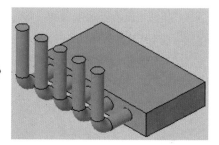
(b) 创建后

图 4.220　方向阵列

步骤 1　打开文件 D:\Creo 8.0\work\ch04.18\ 方向阵列 -ex。

步骤 2　选择要阵列的源对象。在模型树中选中"扫描"作为要阵列的源对象。

步骤 3　选择命令。选择 模型 功能选项卡 编辑▾ 区域中的 ▦（阵列）命令，系统会弹出"阵列"功能选项卡。

步骤 4　定义阵列类型。在"阵列"功能选项卡 类型 区域的下拉列表中选择 ▦ 方向 选项。

步骤 5　定义方向一参数。激活 "阵列" 功能选项卡 设置 区域的 第一方向: 文本框，选取如图 4.221 所示的边线作为参考，方向如图 4.222 所示，在 成员数: 文本框中输入 5，在 间距: 文本框中输入 20。

步骤 6　完成创建。单击 "阵列" 功能选项卡中的 ✔（确定）按钮，完成方向阵列的创建，如图 4.220（b）所示。

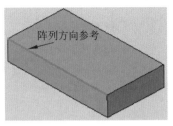

图 4.221　阵列方向参考

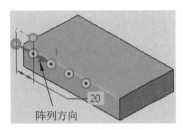

图 4.222　阵列方向

4.18.3　轴阵列

下面以如图 4.223 所示的效果为例，介绍创建轴阵列的一般过程。

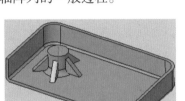

(a) 创建前　　　　　　　　　　　　　(b) 创建后

图 4.223　轴阵列

步骤 1　打开文件 D:\Creo 8.0\work\ch04.18\ 轴阵列 -ex。

步骤 2　选择要阵列的源对象。在模型树中选中"轮廓筋"作为要阵列的源对象。

步骤 3　选择命令。选择 模型 功能选项卡 编辑▾ 区域中的 ▦（阵列）命令，系统会弹出"阵列"功能选项卡。

步骤 4　定义阵列类型。在"阵列"功能选项卡 类型 区域的下拉列表中选择 ⋮⋮⋮ 轴 选项。

步骤 5　定义轴阵列参数。选取如图 4.224 所示的轴作为参考，在 第一方向成员: 文本框中输入 5，单击 角度范围: 按钮，在其后的文本框中输入 360。

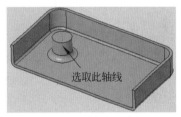

选取此轴线

图 4.224　轴阵列参数

步骤 6　完成创建。单击"阵列"功能选项卡中的 ✔（确定）按钮，完成轴阵列的创建，如图 4.223（b）所示。

4.18.4　曲线阵列

下面以如图 4.225 所示的效果为例，介绍创建曲线阵列的一般过程。

步骤 1　打开文件 D:\Creo 8.0\work\ch04.18\ 曲线阵列 -ex。

步骤 2　选择要阵列的源对象。在模型树中选中"拉伸 2"作为要阵列的源对象。

步骤 3　选择命令。选择 模型 功能选项卡 编辑▾ 区域中的 ▦（阵列）命令，系统会弹出"阵列"功能选项卡。

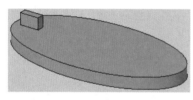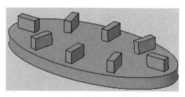

(a) 创建前　　　　　　　　　　　　　(b) 创建后

图 4.225　曲线阵列

步骤 4　定义阵列类型。在"阵列"功能选项卡 类型 区域的下拉列表中选择 ∿ 曲线 选项。

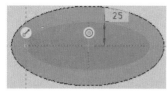

图 4.226　阵列曲线

步骤 5　定义阵列曲线。在"阵列"功能选项卡 参考 区域单击 定义... 按钮，选取模型上表面作为草图平面，绘制如图 4.226 所示的椭圆。

步骤 6　定义阵列参数。在"阵列"功能选项卡 成员 区域单击 ✗ 成员数: 按钮，然后在其后的文本框中输入 8。

步骤 7　完成创建。单击"阵列"功能选项卡中的 ✔（确定）按钮，完成曲线阵列的创建，如图 4.225（b）所示。

4.18.5　点阵列

6min

下面以如图 4.227 所示的效果为例，介绍创建点阵列的一般过程。

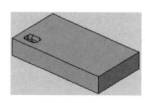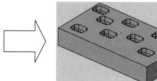

(a) 创建前　　　　　　　　　　　(b) 创建后

图 4.227　点阵列

步骤 1　打开文件 D:\Creo 8.0\work\ch04.18\ 点阵列 -ex。

步骤 2　特征分组。在模型树中选中"拉伸 2""倒圆角 1"与"倒圆角 2"并右击选择 ❑（分组）命令。

> 说明：对于多个特征的阵列需要进行分组，否则将无法进行阵列复制。

步骤 3　选择要阵列的源对象。在模型树中选取 ❑ 组LOCAL_GROUP作为要阵列的源对象。

步骤 4　选择命令。选择 模型 功能选项卡 编辑▾ 区域中的 ▦（阵列）命令，系统会弹出"阵列"功能选项卡。

步骤 5　定义阵列类型。在"阵列"功能选项卡 类型 区域的下拉列表中选择 ✗✗ 点 选项。

步骤 6　定义阵列草图。在"阵列"功能选项卡 参考 区域单击 定义... 按钮，选取模型上表面作为草图平面，绘制如图 4.228 所示的点。

> **说明：** 绘制点时需要通过 草绘 功能选项卡
> 基准 区域中的 ✕ 点 命令进行绘制。

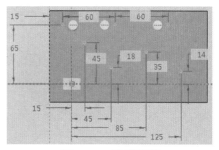

图 4.228　阵列草图

步骤7 完成创建。单击"阵列"功能选项卡中的 ✓（确定）按钮，完成点阵列的创建，如图 4.227（b）所示。

4.18.6　填充阵列

下面以如图 4.229 所示的效果为例，介绍创建填充阵列的一般过程。

步骤1 打开文件 D:\Creo 8.0\work\ch04.18\ 填充阵列 -ex。

步骤2 选择要阵列的源对象。在模型树中选取"拉伸 2"作为要阵列的源对象。

步骤3 选择命令。选择 模型 功能选项卡 编辑▼ 区域中的 ⊞（阵列）命令，系统会弹出"阵列"功能选项卡。

步骤4 定义阵列类型。在"阵列"功能选项卡 类型 区域的下拉列表中选择 ▨ 填充 选项。

步骤5 定义填充边界。在"阵列"功能选项卡 参考 区域单击 定义... 按钮，选取模型上表面作为草图平面，绘制如图 4.230 所示的多边形。

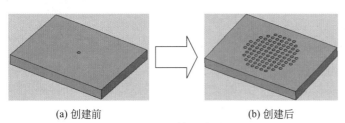

(a) 创建前　　　　　　　　(b) 创建后

图 4.229　填充阵列

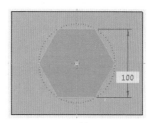

图 4.230　填充边界

步骤6 定义填充参数。在"阵列"功能选项卡 间距: 文本框中输入 10，在 旋转: 文本框中输入 0，在 边界: 文本框中输入 0。

步骤7 完成创建。单击"阵列"功能选项卡中的 ✓（确定）按钮，完成填充阵列的创建，如图 4.229（b）所示。

4.19　曲面上刻字专题

▷ 6min

下面以如图 4.231 所示的效果为例，介绍在曲面上刻字的一般过程。

步骤1 打开文件 D:\Creo 8.0\work\ch04.19\ 曲面上刻字 -ex。

步骤2 定义文字草图。选择 模型 功能选项卡 基准▼ 区域中的 ∿（草绘）命令，选取 DTM1 平面作为草图平面，绘制如图 4.232 所示的草图，草图参数如图 4.233 所示。

图 4.231　曲面上刻字

图 4.232　文字草图

步骤 3　选择命令。选择 模型 功能选项卡 编辑▾ 区域中的 偏移（偏移）命令，系统会弹出"偏移"功能选项卡。

步骤 4　定义偏移类型。在"偏移"功能选项卡 类型 区域选择 （曲面）类型，在 偏移类型 下拉列表中选择 （具有拔模）。

步骤 5　选择偏移曲面组。在"偏移"功能选项卡 参考 区域激活 偏移曲面组 区域，选取如图 4.234 所示的圆柱面作为参考。

图 4.233　文字草图参数

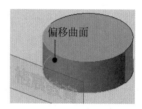

图 4.234　偏移曲面

步骤 6　定义偏移截面参考。在"偏移"功能选项卡 参考 区域单击 定义... 按钮，选取 DTM1 平面作为草图平面，绘制如图 4.235 所示的文字草图（通过投影方式快速得到）。

步骤 7　定义偏移参数。在"偏移"功能选项卡 偏移: 文本框中输入 2，方向向外，在 拔模角度: 文本框中输入 3。

步骤 8　定义偏移其他选项参数。在"偏移"功能选项卡 选项 区域设置如图 4.236 所示的参数。

图 4.235　偏移截面

图 4.236　"选项"区域参数

步骤 9　完成创建。单击"偏移"功能选项卡中的 ✔（确定）按钮，完成偏移的创建，如图 4.231 所示。

4.20　系列零件设计专题

4.20.1　基本概述

⏵ 12min

系列零件是指结构形状类似但尺寸不同的一类零件。对于这类零件，如果还是采用传统方式单个重复建模，则非常影响设计的效率，因此软件向用户提供了一种设计系列零件的方法，可以结合族表功能快速设计系列零件。

4.20.2　系列零件设计的一般操作过程

下面以如图 4.237 所示的效果为例，介绍创建系列零件（轴承压盖）的一般过程。

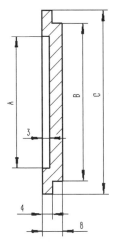

	A	B	C
1	50	60	70
2	40	50	55
3	20	30	35
4	10	20	30

图 4.237　系列零件设计

步骤 1　选择工作目录。选择 主页 功能选项卡 数据 区域中的 🔁（选择工作目录）命令，在系统弹出的"选择工作目录"对话框中选择 D:\Creo 8.0\work\ch04.20，单击 确定 按钮完成工作目录的设置。

步骤 2　新建文件。选择 主页 功能选项卡 数据 区域中的 📄（新建）命令，在系统弹出的"新建"对话框中选中 ⦿ ▢ 零件 类型，在 文件名: 文本框中输入"系列零件"，取消选中 ▢ 使用默认模板 复选项，然后单击 确定 按钮；在系统弹出的"新文件选项"对话框中选择 mmns_part_solid_abs 模板，单击 确定 按钮完成新建操作。

步骤 3　创建如图 4.238 所示的旋转特征。选择 模型 功能选项卡 形状▾ 区域中的 ⬥ 旋转 命令，选取 FRONT 平面作为草图平面，绘制如图 4.239 所示的截面，采用系统默认的旋转方向，在 旋转 功能选项卡 深度 区域的下拉列表中选择 ⊥ 可变 选项，在"深度"文本框中输入 360，单击 旋转 功能选项卡中的 ✔ 按钮，完成特征的创建。

步骤 4　修改尺寸名称。在模型树中右击"旋转 1"，在系统弹出的快捷菜单中选择 📶 命令，此时图形区将显示此特征的所有尺寸，如图 4.240 所示，选中直径为 50 的尺寸，在

尺寸 对话框 值 区域的 文本框中输入 A；采用相同的办法将直径为 60 与直径为 70 的尺寸名称分别设置为 B 与 C。

说明： 单击 工具 功能选项卡 模型意图▾ 区域中的 切换尺寸 命令就可以在名称和尺寸之间进行切换，切换后如图 4.241 所示。

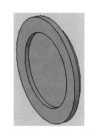
图 4.238　旋转特征

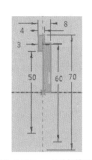
图 4.239　旋转截面

图 4.240　显示特征尺寸

图 4.241　切换尺寸

步骤 5 选择命令。选择 工具 功能选项卡 模型意图▾ 区域中的 ▦（族表）命令，系统会弹出如图 4.242 所示的"族表"对话框。

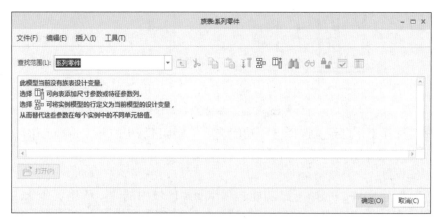
图 4.242　"族表"对话框

步骤 6 添加列。在"族表"对话框中单击 （添加删除列）按钮，系统会弹出"族项"对话框，在"添加项"区域选中 ◉ 尺寸 单选项，在图形区选取直径 A、直径 B 与直径 C 作为要添加的尺寸项，完成后如图 4.243 所示，单击 确定 按钮完成"族项"的添加。

步骤 7 添加行。

（1）添加系列 1。在"族表"对话框中单击 （插入行）按钮，在系统弹出的行中将实例文件名设置为系列 1，将公用名称设置为系列 1，在 A、B、C 尺寸文本框分别输入 50、60 与 70，如图 4.244 所示。

图 4.243　"族项"对话框

类型	实例文件名	公用名称	d4 A	d5 B	d6 C
系列零件	系列零件.prt	50.000000	60.000000	70.000000
系列1	系列1	50	60	70

图 4.244　系列 1

（2）添加系列 2。在"族表"对话框中单击 ⊞（插入行）按钮，在系统弹出的行中将实例文件名设置为系列 2，将公用名称设置为系列 2，在 A、B、C 尺寸文本框分别输入 40、50 与 55，如图 4.245 所示。

类型	实例文件名	公用名称	d4 A	d5 B	d6 C
系列零件	系列零件.prt	50.000000	60.000000	70.000000
系列2	系列2	40	50	55
系列1	系列1	50	60	70

图 4.245　系列 2

（3）添加系列 3。在"族表"对话框中单击 ⊞（插入行）按钮，在系统弹出的行中将实例文件名设置为系列 3，将公用名称设置为系列 3，在 A、B、C 尺寸文本框分别输入 20、30 与 35，如图 4.246 所示。

类型	实例文件名	公用名称	d4 A	d5 B	d6 C
系列零件	系列零件.prt	50.000000	60.000000	70.000000
系列3	系列3	20	30	35
系列2	系列2	40	50	55
系列1	系列1	50	60	70

图 4.246　系列 3

（4）添加系列 4。在"族表"对话框中单击 ⛁（插入行）按钮，在系统弹出的行中将实例文件名设置为系列 4，将公用名称设置为系列 4，在 A、B、C 尺寸文本框分别输入 10、20 与 30，如图 4.247 所示。

步骤 8 单击 确定 按钮完成族表的创建，保存并关闭文件。

步骤 9 验证系列零件。选择 主页 功能选项卡 数据 区域中的 📂（打开）命令，选择需要打开的系列零件，在"选择实例"对话框中可以选择需要打开的系列，如图 4.248 所示。

类型	实例文件名	公用名称	d4 A	d5 B	d6 C
	系列零件	系列零件.prt	50.000000	60.000000	70.000000
	系列4	系列4	10	20	30
	系列3	系列3	20	30	35
	系列2	系列2	40	50	55
	系列1	系列1	50	60	70

图 4.247 系列 4   图 4.248 验证系列

4.21 零件设计综合应用案例 1：发动机

⏵ 20min

案例概述：本案例介绍发动机的创建过程，主要使用了拉伸、基准面、孔及镜像复制等，本案例的创建相对比较简单，希望读者通过对该案例的学习掌握创建模型的一般方法，熟练掌握常用的建模功能。该模型及模型树如图 4.249 所示。

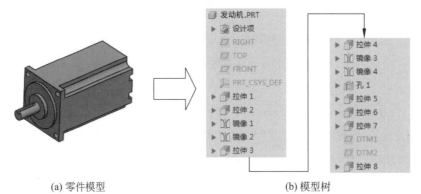

(a) 零件模型   (b) 模型树

图 4.249 零件模型及模型树

步骤 1　选择工作目录。选择 主页 功能选项卡 数据 区域中的🗁（选择工作目录）命令，在系统弹出的"选择工作目录"对话框中选择 D:\Creo 8.0\work\ch04.21，单击 确定 按钮完成工作目录的设置。

步骤 2　新建文件。选择 主页 功能选项卡 数据 区域中的🗋（新建）命令，在系统弹出的"新建"对话框中选中 ⦿ 🗋 零件 类型，在 文件名：文本框中输入"发动机"，取消选中 □ 使用默认模板 复选项，然后单击 确定 按钮；在系统弹出的"新文件选项"对话框中选择 mmns_part_solid_abs 模板，单击 确定 按钮完成新建操作。

步骤 3　创建如图 4.250 所示的拉伸 1。选择 模型 功能选项卡 形状▼ 区域中的🗗（拉伸）命令，在系统提示下选取 FRONT 平面作为草图平面，绘制如图 4.251 所示的截面草图，在 拉伸 功能选项卡 深度 区域的下拉列表中选择 ⬜ 可变 选项，输入深度值 96；单击 ✔ 按钮，完成特征的创建。

步骤 4　创建如图 4.252 所示的拉伸 2。选择 模型 功能选项卡 形状▼ 区域中的🗗（拉伸）命令，在系统提示下选取如图 4.253 所示的模型表面作为草图平面，绘制如图 4.254 所示的截面草图，在 拉伸 功能选项卡 深度 区域的下拉列表中选择 ⬛ 穿透 选项，单击 深度 区域后的 🗶 按钮，在 设置 区域选中 △ 移除材料；单击 ✔ 按钮，完成特征的创建。

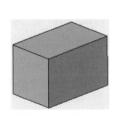
图 4.250　拉伸 1

图 4.251　截面草图

图 4.252　拉伸 2

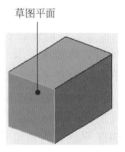
图 4.253　草图平面

步骤 5　创建如图 4.255 所示的镜像 1。在模型树中选中"拉伸 2"作为要镜像的源对象，选择 模型 功能选项卡 编辑▼ 区域中的 镜像 命令，在系统 ⇨ 选择一个平面或目的基准平面作为镜像平面。的提示下选取 RIGHT 平面作为镜像中心平面，单击 ✔（确定）按钮，完成镜像的创建。

步骤 6　创建如图 4.256 所示的镜像 2。在模型树中选中"拉伸 2"与"镜像 1"作为要镜像的源对象，选择 模型 功能选项卡 编辑▼ 区域中的 镜像 命令，在系统提示下选取 TOP 平面作为镜像中心平面，单击 ✔（确定）按钮，完成镜像的创建。

步骤 7　创建如图 4.257 所示的拉伸 3。选择 模型 功能选项卡 形状▼ 区域中的🗗（拉伸）命令，在系统提示下选取如图 4.258 所示的模型表面作为草图平面，绘制如图 4.259 所示的截面草图，在 拉伸 功能选项卡 深度 区域的下拉列表中选择 ⬜ 可变 选项，输入深度值 6；单击 ✔ 按钮，完成特征的创建。

步骤 8　创建如图 4.260 所示的拉伸 4。选择 模型 功能选项卡 形状▼ 区域中的🗗（拉伸）命令，在系统提示下选取如图 4.261 所示的模型表面作为草图平面，绘制如图 4.262

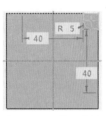

图 4.254　截面草图

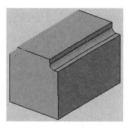

图 4.255　镜像 1

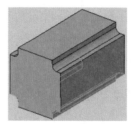

图 4.256　镜像 2

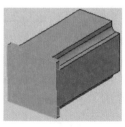

图 4.257　拉伸 3

所示的截面草图，在 *拉伸* 功能选项卡 深度 区域的下拉列表中选择 ⊥ 可变 选项，输入深度值 4，单击 深度 区域中的 ⁄ 按钮，在 设置 区域选中 ⊘ 移除材料 ；单击 ✔ 按钮，完成特征的创建。

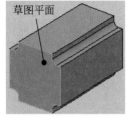

图 4.258　草图平面

图 4.259　截面草图

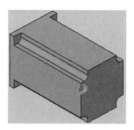

图 4.260　拉伸 4

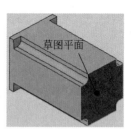

图 4.261　草图平面

步骤 9　创建如图 4.263 所示的镜像 3。在模型树中选中"拉伸 4"作为要镜像的源对象，选择 模型 功能选项卡 编辑▼ 区域中的 ⫼ 镜像 命令，在系统 ⇨选择一个平面或目的基准平面作为镜像平面。 的提示下选取 TOP 平面作为镜像中心平面，单击 ✔（确定）按钮，完成镜像的创建。

步骤 10　创建如图 4.264 所示的镜像 4。在模型树中选中"拉伸 4"与"镜像 3"作为要镜像的源对象，选择 模型 功能选项卡 编辑▼ 区域中的 ⫼ 镜像 命令，在系统提示下选取 RIGHT 平面作为镜像中心平面，单击 ✔（确定）按钮，完成镜像的创建。

步骤 11　创建如图 4.265 所示的孔 1。选择 模型 功能选项卡 工程▼ 区域中的 ⫚ 孔 命令，在 放置 区域的 类型 下拉列表中选择 ⫶ 草绘 类型，单击 定义... 按钮，选取如图 4.266 所示的面作为草图平面，绘制如图 4.267 所示的草图，在 类型 区域选中 ⊔ 简单 ，在 轮廓 区域选中 ⊔ 平整 ，在 尺寸 区域的 直径 文本框中输入 5，在 深度 区域的下拉列表中选择 ≟ 到下一个 选项，单击 ✔（确定）按 类型 钮，完成孔的创建。

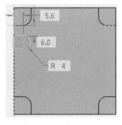

图 4.262　截面草图

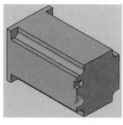

图 4.263　镜像 3

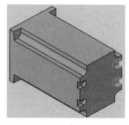

图 4.264　镜像 4

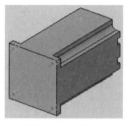

图 4.265　孔 1

步骤 12　创建如图 4.268 所示的拉伸 5。选择 模型 功能选项卡 形状▼ 区域中的 （拉伸）命令，在系统提示下选取如图 4.269 所示的模型表面作为草图平面，绘制如图 4.270 所示的截面草图，在 拉伸 功能选项卡 深度 区域的下拉列表中选择 可变 选项，输入深度值 3；单击 ✔ 按钮，完成特征的创建。

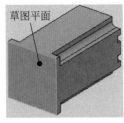

图 4.266　草图平面

图 4.267　定位草图

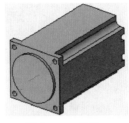

图 4.268　拉伸 5

图 4.269　草图平面

步骤 13　创建如图 4.271 所示的拉伸 6。选择 模型 功能选项卡 形状▼ 区域中的 （拉伸）命令，在系统提示下选取如图 4.272 所示的模型表面作为草图平面，绘制如图 4.273 所示的截面草图，在 拉伸 功能选项卡 深度 区域的下拉列表中选择 可变 选项，输入深度值 4；单击 ✔ 按钮，完成特征的创建。

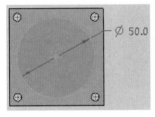

图 4.270　截面草图

图 4.271　拉伸 6

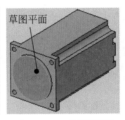

图 4.272　草图平面

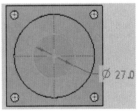

图 4.273　截面草图

步骤 14　创建如图 4.274 所示的拉伸 7。选择 模型 功能选项卡 形状▼ 区域中的 （拉伸）命令，在系统提示下选取如图 4.275 所示的模型表面作为草图平面，绘制如图 4.276 所示的截面草图，在 拉伸 功能选项卡 深度 区域的下拉列表中选择 可变 选项，输入深度值 27；单击 ✔ 按钮，完成特征的创建。

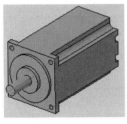

图 4.274　拉伸 7

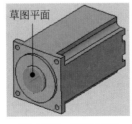

图 4.275　草图平面

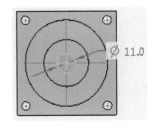

图 4.276　截面草图

步骤 15　创建如图 4.277 所示的 DTM1 基准平面。选择 模型 功能选项卡 基准▼ 区域中

的 ▱（平面）命令，选取 TOP 平面作为参考，与 TOP 平面的关系设置为 平行▼，按住 Ctrl 键选取步骤 14 创建的圆柱面作为参考平面，与面的关系设置为 相切▼，单击 确定 按钮，完成基准面的定义。

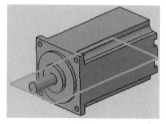

(a) 轴测方位

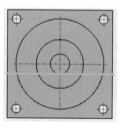

(b) 平面方位

图 4.277　DTM1 基准平面

步骤 16　创建如图 4.278 所示的 DTM2 基准平面。选择 模型 功能选项卡 基准▼ 区域中的 ▱（平面）命令，选取 DTM1 平面作为参考，在 平移 文本框中输入间距值 8，单击 确定 按钮，完成基准面的定义。

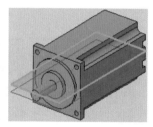

(a) 轴测方位

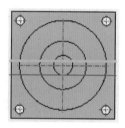

(b) 平面方位

图 4.278　DTM2 基准平面

步骤 17　创建如图 4.279 所示的拉伸 8。选择 模型 功能选项卡 形状▼ 区域中的 （拉伸）命令，在系统提示下选取 DTM2 作为草图平面，绘制如图 4.280 所示的截面草图，在 拉伸 功能选项卡 深度 区域的下拉列表中选择 ╪ 穿透 选项，在 设置 区域选中 ✓ 移除材料；单击 ✓ 按钮，完成特征的创建。

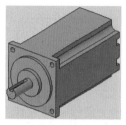

图 4.279　拉伸 8

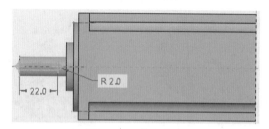

图 4.280　截面草图

步骤 18　保存文件。选择"快速访问工具栏"中的"保存"命令，系统会弹出"保存对象"对话框，单击 确定 按钮，完成保存操作。

4.22　零件设计综合应用案例 2：连接臂

▷ 26min

> 案例概述：本案例介绍连接臂的创建过程，主要使用了拉伸、孔、镜像复制、阵列复制及圆角倒角等。该模型及模型树如图 4.281 所示。

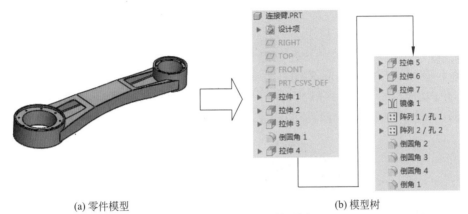

(a) 零件模型　　　　　　　　　　(b) 模型树

图 4.281　零件模型及模型树

步骤 1　选择工作目录。选择 主页 功能选项卡 数据 区域中的 ⛁（选择工作目录）命令，在系统弹出的"选择工作目录"对话框中选择 D:\Creo 8.0\work\ch04.22，单击 确定 按钮完成工作目录的设置。

步骤 2　新建文件。选择 主页 功能选项卡 数据 区域中的 ▯（新建）命令，在系统弹出的"新建"对话框中选中 ⊙ 零件 类型，在 文件名：文本框中输入"连接臂"，取消选中 □ 使用默认模板 复选项，然后单击 确定 按钮；在系统弹出的"新文件选项"对话框中选择 mmns_part_solid_abs 模板，单击 确定 按钮完成新建操作。

步骤 3　创建如图 4.282 所示的拉伸 1。选择 模型 功能选项卡 形状▾ 区域中的 ▱（拉伸）命令，在系统提示下选取 TOP 平面作为草图平面，绘制如图 4.283 所示的截面草图，在 拉伸 功能选项卡 深度 区域的下拉列表中选择 ⬚ 对称 选项，输入深度值 100；单击 ✔ 按钮，完成特征的创建。

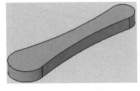

图 4.282　拉伸 1

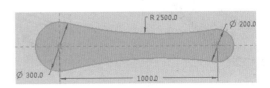

图 4.283　截面草图

步骤 4　创建如图 4.284 所示的拉伸 2。选择 模型 功能选项卡 形状▾ 区域中的 ▱（拉伸）命令，在系统提示下选取 FRONT 平面作为草图平面，绘制如图 4.285 所示的截面草图，在 *拉伸* 功能选项卡 选项 区域的 侧1 与 侧2 下拉列表中均选择 ▮▮ 穿透 选项，在 设置 区域选中 △ 移除材料 ；单击 ✔ 按钮，完成特征的创建。

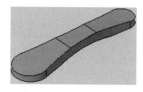

图 4.284　拉伸 2

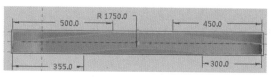

图 4.285　截面草图

步骤 5　创建如图 4.286 所示的拉伸 3。选择 模型 功能选项卡 形状▾ 区域中的 ▱（拉伸）命令，在系统提示下选取 RIGHT 平面作为草图平面，绘制如图 4.287 所示的截面草图，在 *拉伸* 功能选项卡 选项 区域的 侧1 与 侧2 下拉列表中均选择 ▮▮ 穿透 选项，在 设置 区域选中 △ 移除材料 ；单击 ✔ 按钮，完成特征的创建。

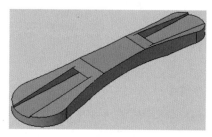

图 4.286　拉伸 3

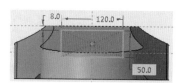

图 4.287　截面草图

步骤 6　创建如图 4.288 所示的圆角 1。选择 模型 功能选项卡 工程▾ 区域中的 ◝ 倒圆角 ▾ 命令，在"倒圆角"功能选项卡 尺寸标注 区域的下拉列表中选择 圆形 类型；在系统提示下选取如图 4.289 所示的 4 根边线作为圆角对象；在"倒圆角"功能选项卡 尺寸标注 区域的 半径 文本框中输入 5；单击 ✔（确定）按钮完成倒圆角的定义。

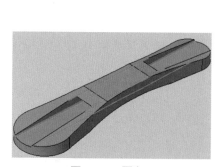

图 4.288　圆角 1

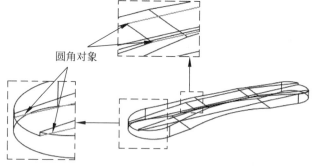

圆角对象

图 4.289　圆角对象

步骤 7　创建如图 4.290 所示的拉伸 4。选择 模型 功能选项卡 形状▾ 区域中的 ▱（拉伸）命令，在系统提示下选取 TOP 平面作为草图平面，绘制如图 4.291 所示的截面草图，

在 *拉伸* 功能选项卡 深度 区域的下拉列表中选择 -☐- 对称 选项，输入深度值 120；单击 ✔ 按钮，完成特征的创建。

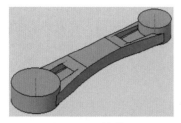

图 4.290 拉伸 4

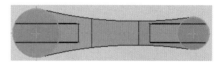

图 4.291 截面草图

步骤 8 创建如图 4.292 所示的拉伸 5。选择 模型 功能选项卡 形状▼ 区域中的 ▱（拉伸）命令，在系统提示下选取如图 4.293 所示的模型表面作为草图平面，绘制如图 4.294 所示的截面草图，在 *拉伸* 功能选项卡 深度 区域的下拉列表中选择 ╪╪ 穿透 选项，单击 深度 区域中的 ╱ 按钮，在 设置 区域选中 ⬧移除材料；单击 ✔ 按钮，完成特征的创建。

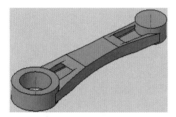

图 4.292 拉伸 5

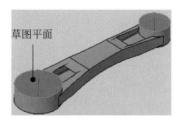

图 4.293 草图平面

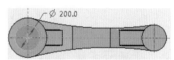

图 4.294 截面草图

步骤 9 创建如图 4.295 所示的拉伸 6。选择 模型 功能选项卡 形状▼ 区域中的 ▱（拉伸）命令，在系统提示下选取如图 4.296 所示的模型表面作为草图平面，绘制如图 4.297 所示的截面草图，在 *拉伸* 功能选项卡 深度 区域的下拉列表中选择 ╪╪ 穿透 选项，单击 深度 区域中的 ╱ 按钮，在 设置 区域选中 ⬧移除材料；单击 ✔ 按钮，完成特征的创建。

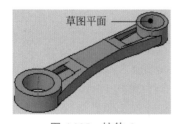

图 4.295 拉伸 6

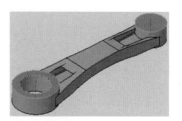

图 4.296 草图平面

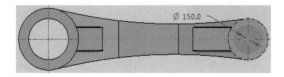

图 4.297 截面草图

步骤 10　创建如图 4.298 所示的拉伸 7。选择 模型 功能选项卡 形状▼ 区域中的 ▣（拉伸）命令，在系统提示下选取如图 4.296 所示的模型表面作为草图平面，绘制如图 4.299 所示的截面草图，在 拉伸 功能选项卡 深度 区域的下拉列表中选择 ▣ 可变 选项，输入深度值 12，单击 深度 区域中的 ▨ 按钮，在 设置 区域选中 ▨ 移除材料；单击 ✔ 按钮，完成特征的创建。

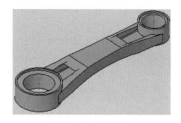

图 4.298　拉伸 7

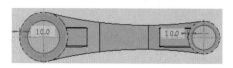

图 4.299　截面草图

步骤 11　创建如图 4.300 所示的镜像 1。在模型树中选中"拉伸 7"作为要镜像的源对象，选择 模型 功能选项卡 编辑▼ 区域中的 ▥ 镜像 命令，在系统 ⇨ 选择一个平面或目的基准平面作为镜像平面。的提示下选取 TOP 平面作为镜像中心平面，单击 ✔（确定）按钮，完成镜像的创建。

步骤 12　创建如图 4.301 所示的孔 1。

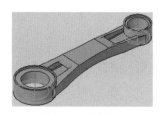

图 4.300　镜像 1

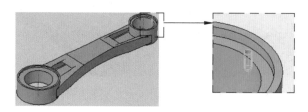

图 4.301　孔 1

选择 模型 功能选项卡 工程▼ 区域中的 ▥ 孔 命令，在"孔"功能选项卡 放置 区域的 类型 下拉列表中选择 ⊘ 直径，选取如图 4.302 所示的平面作为放置参考面，选取如图 4.302 所示的轴和 FRONT 平面作为偏移参考，设置如图 4.303 所示的参数；在"孔"功能选项卡

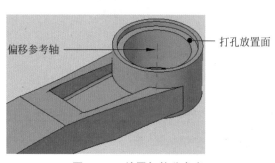

图 4.302　放置与偏移参考

图 4.303　放置参数

类型 区域选中 标准, 在 轮廓 区域选中 直孔 与 攻丝, 在 螺纹类型:下拉列表中选择 ISO , 在 螺钉尺寸:下拉列表中选择 M10x1.25 , 在 深度 区域的下拉列表中选择 盲孔 , 输入深度值 23.75, 单击 ✓(确定) 按钮, 完成孔的创建。

步骤 13 创建如图 4.304 所示的轴阵列 1。在模型树中选中"孔 1"作为要阵列的源对象, 选择 模型 功能选项卡 编辑▾ 区域中的 ▦(阵列) 命令, 在"阵列"功能选项卡 类型 区域的下拉列表中选择 轴 选项, 选取如图 4.304 所示的轴作为参考, 在 第一方向成员:文本框中输入 8, 单击 角度范围:按钮, 在其后的文本框中输入 360。

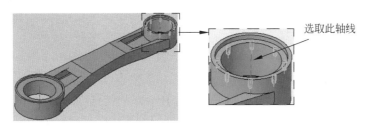

选取此轴线

图 4.304 轴阵列 1

步骤 14 创建如图 4.305 所示的孔 2。

选择 模型 功能选项卡 工程▾ 区域中的 孔 命令, 在"孔"功能选项卡 放置 区域的 类型 下拉列表中选择 直径 , 选取如图 4.306 所示的平面作为放置参考面, 选取如图 4.306 所示的轴和 FRONT 平面作为偏移参考, 设置如图 4.307 所示的参数; 在"孔"功能选项卡 类型 区域选中 标准, 在 轮廓 区域选中 直孔 与 攻丝, 在 螺纹类型:下拉列表中选择 ISO , 在 螺钉尺寸:下拉列表中选择 M10x1.25 , 在 深度 区域的下拉列表中选择 盲孔 , 输入深度值 23.75, 单击 ✓(确定) 按钮, 完成孔的创建。

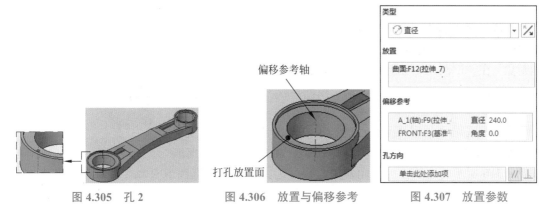

偏移参考轴

打孔放置面

图 4.305 孔 2　　　　图 4.306 放置与偏移参考　　　　图 4.307 放置参数

步骤 15 创建如图 4.308 所示的轴阵列 2。在模型树中选中"孔 2"作为要阵列的源对象, 选择 模型 功能选项卡 编辑▾ 区域中的 ▦(阵列) 命令, 在"阵列"功能选项卡 类型 区域的下拉列表中选择 轴 选项, 选取如图 4.308 所示的轴作为参考, 在 第一方向成员:文本框中输入 8，单击 角度范围:按钮，在其后的文本框中输入 360。

步骤 16 创建如图 4.309 所示的圆角 2。选择 模型 功能选项卡 工程▼ 区域中的 倒圆角 ▼ 命令，在"倒圆角"功能选项卡 尺寸标注 区域的下拉列表中选择 圆形 类型；在系统提示下选取如图 4.310 所示的两根边线作为圆角对象；在"倒圆角"功能选项卡 尺寸标注 区域的 半径:文本框中输入 10；单击 ✔（确定）按钮完成倒圆角的定义。

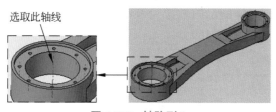

图 4.308　轴阵列 2

图 4.309　圆角 2

步骤 17 创建如图 4.311 所示的圆角 3。选择 模型 功能选项卡 工程▼ 区域中的 倒圆角 ▼ 命令，在"倒圆角"功能选项卡 尺寸标注 区域的下拉列表中选择 圆形 类型；在系统提示下选取如图 4.312 所示的边线作为圆角对象；在"倒圆角"功能选项卡 尺寸标注 区域的 半径:文本框中输入 10；单击 ✔（确定）按钮完成倒圆角的定义。

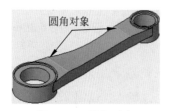

图 4.310　圆角对象

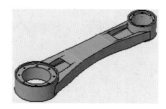

图 4.311　圆角 3

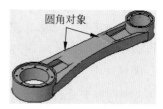

图 4.312　圆角对象

步骤 18 创建如图 4.313 所示的圆角 4。选择 模型 功能选项卡 工程▼ 区域中的 倒圆角 ▼ 命令，在"倒圆角"功能选项卡 尺寸标注 区域的下拉列表中选择 ◉ 圆形(C) 类型；在系统提示下选取如图 4.314 所示的边线作为圆角对象；在"倒圆角"功能选项卡 尺寸标注 区域的 半径:文本框中输入 2；单击 ✔（确定）按钮完成倒圆角的定义。

步骤 19 创建如图 4.315 所示的倒角 1。选择 模型 功能选项卡 工程▼ 区域中的 倒角 ▼ 命令，在"边倒角"功能选项卡 尺寸标注 区域的下拉列表中选择 D×D 类型，在系统提示下选取如图 4.316 所示的边线作为倒角对象，在"边倒角"功能选项卡 尺寸标注 区域的 D:文本框中输入 3，单击 ✔（确定）按钮，完成倒角的定义。

图 4.313　圆角 4

步骤 20 保存文件。选择"快速访问工具栏"中的"保存"命令，系统会弹出"保存对象"对话框，单击 确定 按钮，完成保存操作。

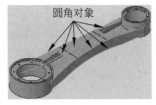

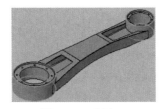

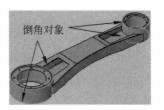

图 4.314　圆角对象　　　　　图 4.315　倒角 1　　　　　图 4.316　倒角对象

4.23　零件设计综合应用案例 3：QQ 企鹅造型

▷ 31min

案例概述： 本案例介绍 QQ 企鹅造型的创建过程，主要使用了旋转特征、扫描混合特征、基准面、拉伸及镜像复制等。该模型及模型树如图 4.317 所示。

步骤 1 选择工作目录。选择 主页 功能选项卡 数据 区域中的 🗂（选择工作目录）命令，在系统弹出的"选择工作目录"对话框中选择 D:\Creo 8.0\work\ch04.23，单击 确定 按钮完成工作目录的设置。

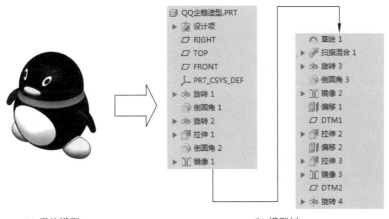

(a) 零件模型　　　　　　　　　(b) 模型树

图 4.317　零件模型及模型树

步骤 2 新建文件。选择 主页 功能选项卡 数据 区域中的 🗋（新建）命令，在系统弹出的"新建"对话框中选中 ⊙ 🗋 零件 类型，在 文件名: 文本框中输入"QQ 企鹅造型"，取消选中 ☐ 使用默认模板 复选项，然后单击 确定 按钮；在系统弹出的"新文件选项"对话框中选择 mmns_part_solid_abs 模板，单击 确定 按钮完成新建操作。

步骤 3 创建如图 4.318 所示的旋转特征。选择 模型 功能选项卡 形状▼ 区域中的 ◌⃘ 旋转 命令，选取 FRONT 平面作为草图平面，绘制如图 4.319 所示的截面，采用系统默认的旋转方向，在 旋转 功能选项卡 角度 区域的下拉列表中选择 ⊥ 可变 选项，在"角度"文本框中输入360，单击 *旋转* 功能选项卡中的 ✔ 按钮，完成特征的创建。

步骤4 创建如图 4.320 所示的圆角 1。选择 模型 功能选项卡 工程▾ 区域中的 ◝倒圆角▾ 命令，在"倒圆角"功能选项卡 尺寸标注 区域的下拉列表中选择 圆形 类型；在系统提示下选取如图 4.321 所示的边线作为圆角对象；在"倒圆角"功能选项卡 尺寸标注 区域的 半径 文本框中输入 25；单击 ✔（确定）按钮完成倒圆角的定义。

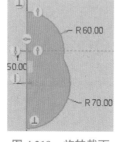

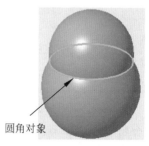

图 4.318 旋转特征 　图 4.319 旋转截面 　图 4.320 圆角 1 　图 4.321 圆角对象

步骤5 创建如图 4.322 所示的旋转特征 2。选择 模型 功能选项卡 形状▾ 区域中的 ◈旋转 命令，选取 FRONT 平面作为草图平面，绘制如图 4.323 所示的截面，采用系统默认的旋转方向，在 旋转 功能选项卡 角度 区域的下拉列表中选择 ╽ 可变 选项，在"角度"文本框中输入 360，单击 旋转 功能选项卡中的 ✔ 按钮，完成特征的创建。

步骤6 创建如图 4.324 所示的拉伸 1。选择 模型 功能选项卡 形状▾ 区域中的 ◻（拉伸）命令，在系统提示下选取 FRONT 平面作为草图平面，绘制如图 4.325 所示的截面草图，在 拉伸 功能选项卡 选项 区域的 侧1 与 侧2 下拉列表中均选择 ╪ 穿透 选项，在 设置 区域选中 ◻移除材料；单击 ✔ 按钮，完成特征的创建。

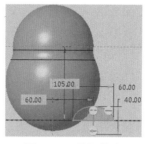

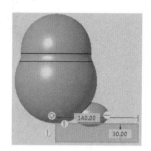

图 4.322 旋转特征 2 　图 4.323 截面轮廓 　图 4.324 拉伸 1 　图 4.325 截面草图

步骤7 创建如图 4.326 所示的圆角 2。选择 模型 功能选项卡 工程▾ 区域中的 ◝倒圆角▾ 命令，在"倒圆角"功能选项卡 尺寸标注 区域的下拉列表中选择 圆形 类型；在系统提示下选取如图 4.327 所示的边线作为圆角对象；在"倒圆角"功能选项卡 尺寸标注 区域的 半径 文本框中输入 2；单击 ✔（确定）按钮完成倒圆角的定义。

步骤8 创建如图 4.328 所示的镜像 1。在模型树中选中"旋转 2""拉伸 1"与"倒圆角 2"作为要镜像的源对象，选择 模型 功能选项卡 编辑▾ 区域中的 ▯◁镜像 命令，在系统提示下选取

RIGHT 平面作为镜像中心平面，单击 ✓（确定）按钮，完成镜像的创建。

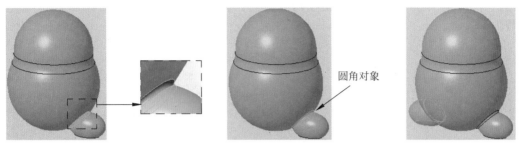

图 4.326　圆角 2　　　　　图 4.327　圆角对象　　　　　图 4.328　镜像 1

步骤 9　绘制如图 4.329 所示的扫描混合路径。选择 模型 功能选项卡 基准▼ 区域中的 ▨（草绘）命令，选取 FRONT 平面作为草图平面，绘制如图 4.330 所示的草图。

步骤 10　创建如图 4.331 所示的扫描混合。单击 模型 功能选项卡 形状▼ 区域中的 ▱扫描混合 命令，在系统 ⇨选择最多两个链作为扫描混合的轨迹。的提示下选取步骤 9 绘制的圆弧，在"扫描混合"功能选项卡 截面 区域选中 ◉ 草绘截面，起始位置如图 4.332 所示的箭头所指位置，单击 草绘 按钮绘制如图 4.333 所示的圆形截面，在 截面 区域中单击 插入 按钮，然后再次单击 草绘 按钮绘制如图 4.334 所示的截面，单击"扫描混合"功能选项卡中的 ✓（确定）按钮，完成扫描混合的创建。

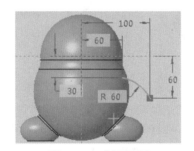

图 4.329　扫描混合路径　　　　图 4.330　草图平面　　　　图 4.331　扫描混合

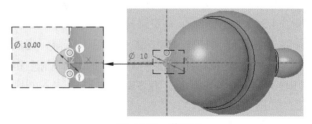

图 4.332　起始位置　　　　　　　　图 4.333　截面 1

步骤 11　创建如图 4.335 所示的旋转特征 3。选择 模型 功能选项卡 形状▼ 区域中的 ◈旋转 命令，选取如图 4.336 所示的模型表面作为草图平面，绘制如图 4.337 所示的截面，

采用系统默认的旋转方向，在 *旋转* 功能选项卡 角度 区域的下拉列表中选择 凸 可变 选项，在
"角度"文本框中输入 360，单击 *旋转* 功能选项卡中的 ✔ 按钮，完成特征的创建。

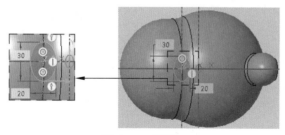

图 4.334　截面 2

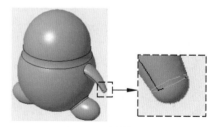

图 4.335　旋转特征 3

步骤 12 创建如图 4.338 所示的圆角 3。选择 模型 功能选项卡 工程▾ 区域中的 🔽倒圆角 ▾
命令，在"倒圆角"功能选项卡 尺寸标注 区域的下拉列表中选择 圆形 类型；在系统提示下选
取如图 4.339 所示的边线作为圆角对象；在"倒圆角"功能选项卡 尺寸标注 区域的 半径:文本框
中输入 5；单击 ✔（确定）按钮，完成倒圆角的定义。

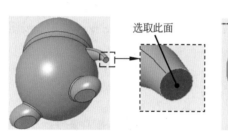

图 4.336　草图平面

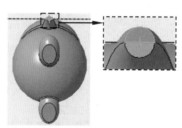

图 4.337　截面轮廓

图 4.338　圆角 3

步骤 13 创建如图 4.340 所示的镜像 2。在模型树中选中"扫描混合""旋转 3"与"倒
圆角 3"作为要镜像的源对象，选择 模型 功能选项卡 编辑▾ 区域中的 〗〖镜像命令，在系统提
示下选取 RIGHT 平面作为镜像中心平面，单击 ✔（确定）按钮，完成镜像的创建。

步骤 14 创建偏移 1。选择 模型 功能选项卡 编辑▾ 区域中的 🔽偏移（偏移）命令，在"偏
移"功能选项卡 类型 区域选择 🔽（曲面）类型，在 偏移类型 下拉列表中选择 🔟（标准偏移），
选取如图 4.341 所示的面作为要偏移的曲面，在"偏移"功能选项卡 设置 区域的 偏移:文本框
中输入 1，偏移方向向内，单击 ✔（确定）按钮，完成偏移的创建。

步骤 15 创建 DTM1 基准平面。选择 模型 功能选项卡 基准▾区域中的 〖（平面）命令，
选取 FRONT 平面作为参考，在 平移 文本框中输入间距值 80，单击 确定 按钮，完成基准面
的定义，如图 4.342 所示。

步骤 16 创建如图 4.343 所示的拉伸 2。选择 模型 功能选项卡 形状▾ 区域中的 🔽（拉
伸）命令，在系统提示下选取 DTM1 作为草图平面，绘制如图 4.344 所示的截面草图，在
拉伸 功能选项卡 深度 区域的下拉列表中选择 凸 到参考，单击 深度 区域中的 🔽按钮，选取步
骤 14 创建的偏移曲面作为参考，在 设置 区域选中 🔽移除材料；单击 ✔按钮，完成特征的创建。

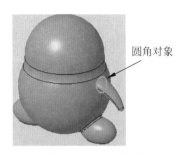
图 4.339　圆角对象

图 4.340　镜像 2

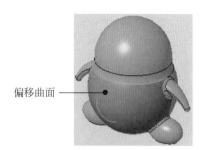
图 4.341　偏移曲面

图 4.342　DTM1 基准平面

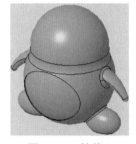
图 4.343　拉伸 2

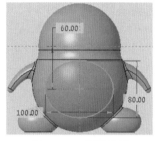
图 4.344　截面草图

步骤 17　创建偏移 2。选择 模型 功能选项卡 编辑▼ 区
域中的 ⤵偏移（偏移）命令，在"偏移"功能选项卡 类型
区域选择 ◻（曲面）类型，在 偏移类型 下拉列表中选择
▥（标准偏移），选取如图 4.345 所示的面作为要偏移的
曲面，在"偏移"功能选项卡 设置 区域的 偏移:文本框中输
入 1，偏移方向向内，单击 ✔（确定）按钮，完成偏移
的创建。

步骤 18　创建如图 4.346 所示的拉伸 3。选择 模型 功
能选项卡 形状▼ 区域中的 ⬜（拉伸）命令，在系统提示

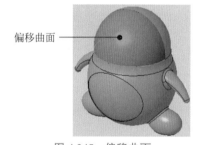
图 4.345　偏移曲面

下选取 DTM1 作为草图平面，绘制如图 4.347 所示的截面草图，在 拉伸 功能选项卡 深度 区
域的下拉列表中选择 ⫧ 到参考，选取步骤 17 创建的偏移曲面作为参考，单击 深度 区域中的
⤢按钮使方向向内，在 设置 区域选中 ◿移除材料；单击 ✔ 按钮，完成特征的创建。

图 4.346　拉伸 3

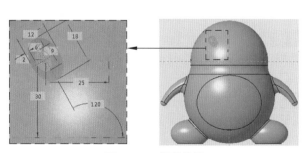
图 4.347　截面草图

图 4.348　镜像 3

步骤 19　创建如图 4.348 所示的镜像 3。在模型树中选中"拉伸 3"作为要镜像的源对象，选择 模型 功能选项卡 编辑▾ 区域中的 镜像 命令，在系统提示下选取 RIGHT 平面作为镜像中心平面，单击 ✔（确定）按钮，完成镜像的创建。

步骤 20　创建 DTM2 基准平面。选择 模型 功能选项卡 基准▾ 区域中的 ▱（平面）命令，选取 TOP 平面作为参考，在 平移 文本框中输入间距值 8（方向向上），单击 确定 按钮，完成基准面的定义，如图 4.349 所示。

步骤 21　创建如图 4.350 所示的旋转特征 4。选择 模型 功能选项卡 形状▾ 区域中的 旋转 命令，选取 DTM2 基准平面作为草图平面，绘制如图 4.351 所示的截面，采用系统默认的旋转方向，在 旋转 功能选项卡 角度 区域的下拉列表中选择 ⬛ 可变 选项，在"深度"文本框中输入 360，单击 旋转 功能选项卡中的 ✔ 按钮，完成特征的创建。

图 4.349　DTM2 基准平面

图 4.350　旋转特征 4

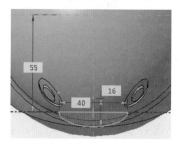

图 4.351　截面轮廓

步骤 22　保存文件。选择"快速访问工具栏"中的"保存"命令，系统会弹出"保存对象"对话框，单击 确定 按钮，完成保存操作。

4.24　零件设计综合应用案例 4：转板

▷ 48min

案例概述：本案例介绍转板的创建过程，主要使用了拉伸、基准面、孔及阵列复制等。该模型及模型树如图 4.352 所示。

步骤 1　选择工作目录。选择 主页 功能选项卡 数据 区域中的 ☑（选择工作目录）命令，在系统弹出的"选择工作目录"对话框中选择 D:\Creo 8.0\work\ch04.24，单击 确定 按钮完成工作目录的设置。

步骤 2　新建文件。选择 主页 功能选项卡 数据 区域中的 ▯（新建）命令，在系统弹出的"新建"对话框中选中 ⦿ ▢ 零件 类型，在 文件名: 文本框中输入"转板"，取消选中 ▢ 使用默认模板 复选项，然后单击 确定 按钮；在系统弹出的"新文件选项"对话框中选择 mmns_part_solid_abs 模板，单击 确定 按钮完成新建操作。

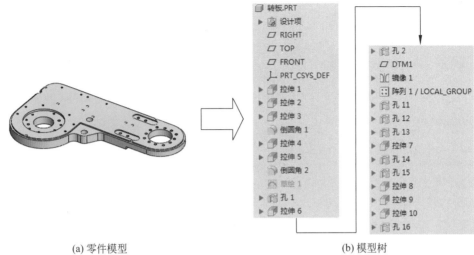

(a) 零件模型　　　　　　　　　　　　　　　　(b) 模型树

图 4.352　零件模型及模型树

步骤3　创建如图 4.353 所示的拉伸 1。选择 模型 功能选项卡 形状▼ 区域中的 （拉伸）命令，在系统提示下选取 TOP 平面作为草图平面，绘制如图 4.354 所示的截面草图，在 拉伸 功能选项卡 深度 区域的下拉列表中选择 可变 选项，输入深度值 15；单击 ✔ 按钮，完成特征的创建。

步骤4　创建如图 4.355 所示的拉伸 2。选择 模型 功能选项卡 形状▼ 区域中的 （拉伸）命令，在系统提示下选取如图 4.356 所示的模型表面作为草图平面，绘制如图 4.357 所示的截面草图，在 拉伸 功能选项卡 深度 区域的下拉列表中选择 穿透 选项，单击 深度 区域中的 按钮，在 设置 区域选中 移除材料；单击 ✔ 按钮，完成特征的创建。

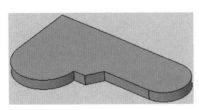

图 4.353　拉伸 1

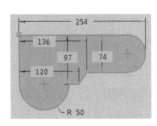

图 4.354　截面草图

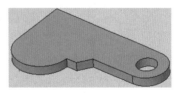

图 4.355　拉伸 2

步骤5　创建如图 4.358 所示的拉伸 3。选择 模型 功能选项卡 形状▼ 区域中的 （拉伸）命令，在系统提示下选取如图 4.356 所示的模型表面作为草图平面，绘制如图 4.359 所示的截面草图，在 拉伸 功能选项卡 深度 区域的下拉列表中选择 可变 选项，输入深度值 3，单击 深度 区域中的 按钮，在 设置 区域选中 移除材料；单击 ✔ 按钮，完成特征的创建。

步骤6　创建如图 4.360 所示的圆角 1。选择 模型 功能选项卡 工程▼ 区域中的 倒圆角 ▼ 命令，在 "倒圆角" 功能选项卡 尺寸标注 区域的下拉列表中选择 圆形 类型；在系统提示下选取如图 4.361 所示的边线作为圆角对象；在 "倒圆角" 功能选项卡 尺寸标注 区域的 半径 文本框中输入 20；单击 ✔ （确定）按钮，完成倒圆角的定义。

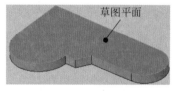

图 4.356　草图平面

图 4.357　截面草图

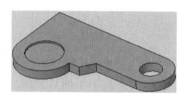

图 4.358　拉伸 3

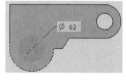

图 4.359　截面草图

图 4.360　圆角 1

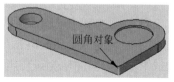

图 4.361　圆角对象

步骤 7　创建如图 4.362 所示的拉伸 4。选择 模型 功能选项卡 形状▼ 区域中的 🗗（拉伸）命令，在系统提示下选取如图 4.356 所示的模型表面作为草图平面，绘制如图 4.363 所示的截面草图，在 拉伸 功能选项卡 深度 区域的下拉列表中选择 ⊥ 可变 选项，输入深度值 2，单击 深度 区域中的 % 按钮，在 设置 区域选中 ⊿ 移除材料 ，单击 ⊿ 移除材料 后的 % 按钮使切除方向向外；单击 ✔ 按钮，完成特征的创建。

步骤 8　创建如图 4.364 所示的拉伸 5。选择 模型 功能选项卡 形状▼ 区域中的 🗗（拉伸）命令，在系统提示下选取如图 4.356 所示的模型表面作为草图平面，绘制如图 4.365 所示的截面草图，在 拉伸 功能选项卡 深度 区域的下拉列表中选择 ⋕ 穿透 选项，单击 深度 区域中的 % 按钮，在 设置 区域选中 ⊿ 移除材料 ；单击 ✔ 按钮，完成特征的创建。

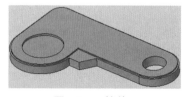

图 4.362　拉伸 4

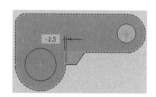

图 4.363　截面草图

图 4.364　拉伸 5

步骤 9　创建如图 4.366 所示的圆角 2。选择 模型 功能选项卡 工程▼ 区域中的 ⌒ 倒圆角 ▼ 命令，在"倒圆角"功能选项卡 尺寸标注 区域的下拉列表中选择 圆形 类型；在系统提示下选取如图 4.367 所示的边线作为圆角对象；在"倒圆角"功能选项卡 尺寸标注 区域的 半径: 文本框中输入 10；单击 ✔（确定）按钮，完成倒圆角的定义。

步骤 10　绘制如图 4.368 所示的孔定位草图。选择 模型 功能选项卡 基准▼ 区域中的 💠（草绘）命令，选取如图 4.368 所示的模型表面作为草图平面，绘制如图 4.369 所示的草图。

步骤 11　创建如图 4.370 所示的孔 1。

选择 模型 功能选项卡 工程▼ 区域中的 🗗孔 命令，在"孔"功能选项卡 放置 区域的 类型 下拉列表中选择 ⋮ 草绘 ，选取步骤 10 创建的草图作为参考，在"孔"功能选项卡 类型 区域选中 🔲 简单 ，在 轮廓 区域选中 🔲 钻孔 与 ⫫ 沉头孔 ，在 形状 功能选项卡设置如图 4.371 所示的参数，单击 ✔（确定）按钮，完成孔的创建。

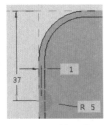

图 4.365　截面草图

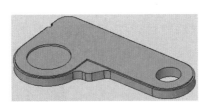

图 4.366　圆角 2

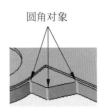

图 4.367　圆角对象

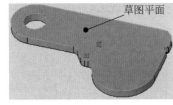

图 4.368　孔定位草图

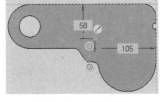

图 4.369　二维草图

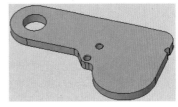

图 4.370　孔 1

步骤 12　创建如图 4.372 所示的拉伸 6。选择 模型 功能选项卡 形状▼ 区域中的 ⬜（拉伸）命令，在系统提示下选取如图 4.372 所示的模型表面作为草图平面，绘制如图 4.373 所示的截面草图，在 拉伸 功能选项卡 深度 区域的下拉列表中选择 ⬛ 可变 选项，输入深度值 1.4，单击 深度 区域中的 ✕ 按钮，在 设置 区域选中 ⬜移除材料；单击 ✔ 按钮，完成特征的创建。

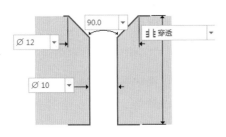

图 4.371　形状参数

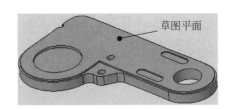

图 4.372　拉伸 6

步骤 13　创建如图 4.374 所示的孔 2。选择 模型 功能选项卡 工程▼ 区域中的 ⬜孔 命令，在"孔"功能选项卡 放置 区域的 类型 下拉列表中选择 ⋯草绘，单击 定义... 按钮选取如图 4.374 所示的面作为草图平面，绘制如图 4.375 所示的定位草图，在"孔"功能选项卡 类型 区域选中 ⬜标准，在 轮廓 区域选中 ⬜直孔 与 ⬜攻丝，在 尺寸 区域的 螺纹类型:下拉列表中选择 ⬜ISO，在 螺钉尺寸:下拉列表中选择 ⬜M4x.5 ，将螺纹深度设置为 8.4，将孔深度设置为"穿透"，单击 ✔（确定）按钮，完成孔的创建。

步骤 14　创建如图 4.376 所示的 DTM1 基准平面。选择 模型 功能选项卡 基准▼ 区域中的 ⬜（平面）命令，选取 FRONT 平面（与面平行）与如图 4.376 所示的轴（与轴穿过）作为参考，单击 确定 按钮，完成基准面的定义。

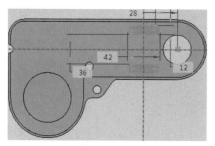

图 4.373　截面草图

图 4.374　孔 2

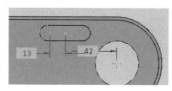

图 4.375　定位草图

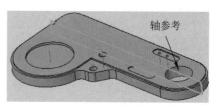

图 4.376　DTM1 基准平面

步骤 15　创建如图 4.377 所示的镜像 1。在模型树中选中"孔 2"作为要镜像的源对象，选择 模型 功能选项卡 编辑▼ 区域中的 ⅠⅠ 镜像 命令，在系统提示下选取 DTM1 平面作为镜像中心平面，单击 ✔（确定）按钮，完成镜像的创建。

步骤 16　创建如图 4.378 所示的孔 3。选择 模型 功能选项卡 工程▼ 区域中的 孔 命令，在"孔"功能选项卡 放置 区域的 类型 下拉列表中选择 草绘 ，单击 定义... 按钮选取如图 4.378 所示的面作为草图平面，绘制如图 4.379 所示的定位草图，在"孔"功能选项卡 类型 区域选中 标准 ，在 轮廓 区域选中 直孔 与 攻丝 ，在 尺寸 区域的 螺纹类型 下拉列表中选择 ISO ，在 螺钉尺寸 下拉列表中选择 M4x.5 ，将螺纹深度与孔深度均设置为"穿透"，单击 ✔（确定）按钮，完成孔的创建。

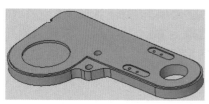

图 4.377　镜像 1

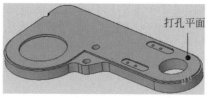

图 4.378　孔 3

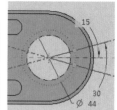

图 4.379　定位草图

步骤 17　创建如图 4.380 所示的孔 4。选择 模型 功能选项卡 工程▼ 区域中的 孔 命令，在"孔"功能选项卡 放置 区域的 类型 下拉列表中选择 草绘 ，单击 定义... 按钮选取如图 4.380 所示的面作为草图平面，绘制如图 4.381 所示的定位草图，在"孔"功能选项卡 类型 区域选中 标准 ，在 轮廓 区域选中 直孔 与 攻丝 ，在 尺寸 区域的 螺纹类型 下拉列表中选择 ISO ，在 螺钉尺寸 下拉列表中选择 M4x.5 ，将螺纹深度设置为 8，将孔深度设置为 10，单击 ✔（确定）按钮，完成孔的创建。

步骤18　创建特征分组。在模型树中选中步骤 16 与步骤 17 创建的孔 3 与孔 4 并右击，在系统弹出的快捷菜单中选择 （分组）命令。

步骤19　创建如图 4.382 所示的轴阵列。在模型树中选中步骤 18 创建的"分组"作为要阵列的源对象，选择 模型 功能选项卡 编辑▾ 区域中的 （阵列）命令，在"阵列"功能选项卡 类型 区域的下拉列表中选择 轴 选项，选取如图 4.383 所示的轴作为参考，在 第一方向成员: 文本框中输入 4，单击 角度范围: 按钮，在其后的文本框中输入 360。

图 4.380　孔 4

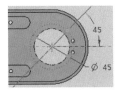
图 4.381　定位草图

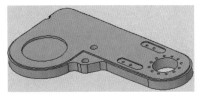
图 4.382　轴阵列

步骤20　创建如图 4.384 所示的孔 5。选择 模型 功能选项卡 工程▾ 区域中的 孔 命令，在"孔"功能选项卡 放置 区域的 类型 下拉列表中选择 草绘 ，单击 定义... 按钮选取如图 4.384 所示的面作为草图平面，绘制如图 4.385 所示的定位草图，在"孔"功能选项卡 类型 区域选中 标准，在 轮廓 区域选中 直孔 与 攻丝，在 尺寸 区域的 螺纹类型: 下拉列表中选择 ISO ，在 螺钉尺寸: 下拉列表中选择 M2.5x.45 ，将螺纹深度设置为 5，将孔深度设置为 6.35，单击 ✓（确定）按钮，完成孔的创建。

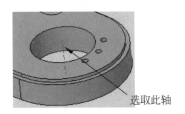
图 4.383　轴参考

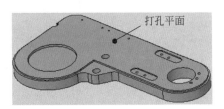
图 4.384　孔 5

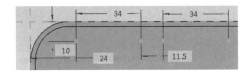
图 4.385　定位草图

步骤21　创建如图 4.386 所示的孔 6。选择 模型 功能选项卡 工程▾ 区域中的 孔 命令，在"孔"功能选项卡 放置 区域的 类型 下拉列表中选择 草绘 ，单击 定义... 按钮选取如图 4.386 所示的面作为草图平面，绘制如图 4.387 所示的定位草图，在"孔"功能选项卡 类型 区域选中 标准，在 轮廓 区域选中 直孔 与 攻丝，在 尺寸 区域的 螺纹类型: 下拉列表中选择 ISO ，在 螺钉尺寸: 下拉列表中选择 M3x.5 ，将螺纹深度设置为 6，将孔深度设置为 7.5，单击 ✓（确定）按钮，完成孔的创建。

图 4.386　孔 6

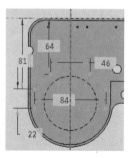

图 4.387　定位草图

步骤22　创建如图 4.388 所示的孔 7。选择 模型 功能选项卡 工程▼ 区域中的 孔 命令，在"孔"功能选项卡 放置 区域的 类型 下拉列表中选择 草绘 ，单击 定义... 按钮选取如图 4.388 所示的面作为草图平面，绘制如图 4.389 所示的定位草图，在"孔"功能选项卡 类型 区域选中 简单，在 轮廓 区域选中 平整，在 尺寸 区域的 直径 文本框中输入 4，在 深度 区域的下拉列表中选择 穿透，单击 ✔（确定）按钮，完成孔的创建。

图 4.388　孔 7

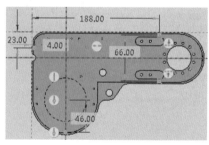

图 4.389　定位草图

步骤23　创建如图 4.390 所示的拉伸 7。选择 模型 功能选项卡 形状▼ 区域中的（拉伸）命令，在系统提示下选取如图 4.390 所示的模型表面作为草图平面，绘制如图 4.391 所示的截面草图，在 拉伸 功能选项卡 深度 区域的下拉列表中选择 穿透 选项，单击 深度 区域中的 按钮，在 设置 区域选中 移除材料；单击 ✔（确定）按钮，完成特征的创建。

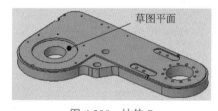

图 4.390　拉伸 7

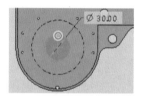

图 4.391　截面草图

步骤24　创建如图 4.392 所示的孔 8。选择 模型 功能选项卡 工程▼ 区域中的 孔 命令，在"孔"功能选项卡 放置 区域的 类型 下拉列表中选择 草绘 ，单击 定义... 按钮选取如

图 4.392 所示的面作为草图平面，绘制如图 4.393 所示的定位草图，在"孔"功能选项卡 类型 区域选中 标准，在 轮廓 区域选中 直孔 与 攻丝，在 尺寸 区域的 螺纹类型:下拉列表中选择 ISO，在 螺钉尺寸:下拉列表中选择 M4x.7 ，将螺纹深度设置为 8，将孔深度设置为 10，单击 ✓（确定）按钮，完成孔的创建。

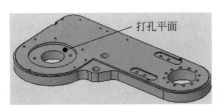

图 4.392　孔 8

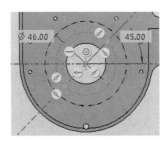

图 4.393　定位草图

步骤 25　创建如图 4.394 所示的孔 9。选择 模型 功能选项卡 工程▾ 区域中的 孔 命令，在"孔"功能选项卡 放置 区域的 类型 下拉列表中选择 草绘，单击 定义... 按钮选取如图 4.394 所示的面作为草图平面，绘制如图 4.395 所示的定位草图，在"孔"功能选项卡 类型 区域选中 标准，在 轮廓 区域选中 直孔 与 攻丝，在 尺寸 区域的 螺纹类型:下拉列表中选择 ISO，在 螺钉尺寸:下拉列表中选择 M3x.5 ，将螺纹深度设置为 8，将孔深度设置为穿透，单击 ✓（确定）按钮，完成孔的创建。

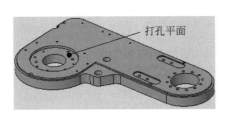

图 4.394　孔 9

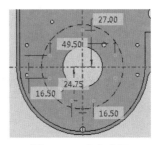

图 4.395　定位草图

步骤 26　创建如图 4.396 所示的拉伸 8。选择 模型 功能选项卡 形状▾ 区域中的 （拉伸）命令，在系统提示下选取如图 4.396 所示的模型表面作为草图平面，绘制如图 4.397 所示的截面草图，在 拉伸 功能选项卡 深度 区域的下拉列表中选择 可变 选项，输入深度值 4.5，单击 深度 区域中的 按钮，在 设置 区域选中 移除材料；单击 ✓（确定）按钮，完成特征的创建。

步骤 27　创建如图 4.398 所示的拉伸 9。选择 模型 功能选项卡 形状▾ 区域中的 （拉伸）命令，在系统提示下选取如图 4.398 所示的模型表面作为草图平面，绘制如图 4.399 所示的截面草图，在 拉伸 功能选项卡 深度 区域的下拉列表中选择 可变 选项，输入深度值 4，单击 深度 区域中的 按钮，在 设置 区域选中 移除材料；单击 ✓（确定）按钮，完成特征的创建。

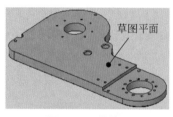

图 4.396　拉伸 8

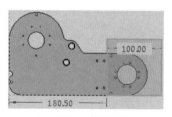

图 4.397　截面草图

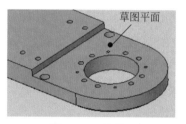

图 4.398　拉伸 9

步骤 28　创建如图 4.400 所示的拉伸 10。选择 模型 功能选项卡 形状▾ 区域中的（拉伸）命令，在系统提示下选取如图 4.400 所示的模型表面作为草图平面，绘制如图 4.401 所示的截面草图，在 拉伸 功能选项卡 深度 区域的下拉列表中选择 可变 选项，输入深度值 4，单击 深度 区域中的 按钮，在 设置 区域选中 移除材料；单击 ✔（确定）按钮，完成特征的创建。

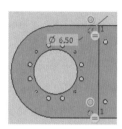

图 4.399　截面草图

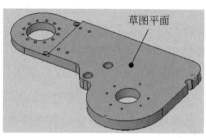

图 4.400　拉伸 10

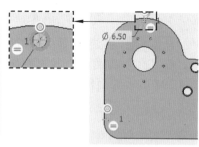

图 4.401　截面草图

步骤 29　创建如图 4.402 所示的孔 10。选择 模型 功能选项卡 工程▾ 区域中的 孔 命令，在"孔"功能选项卡 放置 区域的 类型 下拉列表中选择 草绘 ，单击 定义... 按钮选取如图 4.402 所示的面作为草图平面，绘制如图 4.403 所示的定位草图，在"孔"功能选项卡 类型 区域选中 标准，在 轮廓 区域选中 直孔 与 攻丝，在 尺寸 区域的 螺纹类型 下拉列表中选择 ISO ，在 螺钉尺寸 下拉列表中选择 M4x.7 ，将螺纹深度设置为 4，将孔深度设置为 8，单击 ✔（确定）按钮，完成孔的创建。

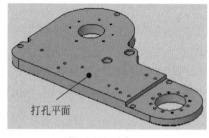

图 4.402　孔 10

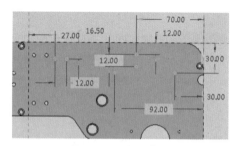

图 4.403　定位草图

步骤 30　保存文件。选择"快速访问工具栏"中的"保存"命令，系统会弹出"保存对象"对话框，单击 确定 按钮，完成保存操作。

第 5 章

Creo 钣金设计

5.1 钣金设计入门

5.1.1 钣金设计概述

钣金件是指利用金属的可塑性，针对金属薄板，通过折弯、冲裁及成型等工艺，制造出单个钣金零件，然后通过焊接、铆接等装配成的钣金产品。

钣金零件的特点：

（1）同一零件的厚度一致。

（2）在钣金壁与钣金壁的连接处是通过折弯连接的。

（3）质量轻、强度高、导电、成本低。

（4）大规模量产性能好、材料利用率高。

学习钣金零件特点的作用：判断一个零件是否是一个钣金零件，只有同时符合前两个特点的零件才是一个钣金零件，我们才可以通过钣金的方式来具体实现，否则不可以。

正是由于有这些特点的存在，所以钣金件的应用非常普遍，钣金件被使用在很多行业中，例如机械、电子、电器、通信、汽车工业、医疗机械、仪器仪表、航空航天、设备的支撑（电气控制柜）及护盖（机床外围护盖）等。在一些特殊的金属制品中，钣金件可以占到 80% 左右。几种常见钣金设备如图 5.1 所示。

图 5.1　常见钣金设备

5.1.2　钣金设计的一般过程

使用 Creo 进行钣金件设计的一般过程如下：

（1）新建一个"钣金"文件，进入钣金建模环境。

（2）以钣金件所支持或者所保护的零部件大小和形状为基础，创建基础钣金特征。

> **说明：** 在零件设计中，创建的第 1 个实体特征称为基础特征，创建基础特征的方法很多，例如拉伸特征、旋转特征、扫描特征、混合特征等；同样的道理，在创建钣金零件时，创建的第 1 个钣金实体特征称为基础钣金特征，创建基础钣金实体特征的方法也很多，例如拉伸、平整、旋转、扫描、混合、边界混合等。

（3）创建附加钣金壁（法兰）。在创建完基础钣金后，往往需要根据实际情况添加其他钣金壁，在 Creo 中软件提供了很多创建附加钣金壁的方法，例如平整、法兰、扭转等。

（4）创建钣金实体特征。在创建完主体钣金后，还可以随时创建一些实体特征，例如拉伸切除、旋转切除、孔特征、倒角特征及圆角特征等。

（5）创建钣金的折弯。

（6）创建钣金的展开。

（7）创建钣金工程图。

5.1.3　进入钣金设计环境

⏵ 3min

方法一：新建进入钣金环境

步骤 1 单击快速访问工具栏中的 ▯（新建）按钮，系统会弹出如图 5.2 所示的"新建"对话框。

步骤 2 设置文件类型。在"新建"对话框 类型 区域选中 ◉ ▯ 零件 类型，在 子类型 区域选中 ◉ 钣金件 。

步骤 3 设置文件名称。在"新建"对话框 文件名: 文本框中输入文件名称，取消选中 ☐ 使用默认模板 复选项，单击 确定 按钮系统会弹出如图 5.3 所示的"新文件选项"对话框。

步骤 4 选择合适模板。在"新文件选项"对话框 模板 区域选中 mmns_part_sheetmetal 模板，单击 确定 按钮。

方法二：转换进入钣金环境

步骤 1 单击快速访问工具栏中的 ▯（新建）按钮，系统会弹出"新建"对话框。

步骤 2 设置文件类型。在"新建"对话框 类型 区域选中 ◉ ▯ 零件 类型，在 子类型 区域选中 ◉ 实体 。

步骤 3 设置文件名称。在"新建"对话框 文件名: 文本框中输入文件名称，取消选中 ☐ 使用默认模板 复选项，单击 确定 按钮系统会弹出"新文件选项"对话框。

图 5.2　"新建"对话框　　　　　　　　图 5.3　"新文件选项"对话框

步骤 4　选择合适模板。在"新文件选项"对话框 模板 区域选中 mmns_part_solid 模板，单击 确定 按钮。

步骤 5　选择 模型 功能选项卡 操作▾ 下的 转换为钣金件 命令，在系统弹出的"转换"功能选项卡中选择 ✔ 命令即可切换到钣金环境。

5.2　第一钣金壁

5.2.1　拉伸类型的第一钣金壁

在使用"拉伸"创建第一钣金壁时，需要先绘制钣金壁的侧面轮廓草图，然后给定钣金的厚度值与深度值，系统会根据侧面轮廓及参数信息自动生成钣金壁特征。下面以如图 5.4 所示的模型为例，介绍创建拉伸类型第一钣金壁的一般操作过程。

▷ 8min

（a）截面轮廓　　　　　　　　　　　（b）钣金壁

图 5.4　拉伸类型的第一钣金壁

步骤 1 新建钣金文件。单击快速访问工具栏中的（新建）按钮，在“新建”对话框 类型 区域选中 零件 类型，在 子类型 区域选中 钣金件，在 文件名: 文本框中输入“拉伸第一钣金壁”，取消选中 使用默认模板 复选项，单击 确定 按钮，在“新文件选项”对话框 模板 区域选中 mmns_part_sheetmetal 模板，单击 确定 按钮。

步骤 2 选择命令。选择 钣金件 功能选项卡 壁 区域中的 拉伸 命令，系统会弹出拉伸功能选项卡。

步骤 3 定义截面轮廓。在系统 选择一个平面或平面曲面作为草绘平面，或者选择草绘。的提示下选取 FRONT 平面作为草图平面，绘制如图 5.5 所示的截面草图，绘制完成后单击 草绘 功能选项卡 关闭 选项卡中的✔按钮退出草图环境。

说明：拉伸类型的第一钣金壁截面可以开放，如图 5.4（b）所示，也可以封闭，如图 5.6 所示。

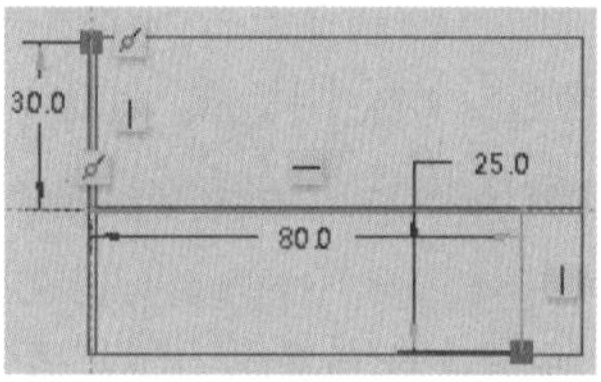

图 5.5 截面草图

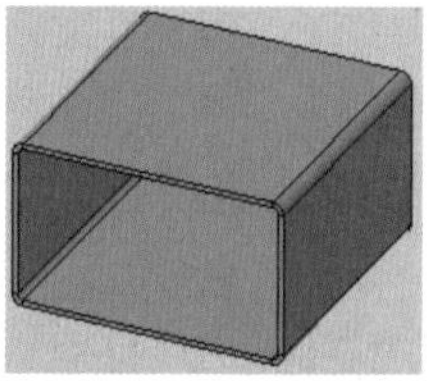
图 5.6 封闭截面

步骤 4 定义钣金参数。在拉伸功能选项卡 深度 区域的下拉列表中选择 对称 选项，在“深度”文本框中输入 40；在文本框中输入钣金厚度 2，厚度方向向内，如图 5.7 所示，在 钣金件选项 区域选中 在锐边上添加折弯 复选项，在 半径 文本框中输入 1，在其后的下拉列表中选中 内侧 （用于表示折弯半径控制的值为内侧值）。

说明：如果厚度方向有问题，则可以单击如图 5.7 所示的方向箭头进行调整，或者单击文本框后的。

步骤 5 完成创建。单击“拉伸”功能选项卡中的✔按钮，完成拉伸第一钣金壁的创建。

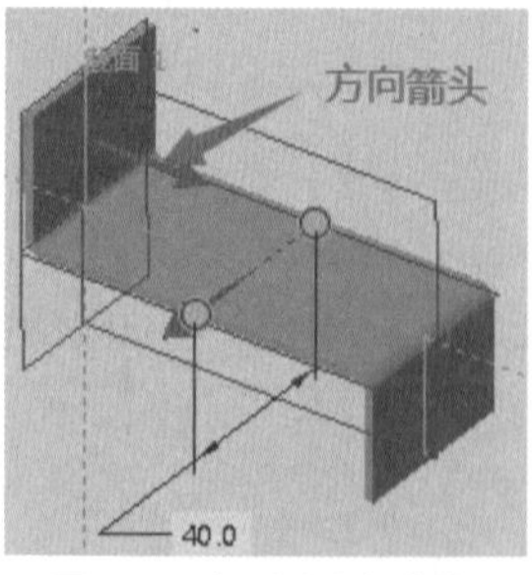

图 5.7 钣金厚度方向

5.2.2 平面类型的第一钣金壁

在使用“平面”创建第一钣金壁时，需要先绘制封闭的截面，然后给定钣金的厚度值和方向，系统会根据封闭截面及参数信息自动生成钣金壁特征。下面以如图 5.8 所示的模型为例，介绍创建平面类型第一钣金壁的一般操作过程。

7min

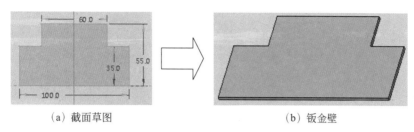

(a) 截面草图　　　　　　　　　　(b) 钣金壁

图 5.8　平面类型第一钣金壁

步骤 1　新建钣金文件。单击快速访问工具栏中的 ▯（新建）按钮，在"新建"对话框 类型 区域选中 ◉ ▯ 零件 类型，在 子类型 区域选中 ◉ 钣金件 ，在 文件名: 文本框中输入"平面第一钣金壁"，取消选中 □ 使用默认模板 复选项，单击 确定 按钮，在"新文件选项"对话框 模板 区域选中 mmns_part_sheetmetal 模板，单击 确定 按钮。

步骤 2　选择命令。选择 钣金件 功能选项卡 壁▾ 区域中的 ▱平面 命令，系统会弹出平面功能选项卡。

步骤 3　定义截面轮廓。在系统 选择一个封闭的草绘。(如果首选内部草绘, 可在参考面板中找到"定义"选项。) 的提示下选取 TOP 平面作为草图平面，绘制如图 5.8（a）所示的截面草图，绘制完成后单击 草绘 功能选项卡 关闭 选项卡中的 ✔ 按钮退出草图环境。

说明：平面类型的第一钣金壁截面可以封闭，如图 5.8（b）所示，也可以多重封闭，如图 5.9 所示，不可以开放。

步骤 4　定义钣金参数。在平面功能选项卡 ▭ 文本框中输入钣金厚度 2，厚度方向采用默认。

步骤 5　完成创建。单击"平面"功能选项卡中的 ✔ 按钮，完成平面钣金壁的创建。

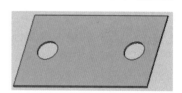

图 5.9　多重封闭截面

5.2.3　旋转类型的第一钣金壁

▷ 7min

在使用"旋转"创建第一钣金壁时，需要先绘制钣金壁的侧面轮廓草图，草图中需要包含旋转中心线，然后给定钣金的厚度值与旋转角度，系统会将侧面轮廓绕着中心线旋转至指定的角度从而形成钣金壁。下面以如图 5.10 所示的模型为例，介绍创建旋转类型第一钣金壁的一般操作过程。

步骤 1　新建钣金文件。单击快速访问工具栏中的 ▯（新建）按钮，在"新建"对话框 类型 区域选中 ◉ ▯ 零件 类型，在 子类型 区域选中 ◉ 钣金件 ，在 文件名: 文本框中输入"旋转第一钣金壁"，取消选中 □ 使用默认模板 复选项，单击 确定 按钮，在"新文件选项"对话框 模板 区域选中 mmns_part_sheetmetal 模板，单击 确定 按钮。

步骤 2　选择命令。选择 钣金件 功能选项卡 壁▾ 下的 ▥ 旋转 命令，系统会弹出旋转功

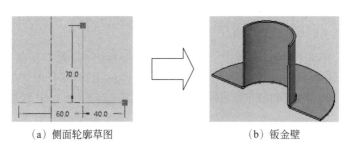

（a）侧面轮廓草图　　　　　　　　（b）钣金壁

图 5.10　旋转类型第一钣金壁

能选项卡。

步骤 3　定义截面轮廓。在系统 选择一个平面或平面曲面作为草绘平面，或者选择草绘。 的提示下选取 FRONT 平面作为草图平面，绘制如图 5.10（a）所示的侧面轮廓草图，绘制完成后单击 草绘 功能选项卡 关闭 选项卡中的 ✔ 按钮退出草图环境。

步骤 4　定义钣金参数。在旋转功能选项卡 角度 区域的下拉列表中选择 ⊟ 对称 选项，在"角度"文本框中输入 180；在 ⊡ 文本框中输入钣金厚度 2，厚度方向向内，在 钣金件选项 区域选中 ☑ 在锐边上添加折弯 复选项，在 半径 文本框中输入 1，在其后的下拉列表中选中 内侧 。

步骤 5　完成创建。单击"旋转"功能选项卡中的 ✔ 按钮，完成旋转钣金壁的创建。

▷ 13min

5.2.4　混合类型的第一钣金壁

在使用"混合"创建第一钣金壁时，需要先绘制两个或者两个以上的截面，然后给定钣金的厚度及截面之间的间距，系统便将这些截面混合形成钣金壁，下面以如图 5.11 所示的天圆地方钣金模型为例，介绍创建混合类型第一钣金壁的一般操作过程。

步骤 1　新建钣金文件。单击快速访问工具栏中的 ▯（新建）按钮，在"新建"对话框 类型 区域选中 ⊙ ▭ 零件 类型，在 子类型 区域选中 ⊙ 钣金件 ，在 文件名: 文本框中输入"混合第一钣金壁"，取消选中 □ 使用默认模板 复选项，单击 确定 按钮，在"新文件选项"对话框 模板 区域选中 mmns_part_sheetmetal 模板，单击 确定 按钮。

步骤 2　绘制混合截面 1。选择 钣金件 功能选项卡 基准▾ 区域中的 ▨（草绘）命令，选取 TOP 平面作为草图平面，绘制如图 5.12 所示的草图。

步骤 3　创建 DTM1 基准平面。选择 钣金件 功能选项卡 基准▾ 区域中的 ▱（平面）命令，选取 TOP 平面作为参考，在 平移 文本框中输入间距值 100，单击 确定 按钮，完成基准面的定义，如图 5.13 所示。

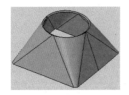

图 5.11　混合类型第一钣金壁

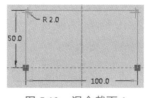

图 5.12　混合截面 1

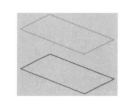

图 5.13　DTM1 基准平面

步骤 4　绘制混合截面 2。选择 钣金件 功能选项卡 基准▼ 区域中的 ♈（草绘）命令，选取 DTM1 平面作为草图平面，绘制如图 5.14 所示的草图。

步骤 5　选择命令。单击 钣金件 功能选项卡中的 壁▼ 按钮，在系统弹出的快捷菜单中选择 ♂ 混合 命令，系统会弹出"混合"功能选项卡。

步骤 6　定义截面类型。在"混合"功能选项卡 截面 区域选中 ◉ 选定截面 单选项。

步骤 7　选取混合截面。选取如图 5.12 所示的混合截面作为截面 1，单击 截面 区域中的 ▭添加▭ 按钮，选取如图 5.14 所示的混合截面作为截面 2。

步骤 8　定义钣金参数。在混合功能选项卡 ▭ 文本框中输入钣金厚度 2，厚度方向向外。

步骤 9　完成创建。单击"混合"功能选项卡中的 ✔（确定）按钮，完成混合钣金壁的创建，如图 5.15 所示。

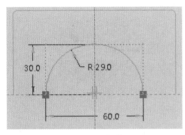

图 5.14　混合截面 2

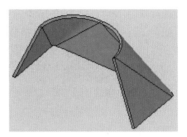

图 5.15　混合钣金壁

步骤 10　创建镜像 1。在模型树中选中 ♂ 混合 1(第一个壁)，然后选择 钣金件 功能选项卡 编辑▼ 下的 ◐◐ 镜像 命令，选择 FRONT 平面作为镜像中心平面，单击"镜像"功能选项卡中的 ✔（确定）按钮，完成镜像的创建，如图 5.11 所示。

说明：混合的截面可以开放，如图 5.15 所示，也可以封闭，如图 5.16 所示。截面数量可以是两个也可以是多个，如图 5.17 所示。

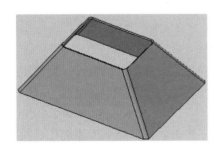

图 5.16　封闭截面

图 5.17　多个截面

▷ 4min

5.2.5　偏移类型的第一钣金壁

在使用"偏移"创建第一钣金壁时，需要先选择一个曲面或者实体表面，然后通过给定偏移距离从而得到钣金壁。下面以如图 5.18 所示的模型为例，介绍创建偏移类型第一钣金壁的一般操作过程。

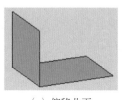

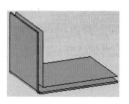

（a）偏移曲面　　　　　　　　　　（b）钣金壁

图 5.18　偏移类型第一钣金壁

步骤 1　打开文件 D:\Creo 8.0\work\ch05.02\ 偏移 -ex。

步骤 2　选择要偏移的曲面。在选择过滤器中将选择类型设置为"面组"，如图 5.19 所示，选取如图 5.18（a）所示的整体曲面作为要偏移的曲面。

面组	▼

图 5.19　选择过滤器

步骤 3　选择命令。选择 钣金件 功能选项卡 壁▾ 下的 ↗偏移 命令，系统会弹出偏移功能选项卡。

步骤 4　定义偏移距离。在偏移功能选项卡 |↔|（偏移值）文本框中输入 8，偏移方向如图 5.20 所示。

步骤 5　定义钣金壁厚。在偏移功能选项卡 ⊏ 文本框中输入钣金厚度 2，厚度方向如图 5.20 所示。

步骤 6　定义钣金折弯半径。在偏移功能选项卡 选项 区域选中 ☑ 在锐边上添加折弯 复选项，在 半径 文本框中输入 3，在其后的下拉列表中选中 内侧 。

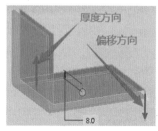

图 5.20　偏移与厚壁厚方向

步骤 7　完成创建。单击"偏移"功能选项卡中的 ✔（确定）按钮，完成偏移钣金壁的创建，如图 5.18（b）所示。

▷ 9min

5.2.6　扫描混合类型的第一钣金壁

在使用"扫描混合"创建第一钣金壁时，需要定义扫描混合的轨迹，然后定义扫描混合的多个截面，系统会根据轨迹和截面参数得到钣金壁。下面以如图 5.21 所示的模型为例，介绍创建扫描混合类型第一钣金壁的一般操作过程。

步骤 1　新建钣金文件。单击快速访问工具栏中的 □（新建）按钮，在"新建"对话框 类型 区域选中 ⦿ □ 零件 类型，在 子类型 区域选中 ⦿ 钣金件 ，在 文件名: 文本框中输入"扫描混合第一钣金壁"，取消选中 □ 使用默认模板 复选项，单击 确定 按钮，在"新文件选项"对话框模板区域选中 mmns_part_sheetmetal 模板，单击 确定 按钮。

步骤2　绘制扫描混合轨迹。选择 钣金件 功能选项卡 基准▼ 区域中的 ⌇（草绘）命令，选取 TOP 平面作为草图平面，绘制如图 5.22 所示的草图。

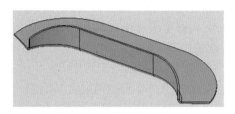

图 5.21　扫描混合钣金壁

图 5.22　扫描混合钣金壁

步骤3　选择命令。单击 钣金件 功能选项卡 壁▼ 下的 ⌁扫描混合 命令，系统会弹出"扫描混合"功能选项卡。

步骤4　选择扫描混合轨迹。在系统 ⇨选择最多两个链作为扫描混合的轨迹。 的提示下选取步骤 2 绘制的曲线。

步骤5　定义扫描混合截面。

（1）在"扫描混合"功能选项卡 截面 区域选中 ⊙ 草绘截面 ，起始位置如图 5.23 箭头所指位置，单击 草绘 按钮绘制如图 5.24 所示的截面。

图 5.23　起始位置

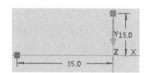

图 5.24　起始截面

（2）在"扫描混合"功能选项卡 截面 区域中单击 插入 按钮，然后再次单击 草绘 按钮绘制如图 5.24 所示的截面。

（3）在"扫描混合"功能选项卡 截面 区域中单击 插入 按钮，选取如图 5.25 所示的点作为参考，然后再次单击 草绘 按钮绘制如图 5.26 所示的截面。

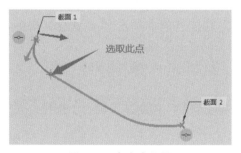

图 5.25　参考点位置

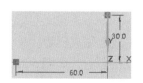

图 5.26　截面 3

（4）在"扫描混合"功能选项卡 截面 区域中单击 插入 按钮，选取如图 5.27 所示的点作

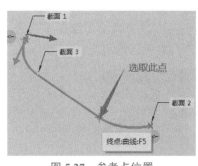

图 5.27　参考点位置

为参考，然后再次单击 草绘 按钮绘制如图 5.26 所示的截面。

步骤6 定义钣金厚度。在扫描混合功能选项卡 ⬚ 文本框中输入钣金厚度 2，厚度方向采用默认。

步骤7 定义钣金折弯半径。在扫描混合功能选项卡 钣金件选项 区域选中 ☑ 在锐边上添加折弯 复选项，在 半径 文本框中输入 3，在其后的下拉列表中选中 内侧 。

步骤8 完成创建。单击扫描混合功能选项卡中的 ✔（确定）按钮，完成扫描混合钣金壁的创建，如图 5.21 所示。

5.2.7　螺旋扫描类型的第一钣金壁

在使用"螺旋扫描"创建第一钣金壁时，需要定义螺旋扫描的轨迹和截面草图，系统会根据轨迹创建螺旋线，然后将截面沿着螺旋线扫描得到钣金壁。下面以如图 5.28 所示的模型为例，介绍创建螺旋扫描类型第一钣金壁的一般操作过程。

图 5.28　螺旋扫描钣金壁

步骤1 新建钣金文件。单击快速访问工具栏中的 ▯（新建）按钮，在"新建"对话框 类型 区域选中 ◉ ▢ 零件 类型，在 子类型 区域选中 ◉ 钣金件 ，在 文件名: 文本框中输入"螺旋扫描第一钣金壁"，取消选中 □ 使用默认模板 复选项，单击 确定 按钮，在"新文件选项"对话框 模板 区域选中 mmns_part_sheetmetal 模板，单击 确定 按钮。

步骤2 绘制螺旋扫描轨迹。选择 钣金件 功能选项卡 基准▾ 区域中的 ⬚（草绘）命令，选取 FRONT 平面作为草图平面，绘制如图 5.29 所示的草图。

步骤3 选择命令。单击 钣金件 功能选项卡 壁▾ 下 扫描 ▾ 后的 ⬚ 螺旋扫描 命令，系统会弹出"螺旋扫描"功能选项卡。

步骤4 定义螺旋轮廓。在系统 ➡选择一个开放的草绘. 的提示下选取步骤 2 创建的草图作为螺旋轮廓，起点与方向如图 5.30 所示。

步骤5 定义螺旋截面。在"螺旋扫描"功能选项卡单击 ⬚（草绘）按钮，绘制如图 5.31 所示的螺旋截面，绘制完成后单击 ✔（确定）按钮。

步骤6 定义螺旋螺距。在"螺旋扫描"功能选项卡 间距 区域的"间距"文本框中输入 50。

步骤7 完成创建。单击"螺旋扫描"功能选项卡中的 ✔（确定）按钮，完成螺旋扫描钣金壁的创建，如图 5.28 所示。

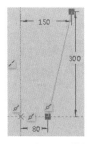
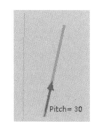
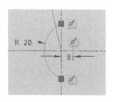

图 5.29　螺旋扫描轨迹　　　图 5.30　螺旋轮廓方向　　　图 5.31　螺旋截面

5.2.8　边界混合类型的第一钣金壁

在使用"边界混合"创建第一钣金壁时，需要定义两个方向的两个及两个以上的边界，系统会根据边界与钣金参数得到钣金壁。下面以如图 5.32 所示的模型为例，介绍创建边界混合类型第一钣金壁的一般操作过程。

步骤 1　打开文件 D:\Creo 8.0\work\ch05.02\ 边界混合 -ex。

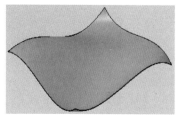

图 5.32　边界混合钣金壁

步骤 2　选择命令。单击 钣金件 功能选项卡 壁▾ 区域中的 边界混合 命令，系统会弹出"边界混合"功能选项卡。

步骤 3　定义第一方向边界。在系统提示下选取如图 5.33 所示的截面 1，然后按住 Ctrl 键选取截面 2 与截面 3，此时效果如图 5.34 所示。

步骤 4　定义第二方向边界。在"边界混合"功能选项卡 曲线 下激活 第二方向 区域，在系统提示下选取如图 5.33 所示的截面 4 与截面 5，此时的效果如图 5.35 所示。

步骤 5　定义钣金厚度。在边界混合功能选项卡 ⊏ 文本框中输入钣金厚度 2，厚度方向采用默认。

步骤 6　完成创建。单击边界混合功能选项卡中的 ✔（确定）按钮，完成边界混合钣金壁的创建，如图 5.32 所示。

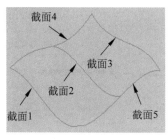
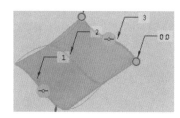
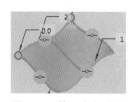

图 5.33　边界截面　　　　图 5.34　第一方向边界　　　　图 5.35　第二方向边界

5.2.9 将实体零件转换为钣金

将实体零件转换为钣金件是另外一种设计钣金件的方法，采用此方法设计钣金是先创建实体零件，然后将实体零件转换为钣金件。对于复杂钣金护罩的设计，使用这种方法可简化设计过程，提高工作效率。

下面以创建如图 5.36 所示的钣金为例，介绍将实体零件转换为钣金的一般操作过程。

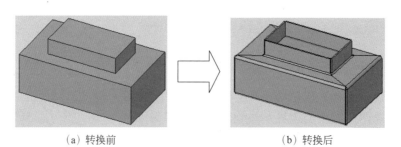

（a）转换前　　　　　　　　　　　　　（b）转换后

图 5.36　将实体零件转换为钣金

步骤 1　打开文件 D:\Creo 8.0\work\ch05.02\ 将实体零件转换为钣金 -ex。

步骤 2　选择命令。选择单击 模型 功能选项卡 操作▼ 下的 转换为钣金件 命令，系统会弹出"转换"功能选项卡。

步骤 3　选择类型。在"转换"功能选项卡 转换类型 区域选择 ▢（壳）类型。

步骤 4　定义移除面。在系统 选择要从零件移除的曲面。的提示下，选取模型上表面作为要移除的面。

步骤 5　定义钣金厚度。在"壳"功能选项卡 厚度: 文本框中输入厚度 3，方向采用默认（向内）。

步骤 6　单击转换功能选项卡中的 ✔（确定）按钮完成壳的创建，如图 5.37 所示。

步骤 7　创建转换 1。选择单击 钣金件 功能选项卡 工程▼ 区域中的 转换 命令，系统会弹出"转换"功能选项卡，在 转换方法 区域选择 ▥（边扯裂）类型，选取如图 5.38 所示的 8 条竖直边线作为参考，单击两次 ✔（确定）按钮完成转换 1。

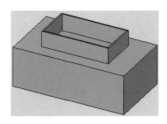

图 5.37　壳

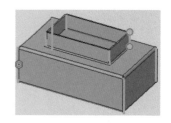

图 5.38　转换 1

步骤 8　创建转换 2。

（1）选择单击 钣金件 功能选项卡 工程▼ 区域中的 转换 命令，系统会弹出"转换"功能选项卡。

（2）在 转换方法 区域选择 ▨（扯裂连接）类型，按住 Ctrl 键选取如图 5.39 所示的点 1 与点 2 作为参考。

（3）单击 转换方法 区域的 新建集 ，按住 Ctrl 键选取如图 5.40 所示的点 1 与点 2 作为参考。

（4）参考步骤（3）创建另外两个扯裂连接，完成后如图 5.41 所示。

（5）单击两次 ✔ 按钮完成转换 2。

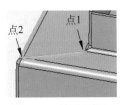
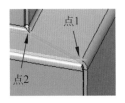
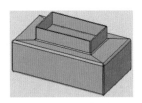

图 5.39　扯裂连接 1　　　　图 5.40　扯裂连接 2　　　　图 5.41　扯裂连接

5.3　附加钣金壁

5.3.1　平整附加钣金壁

▷ 14min

平整附加壁是一种厚度与原薄壁厚度相等，以现有钣金壁特征的一条边线作为连接边，以系统给定的形状或自定义形状作为形状的附加壁特征。

在创建平整类型的附加钣金壁时，需先在现有的钣金壁（主钣金壁）上选取某条边线作为附加钣金壁的附着边，其次需要定义平整壁的正面形状和尺寸，给出平整附加壁与主钣金壁间的夹角。

下面以创建如图 5.42 所示的钣金为例，介绍创建平整附加钣金壁的一般操作过程。

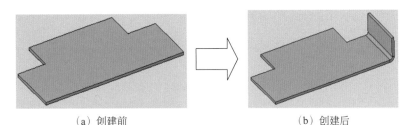

（a）创建前　　　　　　　　（b）创建后

图 5.42　平整附加钣金壁

步骤 1　打开文件 D:\ Creo 8.0\work\ch05.03\01\ 平整附加钣金壁 -ex。

步骤 2　选择命令。选择单击 钣金件 功能选项卡 壁▾ 区域中的 ◨（平整）命令，系统会弹出"平整"功能选项卡。

步骤 3　选择附着边。在系统 ⇨ 选择一个边连接到壁上. 的提示下，选取如图 5.43 所示的边线作为附着边。

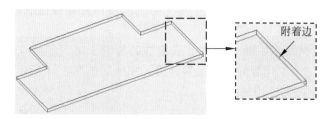

图 5.43　附着边

说明： 当选择下方边线时，钣金壁默认将向上创建，如图 5.44（a）所示，当选取上方边线时，钣金壁默认将向下创建，如图 5.44（b）所示。

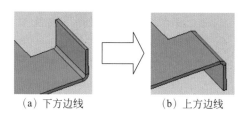

（a）下方边线　　　　（b）上方边线

图 5.44　钣金壁方向

步骤 4 定义钣金角度参数。在"平整"功能选项卡 △（角度）文本框中输入 90。

步骤 5 定义钣金形状参数。在"平整"功能选项卡形状下拉列表中选择"矩形"，在形状 区域设置如图 5.45 所示的参数。

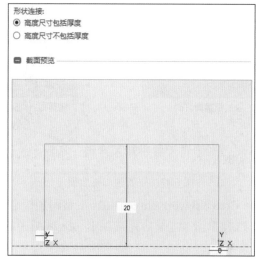

图 5.45　形状参数

"平整"功能选项卡形状下拉菜单各选项的说明如下。

（1）矩形：用于创建矩形形状的平整钣金壁。

（2）梯形：用于创建梯形形状的平整钣金壁，如图 5.46 所示，此形状需要定义如图 5.47 所示的高度与角度等参数。

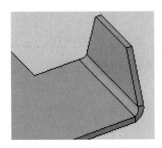

图 5.46　梯形形状

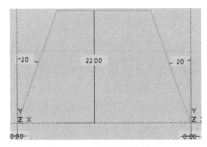

图 5.47　梯形形状参数

（3）L：用于创建 L 形状的平整钣金壁，如图 5.48 所示，此形状需要定义如图 5.49 所示的长度与高度等参数。

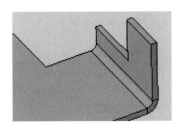

图 5.48　L 形状

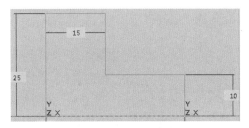

图 5.49　L 形状参数

（4）T：用于创建 T 形状的平整钣金壁，如图 5.50 所示，此形状需要定义如图 5.51 所示的长度与高度等参数。

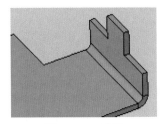

图 5.50　T 形状

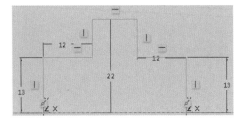

图 5.51　T 形状参数

（5）用户定义：用于创建用户自定义形状的平整钣金壁，如图 5.52 所示，此形状需要在 形状 区域单击 草绘... 按钮创用户自定义的形状，如图 5.53 所示。

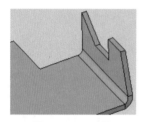

图 5.52　T 形状

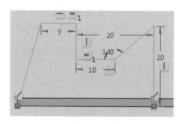

图 5.53　形状参数

步骤6 定义钣金折弯位置参数。在"平整"功能选项卡 折弯位置 区域选中 。"平整"功能选项卡 折弯位置 区域各选项的说明如下。

（1） （保持壁轮廓在原始连接边上）：用于表示钣金的外侧面或者内侧面与附着边重合，默认外侧面与附着边重合，如图 5.54（a）所示，单击 按钮可以使内侧面与附着边重合，如图 5.54（b）所示。

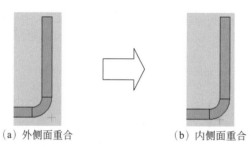

（a）外侧面重合　　　　　　　（b）内侧面重合

图 5.54　保持壁轮廓在原始连接边上

（2） （折弯线与连接边相切）：用于表示在不改变原有基础钣金的基础上，直接添加一块钣金壁，如图 5.55 所示。

（3） （连接边到折弯起点的偏移）：用于表示在折弯线与连接边相切位置的基础上向内或者向外偏移一定距离，如图 5.56 所示。

图 5.55　折弯线与连接边相切

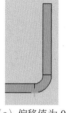

（a）偏移值为 0

（b）偏移值为 5

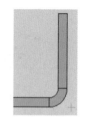

（c）偏移值为 –5

图 5.56　连接边到折弯起点的偏移

（4） （连接边到折弯顶点的偏移）：用于表示在外侧面或者内侧面与附着边重合的基础上向内或者向外偏移一定距离，如图 5.57 所示。

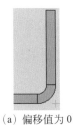
（a）偏移值为 0

（b）偏移值为 5

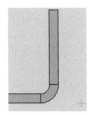
（c）偏移值为 –5

图 5.57　连接边到折弯顶点的偏移

（5）◥（保持在连接边的边界内）：用于表示在创建钣金壁时保证整体宽度的一致，如图 5.58 所示。

（a）角度值为 90

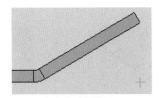
（b）角度值为 30

（c）角度值为 120

图 5.58　保持在连接边的边界内

步骤 7　定义钣金折弯半径参数。在"平整"功能选项卡选中◢（在连接边上添加折弯）单选项，在"半径"下拉列表中选择厚度，在其后的下拉列表中选择◢。

步骤 8　完成创建。单击"平整"功能选项卡中的 ✔（确定）按钮，完成平整钣金壁的创建，如图 5.42 所示。

"平整"功能选项卡 设置 **区域各选项的说明如下。**

（1）△（角度）文本框：用于设置钣金的折弯角度，如图 5.59 所示。

（a）角度值为 90

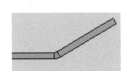
（b）角度值为 30

（c）角度值为 120

（d）平整

图 5.59　角度

（2）◢文本框：用于设置是否添加折弯半径，如图 5.60 所示。

（a）添加折弯半径

（b）不添加折弯半径

图 5.60　折弯

（3） 止裂槽 区域：用于设置止裂槽。

（4） 折弯余量 文本框：用于设置钣金折弯时的弯曲系数，以便准确计算折弯展开长度。

（5） 属性 文本框：用于显示特征的特性，包括特征的名称及各项特征信息。

5.3.2 法兰附加钣金壁

16min

法兰附加钣金壁是一种可以定义其侧面形状的钣金薄壁，其壁厚与主钣金壁相同。在创建法兰附加钣金壁时，需先在现有的钣金壁（主钣金壁）上选取某条边线作为附加钣金壁的附着边，其次需要定义其侧面的形状和尺寸等参数。

下面以创建如图 5.61 所示的钣金为例，介绍创建法兰附加钣金壁的一般操作过程。

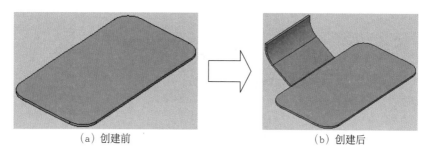

（a）创建前　　　　　　　　　　　　　（b）创建后

图 5.61　法兰附加钣金壁

步骤 1　打开文件 D:\ Creo 8.0\work\ch05.03\02\ 法兰附加钣金壁 -ex。

步骤 2　选择命令。选择单击 钣金件 功能选项卡 壁▼ 区域中的 （法兰）命令，系统会弹出"凸缘"功能选项卡。

步骤 3　选择附着边。在系统 ⇨ 选择要连接到薄壁的边或边链 的提示下选取如图 5.62 所示的边线作为附着边。

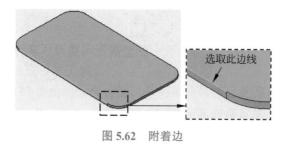

选取此边线

图 5.62　附着边

说明：附着边可以是单条对象也可以是多条对象，如图 5.63（a）所示，对象可以是直线也可以是圆弧，如图 5.63（b）所示。

步骤 4　选择侧面形状类型。在"凸缘"功能选项卡形状下拉列表中选择"用户定义"。

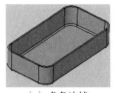

（a）多条边线　　　　　　　　　　　　　（b）圆弧边线

图 5.63　附着边

步骤5 定义侧面形状。在"法兰"功能选项卡 形状 区域单击 草绘... 按钮，系统会弹出如图 5.64 所示的"草绘"对话框，单击 下一终点 按钮使起点位置如图 5.65 所示，单击 草绘 按钮，绘制如图 5.66 所示的侧面形状，绘制完成后单击 ✔（确定）按钮。

图 5.64　"草绘"对话框

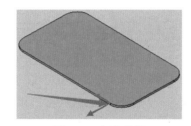

图 5.65　起点位置

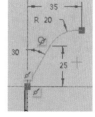

图 5.66　侧面形状草图

"法兰"功能选项卡形状下拉菜单各选项的说明如下。

（1）I ：用于创建 I 形状的法兰钣金壁，如图 5.67 所示，此形状需要定义如图 5.68 所示的高度与角度等参数。

图 5.67　I 形状

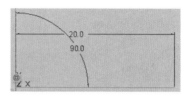

图 5.68　形状参数

（2）弧 ：用于创建圆弧形状的法兰钣金壁，如图 5.69 所示，此形状需要定义如图 5.70 所示的角度、半径与高度等参数。

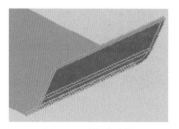

图 5.69　圆弧形状

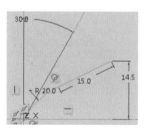

图 5.70　形状参数

（3）s：用于创建 S 形状的法兰钣金壁，如图 5.71 所示，此形状需要定义如图 5.72 所示的角度、半径、长度与高度等参数。

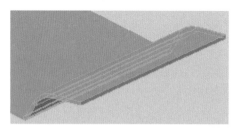

图 5.71　S 形状

图 5.72　形状参数

（4）打开：用于创建打开形状的法兰钣金壁，如图 5.73 所示，此形状需要定义如图 5.74 所示的高度与半径等参数。

图 5.73　打开形状

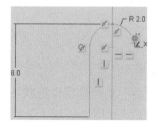

图 5.74　形状参数

（5）平齐的：用于创建平齐形状的法兰钣金壁，如图 5.75 所示，此形状需要定义如图 5.76 所示的高度参数。

图 5.75　平齐形状

图 5.76　形状参数

（6）啮合：用于创建啮合形状的法兰钣金壁，如图 5.77 所示，此形状需要定义如图 5.78 所示的咬合高度与总高度参数。

图 5.77　啮合形状

图 5.78　形状参数

（7）鸭形：用于创建鸭形形状的法兰钣金壁，如图 5.79 所示，此形状需要定义如图 5.80 所示的角度、半径、长度与高度等参数。

图 5.79　鸭形

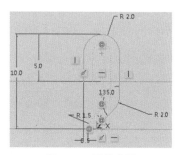

图 5.80　形状参数

（8）C：用于创建 C 形状的法兰钣金壁，如图 5.81 所示，此形状需要定义如图 5.82 所示的半径与高度等参数。

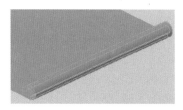

图 5.81　C 形状

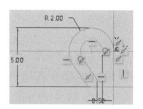

图 5.82　形状参数

（9）Z：用于创建 Z 形状的法兰钣金壁，如图 5.83 所示，此形状需要定义如图 5.84 所示的角度、半径、长度与高度等参数。

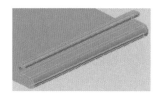

图 5.83　Z 形状

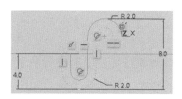

图 5.84　形状参数

（10）用户定义：用于创建自定义形状的法兰钣金壁，此时需要用户通过 草绘... 按钮自定义形状。

步骤6 定义长度参数。在第一方向长度的下拉列表中选择└┘选项，在其后的文本框中输入 –20，在第二方向长度的下拉列表中选择└┘选项，在其后的文本框中输入 –30。

"法兰"功能选项卡 长度 **区域如图 5.85 所示，各选项的说明如下。**

图 5.85 "长度"区域

（1） ╠（链端点）：用于在整条边链创建钣金壁。

（2） ╠（盲）：用于以端点为基础向内或者向外偏移一定距离创建钣金壁，当输入正值时系统向外偏移，如图 5.86 所示，当输入负值时系统向内偏移，如图 5.87 所示。

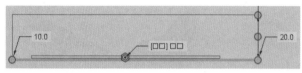

图 5.86 正值

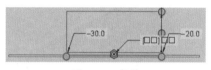

图 5.87 负值

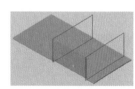

图 5.88 至选定的

（3） ╠（至选定的）：用于以选定的基准参考定义起始与终止段，如图 5.88 所示。

步骤7 定义钣金折弯半径参数。在"凸缘"功能选项卡选中 ┘（在连接边上添加折弯）单选项，在"半径"下拉列表中选择厚度，在其后的下拉列表中选择 ⌐。

步骤8 完成创建。单击"凸缘"功能选项卡中的 ✔（确定）按钮，完成法兰钣金壁的创建，如图 5.61 所示。

"凸缘"功能选项卡其他选项的说明如下。

（1） ╱（厚度侧）：用于调整钣金厚度的方向，如图 5.89 所示。

（a）反向前   （b）反向后

图 5.89 钣金厚度方向

（2） 拐角处理 区域：用于设置两个相邻的法兰附加钣金壁连接处的形状，拐角处理的类型有开放、间隙、盲孔、重叠，如图 5.90 所示。

（a）开放

（b）间隙

（c）盲孔

（d）重叠

图 5.90　拐角处理

（3）**止裂槽** 区域：用于在钣金壁的两端添加止裂槽，当附加钣金壁与连接边相连且有一定的弯曲角度时，需要在连接处的两端创建止裂槽。当截面的端点与附属边端点对齐时，可以采用无止裂槽形式；当截面的端点与附属边端点不完全对齐时，必须使用止裂槽。系统提供的止裂槽分为 4 种：拉伸止裂槽如图 5.91 所示、扯裂止裂槽如图 5.92 所示、矩形止裂槽如图 5.93 所示、圆弧形止裂槽如图 5.94 所示。

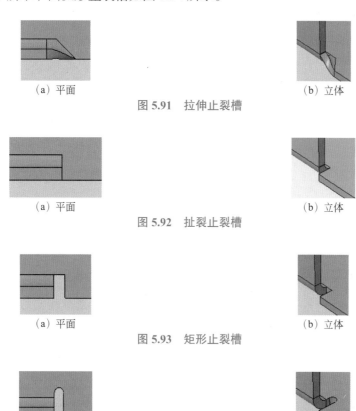

（a）平面　　　　　　　　　　　　　　（b）立体

图 5.91　拉伸止裂槽

（a）平面　　　　　　　　　　　　　　（b）立体

图 5.92　扯裂止裂槽

（a）平面　　　　　　　　　　　　　　（b）立体

图 5.93　矩形止裂槽

（a）平面　　　　　　　　　　　　　　（b）立体

图 5.94　圆弧形止裂槽

5.3.3 扭转钣金壁

⊳ 4min

扭转钣金壁是以现有的薄壁特征的一条直边作为附加边，添加具有扭曲效果的薄壁特征。在创建扭转钣金壁时，需先在现有的钣金壁（主钣金壁）上选取某条边线作为扭转钣金壁的附着边，其次需要定义起始与终止宽度、扭转长度、扭转角度等参数。

下面以创建如图 5.95 所示的钣金为例，介绍创建扭转钣金壁的一般操作过程。

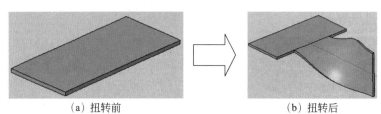

（a）扭转前　　　　　　（b）扭转后

图 5.95　扭转钣金壁

步骤 1　打开文件 D:\ Creo 8.0\work\ch05.03\03\ 扭转钣金壁 -ex。

步骤 2　选择命令。选择单击 钣金件 功能选项卡 壁▾ 下的 🔧 扭转 命令，系统会弹出如图 5.96 所示的"扭转"功能选项卡。

图 5.96　"扭转"功能选项卡

步骤 3　选择附着边。在系统 ⇨ 选择一个边连到壁上。 的提示下选取如图 5.97 所示的边线作为附着边。

步骤 4　定义起始宽度。在"扭转"功能选项卡选中 🔲（对称），在 🔟 文本框中输入 100。

步骤 5　定义终止宽度。终止宽度采用系统默认。

说明：单击 🔲 修改宽度 用户可以单独设置终止宽度值，如图 5.98 所示。

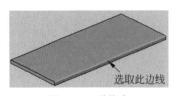

图 5.97　附着边

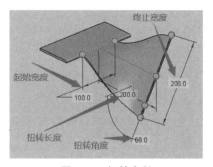

图 5.98　扭转参数

步骤 6　定义扭转长度。在"扭转"功能选项卡 壁长度: 文本框中输入 200。

步骤 7　定义扭转角度。在"扭转"功能选项卡 扭转角度: 文本框中输入 90。

步骤 8　完成创建。单击"扭转"功能选项卡中的 ✔（确定）按钮，完成扭转钣金壁
的创建，如图 5.95（b）所示。

5.3.4　钣金壁合并

▷ 6min

在复杂的钣金设计过程中，往往有许多局部的钣金壁需要设计，用户可以使用创建第
一钣金壁的相关命令来创建分离的局部钣金壁，待这些局部结构完成后，再创建钣金壁，
以此来连接各个局部钣金壁，最后对所有分离的钣金壁进行合并。

下面以创建如图 5.99 所示的钣金为例，介绍创建钣金壁合并的一般操作过程。

步骤 1　打开文件 D:\ Creo 8.0\work\ch05.03\04\ 钣金壁合并 -ex，如图 5.100 所示。

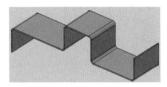

图 5.99　钣金壁合并

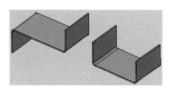

图 5.100　基础钣金壁

步骤 2　创建连接作用的钣金壁。

（1）选择命令。选择 钣金件 功能选项卡 壁▾ 区域中的 🗗拉伸 命令，系统会弹出拉伸功
能选项卡。

（2）定义截面轮廓。在系统 选择一个平面或平面曲面作为草绘平面，或者选择草绘。 的提示下选取 FRONT
平面作为草图平面，绘制如图 5.101 所示的截面草图，绘制完成后单击 草绘 功能选项卡
关闭 选项卡中的 ✔按钮退出草图环境。

（3）定义钣金参数。在拉伸功能选项卡 深度 区域的下拉列表中选择 ⊟ 对称 选项，在
"深度"文本框中输入 100；单击 ⊑ 后的 ⼂按钮将厚度方向设置为向内，在 选项 区域选中
⊙ 不合并到模型 选项，其他参数采用默认。

（4）单击"拉伸"功能选项卡中的 ✔（确定）按钮,完成拉伸钣金壁的创建,如图 5.102
所示。

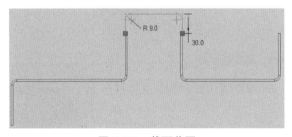

图 5.101　截面草图

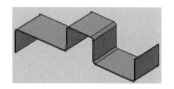

图 5.102　连接钣金壁

步骤3 选择命令。选择 钣金件 功能选项卡 编辑▾ 区域中的 ⬚ 合并壁 命令，系统会弹出"合并"功能选项卡。

步骤4 选择基础参考。选取如图 5.103 所示的面 1 与面 2 作为合并基础面。

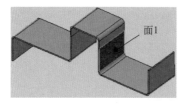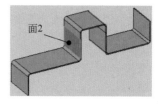

图 5.103　基础参考

步骤5 选择合并参考。选取如图 5.104 所示的面 3 与面 4 作为合并基础面。

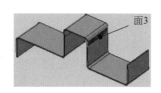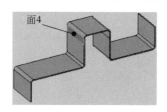

图 5.104　合并参考

步骤6 完成创建。单击"合并"功能选项卡中的 ✔（确定）按钮，完成合并钣金壁的创建。

5.3.5　延伸钣金壁

在创建钣金壁时可使用延伸（Extend）命令将现有的钣金壁延伸至一个平面或延伸一定的距离。

下面以创建如图 5.105 所示的钣金为例，介绍创建延伸钣金壁的一般操作过程。

步骤1 打开文件 D:\ Creo 8.0\work\ch05.03\05\ 延伸钣金壁 -ex。

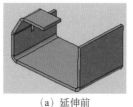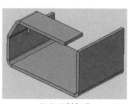

（a）延伸前　　　　　　　　（b）延伸后

图 5.105　延伸钣金壁

步骤2 定义延伸边线。选取如图 5.106 所示的边线作为延伸边线。

步骤3 选择命令。选择 钣金件 功能选项卡 编辑▾ 区域中的 ⬚ 延伸 命令，系统会弹出"延伸"功能选项卡。

图 5.106　延伸边线

步骤 4　定义延伸命令。在"延伸"功能选项卡 类型 区域选中 （沿初始曲面）。

步骤 5　定义延伸距离。在"延伸"功能选项卡 延伸距离:文本框中输入 50。

步骤 6　完成创建。单击"延伸"功能选项卡中的 （确定）按钮，完成延伸钣金壁的创建。

"延伸"功能选项卡其他选项的说明如下。

（1） （沿原始曲面）：用于按照给定的距离延伸钣金壁，如图 5.105 所示。

（2） （至相交处）：用于将钣金壁延伸至选定平面上，如图 5.107 所示。

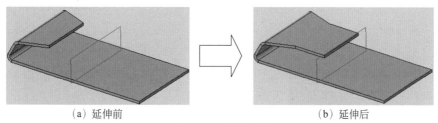

（a）延伸前　　　　　　　　（b）延伸后

图 5.107　至相交处

（3）◉ 垂直于延伸的边：用于沿着垂直于延伸边的方向延伸钣金壁，如图 5.108（a）所示。

（4）◉ 沿边界边：用于沿着延伸边侧面的方向延伸钣金壁，如图 5.108（b）所示。

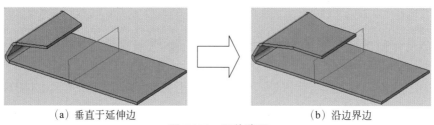

（a）垂直于延伸边　　　　　　（b）沿边界边

图 5.108　延伸选项

延伸钣金壁功能可用来消除钣金壁之间的间隙。以如图 5.109 所示的效果为例介绍使用延伸钣金壁进行钣金边角处理的操作过程。

步骤 1　打开文件 D:\ Creo 8.0\work\ch05.03\05\ 延伸钣金壁 02-ex。

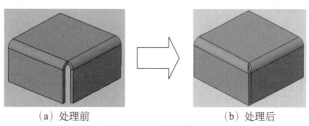

（a）处理前　　　　　　　　（b）处理后

图 5.109　边角处理

步骤 2 延伸钣金壁 1。

（1）选择延伸对象。选取如图 5.110 所示的边线作为要延伸的对象。

（2）选择命令。选择 钣金件 功能选项卡 编辑▼ 区域中的 ⇉延伸 命令，系统会弹出"延伸"功能选项卡。

（3）定义延伸类型。在"延伸"功能选项卡 类型 区域选中 （沿相交处），选取如图 5.110 所示的面作为参考。

（4）单击"延伸"功能选项卡中的 ✔（确定）按钮，完成延伸钣金壁的创建，如图 5.111 所示。

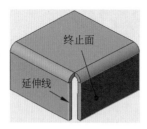

图 5.110　延伸参考

图 5.111　延伸钣金壁 1

步骤 3 延伸钣金壁 2。

（1）选择延伸对象。选取如图 5.112 所示的边线作为要延伸的对象。

（2）选择命令。选择 钣金件 功能选项卡 编辑▼ 区域中的 ⇉延伸 命令，系统会弹出"延伸"功能选项卡。

（3）定义延伸类型。在"延伸"功能选项卡 类型 区域选中 （沿相交处），选取如图 5.112 所示的面作为参考。

（4）单击"延伸"功能选项卡中的 ✔（确定）按钮，完成延伸钣金壁的创建，如图 5.113 所示。

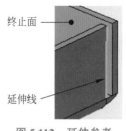

图 5.112　延伸参考

图 5.113　延伸钣金壁 2

5.4　钣金的折弯与展开

对钣金进行折弯是钣金加工中很常见的一种工序，通过绘制的折弯命令就可以对钣金的形状进行改变，从而获得所需的钣金零件。

▶ 11min

5.4.1　钣金的折弯

"钣金的折弯"是将钣金的平面区域以折弯线为基准弯曲某个角度。在进行折弯操作时，应注意折弯特征仅能在钣金的平面区域建立，不能跨越另一个折弯特征。

钣金折弯特征需要包含如下四大要素，如图 5.114 所示。

（1）折弯线：用于控制折弯位置和折弯形状的直线，折弯线可以是一条，折弯线需要是线性对象。

（2）固定面：用于控制折弯时保持固定不动的面。

（3）折弯半径：用于控制折弯部分的弯曲半径。

（4）折弯角度：用于控制折弯的弯曲程度。

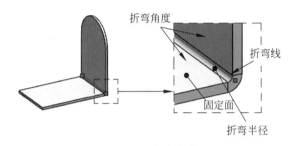

图 5.114　钣金折弯

下面以创建如图 5.115 所示的钣金为例，介绍钣金的折弯的一般操作过程。

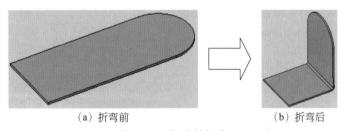

（a）折弯前　　　　　　　　　（b）折弯后

图 5.115　钣金的折弯

步骤 1　打开文件 D:\ Creo 8.0\work\ch05.04\01\ 钣金的折弯 -ex。

步骤 2　选择命令。选择 钣金件 功能选项卡 折弯▼ 区域中的 ⌇折弯 命令，系统会弹出如图 5.116 所示的"折弯"功能选项卡。

图 5.116　"折弯"功能选项卡

步骤 3　创建如图 5.117 所示的折弯线。在系统提示下，选取如图 5.118 所示的面作为折弯面，单击 折弯线 功能选项卡下的 草绘... 按钮，绘制如图 5.117 所示的直线，绘制完成后单击 ✔（确定）按钮退出草图环境。

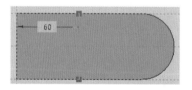

图 5.117　折弯线

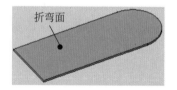

图 5.118　折弯面

注意： 钣金折弯的折弯线只可以是单条直线，不能是多条直线或者圆弧。

步骤 4 定义折弯的固定侧。单击"折弯"功能选项卡 设置 区域中的 ⚒固定侧 按钮调整固定侧值，如图 5.119 所示。

步骤 5 定义折弯方向。单击"折弯"功能选项卡 尺寸 区域中 角度: 后的 ⚒ 按钮调整折弯方向，如图 5.119 所示。

步骤 6 定义折弯区域位置。在"折弯"功能选项卡 折弯区域位置 区域选中 ⫼ （以折弯线为中心）。

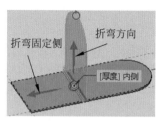

图 5.119　调整折弯方向

步骤 7 定义折弯参数。在 半径: 文本框选择"厚度"，在 角度: 文本框中输入 90。

步骤 8 完成创建。单击"折弯"功能选项卡中的 ✔（确定）按钮，完成钣金折弯的创建。
图 5.116 "折弯" 对话框部分选项的说明如下。

（1） ⚒固定侧 按钮：用于调整固定侧位置，如图 5.120 所示。

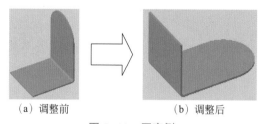

（a）调整前　　　　　　　　（b）调整后

图 5.120　固定侧

（2） ⫼ （在折弯线开始）选项：折弯区域将置于折弯线的折弯侧，如图 5.121 所示。

图 5.121　在折弯线开始

（3）▥（在折弯线结束）选项：折弯区域将置于折弯线的固定侧，如图 5.122 所示。

（4）▥（以折弯线为中心）选项：创建的折弯区域将均匀地分布在折弯线两侧，如图 5.123 所示。

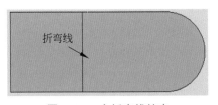

图 5.122　在折弯线结束

图 5.123　以折弯线为中心

（5）角度:文本框：用于设置折弯角度，如图 5.124 所示。

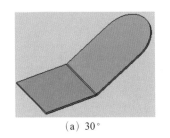

(a) 30°

(b) 90°

(c) 120°

图 5.124　折弯角度

（6）角度:后的▨按钮：用于设置折弯方向，如图 5.125 所示。

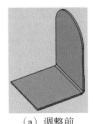

(a) 调整前

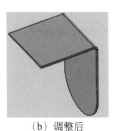

(b) 调整后

图 5.125　折弯方向

5.4.2　平面折弯

平面折弯是将钣金薄壁沿所指定的弯曲曲线，在薄壁所在平面内旋转一定的角度，从而形成具有扇形形状的折弯特征。平面折弯的特点是钣金在折弯之后仍然保持平面状态。在创建平面折弯时，确定折弯角度与半径的值是操作的关键，如果它们的值不合理，特征就无法生成。

▷ 7min

下面以创建如图 5.126 所示的钣金为例，介绍平面折弯的一般操作过程。

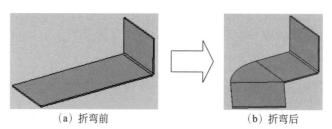

(a) 折弯前 　　　　　　　　　(b) 折弯后

图 5.126　平面折弯

步骤 1　打开文件 D:\ Creo 8.0\work\ch05.04\02\ 平面折弯 -ex。

步骤 2　选择命令。在 钣金件 功能选项卡 折弯▾ 区域的"折弯"下拉列表中选择
平面折弯，系统会弹出如图 5.127 所示的"折弯"菜单管理器。

步骤 3　选择类型。在菜单管理器中选择"角度"→"完成"命令，系统会弹出如图 5.128
所示的"折弯选项"对话框。

图 5.127　"折弯"菜单管理器　　　　　图 5.128　"折弯选项"对话框

步骤 4　选择折弯表。在系统弹出的"使用表"菜单管理器中选择"零件折弯表"→
"完成 / 返回"。

步骤 5　定义草绘平面。选取如图 5.129 所示的模型表面作为草绘平面，草绘方向采
用如图 5.129 所示的默认方向，然后单击"确定"按钮，在"草绘视图"菜单管理器中选
择"默认"。

步骤 6　绘制折弯线。绘制如图 5.130 所示的折弯线，单击✓（确定）按钮，完成折
弯线的绘制。

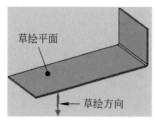

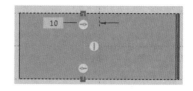

图 5.129　草绘平面与方向　　　　　　图 5.130　折弯线

步骤 7　定义折弯侧。在系统➡指明在图元的哪一侧创建特征.的提示下，选择"确定"命令，确
认如图 5.131 所示的折弯侧。

步骤 8　定义固定侧。在系统 ➾ 箭头指示着要固定的区域，拾取反向或确定。 的提示下，选择"确定"命令，确认如图 5.131 所示的固定侧。

步骤 9　定义折弯角度。在菜单管理器中选择折弯角度 60，选中"反向"选项，然后选择"完成"命令。

> 说明：如果角度列表中没有需要的折弯角度，用户则可以通过选择"输入值"类型，然后输入需要的角度即可。

步骤 10　定义折弯半径。在"选取半径"菜单管理器中选取"输入值"，然后输入半径值 15 并按 Enter 键确认。

步骤 11　定义弯曲方向。在系统 ➾ 箭头表示折弯轴边，选择"反向"或"确定"。 的提示下选择"反向"命令，此时方向如图 5.132 所示，然后单击"确定"按钮。

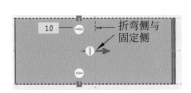

图 5.131　折弯侧与固定侧

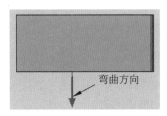

图 5.132　弯曲方向

步骤 12　单击"折弯"选项对话框中的 预览 按钮，预览所创建的折弯特征，然后单击 确定 按钮，完成创建。

5.4.3　滚动折弯

滚动折弯可以将所指定的折弯草绘曲线的任一侧或两侧的钣金薄壁平面区域弯曲成圆弧形状。

下面以创建如图 5.133 所示的钣金为例，介绍滚动折弯的一般操作过程。

▷ 4min

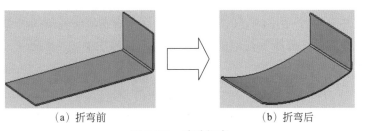

（a）折弯前　　　　　　　　（b）折弯后

图 5.133　滚动折弯

步骤 1　打开文件 D:\ Creo 8.0\work\ch05.04\03\ 滚动折弯 -ex。

步骤 **2** 选择命令。选择 钣金件 功能选项卡 折弯▼ 区域中的 ⚒ 折弯 命令，系统会弹出"折弯"功能选项卡。

步骤 **3** 创建如图 5.134 所示的折弯线。在系统提示下，选取如图 5.135 所示的面作为折弯面，单击 折弯线 功能选项卡下的 草绘... 按钮，绘制如图 5.134 所示的直线，绘制完成后单击 ✔（确定）按钮退出草图环境。

步骤 **4** 定义折弯类型。在"折弯"功能选项卡 类型 区域选择 滚动 选项。

步骤 **5** 定义折弯的固定侧。单击"折弯"功能选项卡 设置 区域中的 ⚒ 固定侧 按钮调整固定侧值，如图 5.136 所示。

步骤 **6** 定义折弯方向。单击"折弯"功能选项卡 设置 区域中 角度: 后的 ⚒ 按钮调整折弯方向，如图 5.136 所示。

图 5.134　折弯线

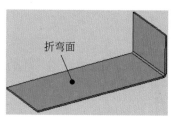

图 5.135　折弯面

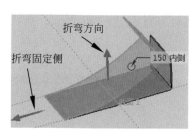

图 5.136　固定侧与折弯方向

步骤 **7** 定义折弯区域位置。在"折弯"功能选项卡 折弯区域位置 区域选中 Ⅲ（以折弯线为中心）。

步骤 **8** 定义折弯参数。在 半径: 文本框中输入 150。

步骤 **9** 完成创建。单击"折弯"功能选项卡中的 ✔（确定）按钮，完成滚动折弯的创建。

5.4.4　带有转接区的滚动折弯

带有转接区的滚动折弯可以整体平整壁的一部分折弯，另一部分保持平整的状态，并在它们之间添加一个平滑过渡的区域。

下面以创建如图 5.137 所示的钣金为例，介绍带有转接区的滚动折弯的一般操作过程。

步骤 **1** 打开文件 D:\ Creo 8.0\work\ch05.04\04\ 带有转接区的滚动折弯 -ex。

步骤 **2** 选择命令。选择 钣金件 功能选项卡 折弯▼ 区域中的 ⚒ 折弯 命令，系统会弹出"折弯"功能选项卡。

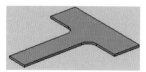

（a）折弯前

（b）折弯后

图 5.137　带有转接区的滚动折弯

步骤 3 创建如图 5.138 所示的折弯线。在系统提示下，选取如图 5.139 所示的面作为折弯面，单击 折弯线 功能选项卡下的 草绘... 按钮，绘制如图 5.138 所示的直线，绘制完成后单击 ✔（确定）按钮退出草图环境。

图 5.138　折弯线

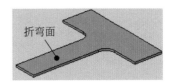
图 5.139　折弯面

步骤 4 定义折弯类型。在"折弯"功能选项卡 类型 区域选择 滚动 选项。

步骤 5 定义折弯的固定侧。单击"折弯"功能选项卡 设置 区域中的 固定侧 按钮调整固定侧值，如图 5.140 所示。

步骤 6 定义折弯方向。单击"折弯"功能选项卡 设置 区域中 角度 后的 按钮调整折弯方向，如图 5.140 所示。

步骤 7 定义折弯区域位置。在"折弯"功能选项卡 折弯区域位置 区域选中 （以折弯线为中心）。

步骤 8 定义折弯参数。在 半径 文本框中输入 80。

步骤 9 定义过渡区域。在 过渡 区域单击 添加过渡，然后单击 草绘... 按钮，绘制如图 5.141 所示的两条直线（两条直线之间的区域为过渡区域）。

步骤 10 完成创建。单击"折弯"功能选项卡中的 ✔（确定）按钮，完成带有转接区的滚动折弯的创建，如图 5.142 所示。

步骤 11 镜像实体。在模型树中选中整个模型，选择 钣金件 功能选项卡 编辑▼ 下的 镜像 命令，选取 RIGHT 平面作为镜像中心平面，单击 ✔（确定）按钮完成镜像的创建。

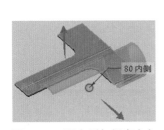
图 5.140　固定侧与折弯方向

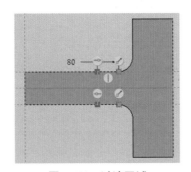
图 5.141　过渡区域

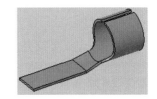
图 5.142　带有转接区的滚动折弯

5.4.5　钣金展平

钣金展平就是将带有折弯的钣金零件展平为二维平面的薄板。在钣金设计中，当需要在钣金件的折弯区域创建切除特征时，首先用展平命令将折弯特征展平，然后就可以在展

▷ 5min

平的折弯区域创建切除特征。也可以通过钣金展平的方式得到钣金的下料长度。

下面以创建如图 5.143 所示的钣金为例，介绍钣金展平的一般操作过程。

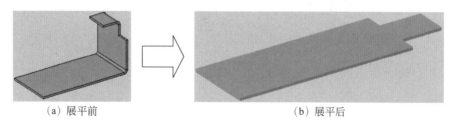

(a) 展平前　　　　　　　　　　　(b) 展平后

图 5.143　钣金展平

步骤 1　打开文件 D:\ Creo 8.0\work\ch05.04\05\ 钣 金 展平 -ex。

步骤 2　选择命令。选择 钣金件 功能选项卡 折弯▼ 区域 展平▼ 下的 展平 命令，系统会弹出"展平"功能选项卡。

步骤 3　定义展开固定面。采用系统默认的固定面，如图 5.144 所示。

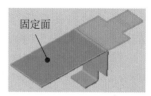

图 5.144　固定面

说明：当默认固定面无法满足需求时，用户可以在 固定几何 区域移除默认选择的固定面，然后在图形区选取合适的固定面即可。

用户只可以选取绿色驱动面作为固定面，白色面无法选取，如图 5.145 所示。

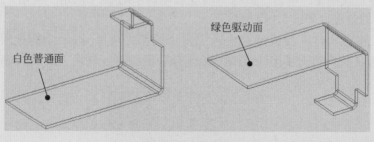

图 5.145　驱动面

步骤 4　定义要展开的折弯。在"展平"功能选项卡 折弯选择 区域选择 （自动）。

说明：系统默认的自动选取会选取钣金中所有可以展开的折弯，用户如果想部分展开，则可以在 折弯选择 区域选择 （手动）类型，然后在 参考 选项卡折弯几何区域可以将系统自动选取的折弯部分移除，也可以全部移除后手动选取需要展开的折弯，如图 5.146 所示。

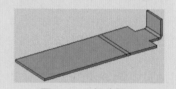

图 5.146　部分展开

步骤 5　完成创建。单击 "展平" 功能选项卡中的 ✔（确定）按钮，完成展平的创建，如图 5.143（b）所示。

5.4.6　过渡方式展平

▷ 5min

过渡方式展平可用于展平含不规则曲面的钣金壁。

下面以创建如图 5.147 所示的钣金展平为例，介绍以过渡方式展平的一般操作过程。

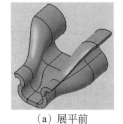

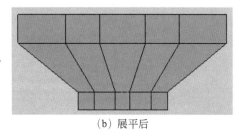

（a）展平前　　　　　　　　　　　　　　　　　（b）展平后

图 5.147　过渡方式展平

步骤 1　打开文件 D:\ Creo 8.0\work\ch05.04\06\ 过渡方式展平 -ex。

步骤 2　选择命令。选择 钣金件 功能选项卡 折弯▾ 区域 ▛ 下的 过渡展平 命令，系统会弹出如图 5.148 所示的 "过渡类型" 对话框。

步骤 3　选择固定面。在系统提示下，按住 Ctrl 键选取如图 5.149 所示的两个面作为固定面，然后依次单击 "确定" 按钮与 "完成参考"。

步骤 4　选择转接区域。在系统提示下选取如图 5.150 所示的中间 12 个面（5 个绿色驱动面、5 个白色普通面、2 个厚度面），然后依次单击 "确定" 按钮与 "完成参考"。

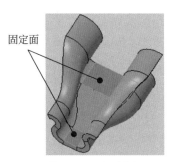
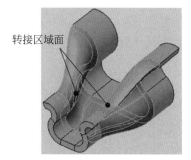

图 5.148　"过渡类型" 对话框　　　图 5.149　固定面　　　图 5.150　转接区域面

步骤 5　完成操作，单击 "过渡类型" 对话框中的 预览 与 确定 按钮完成展平操作。

5.4.7　剖截面驱动方式展平

▷ 9min

有些钣金壁中含有圆角结构，在展平这类钣金壁的过程中，圆角区域与其邻近的钣金壁会形成一个特殊区域，即不规则的区域，这种不规则区域的钣金件可采用剖截面驱动的方式进行展开。此处的"剖截面"实际上是指一条影响展平形状的"驱动"曲线（软件中称为"剖截面曲线"），该曲线决定了钣金展开的形状。当采用这种方式展平钣金件时，要注意以下几点：

（1）需定义固定边，固定边位于固定面与展平面的交界处，并且此边必须落在固定面上。

（2）需从现有的几何中选取"驱动"曲线或者草绘曲线，曲线必须与固定面处在相同的平面中。不同的曲线会产生不同的展平效果。

（3）需定义固定侧，即在展平时固定好边的两侧中欲保持不动的那一侧。注意：该侧必须为平面。

下面以创建如图 5.151 所示的钣金展平为例，介绍以剖截面驱动方式展平的一般操作过程。

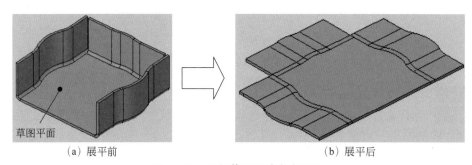

图 5.151　以剖截面驱动方式展平

步骤1 打开文件 D:\ Creo 8.0\work\ch05.04\07\ 剖截面驱动方式展平 -ex。

步骤2 创建驱动曲线。选择 钣金件 功能选项卡 基准▼ 区域中的 ✎（草绘）命令，选取如图 5.151（a）所示的平面作为草图平面，绘制如图 5.152 所示的草图。

步骤3 选择命令。选择 钣金件 功能选项卡 折弯▼ 区域 展平 下的 横截面驱动展平 命令，系统会弹出如图 5.153 所示的"横截面驱动类型"对话框。

图 5.152　驱动曲线

图 5.153　"横截面驱动类型"对话框

步骤4 选择固定边。在系统提示下选取如图 5.154 所示的 5 条边线作为固定边，然后依次单击"确定"按钮与"完成"。

步骤5 选择横截面曲线。在系统弹出的菜单管理器中选择"选择曲线"后选择"完成"，然后选取步骤 3 创建的直线作为横截面曲线。

步骤6 选择固定侧。在系统 ➡ 指定要固定的侧. 的提示下，选择菜单管理器中的"反向"，使固定侧方向如图 5.155 所示，然后选择"确定"。

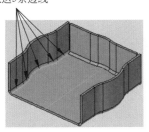

图 5.154　固定边　　　　　　　　　　图 5.155　固定侧

步骤 7　完成操作，单击"横截面驱动类型"对话框中的 预览 与 确定 按钮完成展平操作，如图 5.156 所示。

步骤 8　选择命令。选择 钣金件 功能选项卡 折弯▾ 区域 展平 下的 横截面驱动展平 命令，系统会弹出"横截面驱动类型"对话框。

步骤 9　选择固定边。在系统提示下选取如图 5.157 所示的 5 条边线作为固定边，然后依次单击"确定"按钮与"完成"。

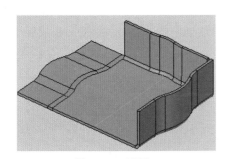

图 5.156　展平 1　　　　　　　　　　图 5.157　固定边

步骤 10　选择横截面曲线。在系统弹出的菜单管理器中选择"选择曲线"后选择"完成"，然后选取步骤 3 创建的直线作为横截面曲线。

步骤 11　选择固定侧。在系统 ➡指定要固定的侧。 的提示下，选择菜单管理器中的"反向"，使固定侧方向如图 5.158 所示，然后选择"确定"。

步骤 12　完成操作，单击"横截面驱动类型"对话框中的 预览 与 确定 按钮完成展平操作，如图 5.159 所示。

步骤 13　选择命令。选择 钣金件 功能选项卡 折弯▾ 区域 展平 下的 横截面驱动展平 命令，系统会弹出"横截面驱动类型"对话框。

步骤 14　选择固定边。在系统提示下选取如图 5.160 所示的 5 条边线作为固定边，然后依次单击"确定"按钮与"完成"。

步骤 15　选择横截面曲线。在系统弹出的菜单管理器中选择"选择曲线"后选择"完成"，然后选取如图 5.161 所示的边线作为横截面曲线。

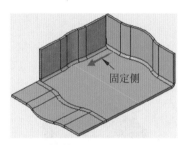

图 5.158　固定侧

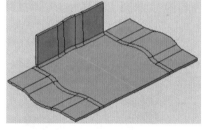

图 5.159　展平 2

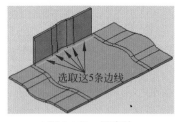

图 5.160　固定边

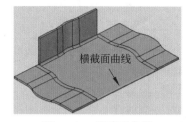

图 5.161　横截面曲线

步骤 16 选择固定侧。在系统 ➡指定要固定的侧. 的提示下，选择菜单管理器中的"反向"，使固定侧方向如图 5.162 所示，然后选择"确定"按钮。

步骤 17 完成操作，单击"横截面驱动类型"对话框中的 预览 与 确定 按钮完成展平操作，如图 5.163 所示。

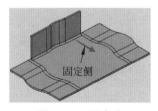

图 5.162　固定边

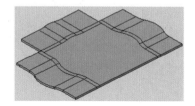

图 5.163　横截面曲线

注意： 当以规则方式进行钣金展平时，不规则区域的钣金壁与交线垂直（展平后，一些圆角区域的"痕迹线"呈发散状，因此在折弯时这些区域会有材料挤压的现象，这在实际产品设计中应尽量避免），而当以剖截面方式进行钣金展平时，不规则区域的钣金壁和剖面线曲线垂直，如图 5.164 所示。

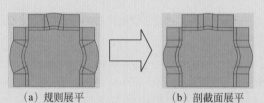

(a) 规则展平　　　　　　(b) 剖截面展平

图 5.164　以剖截面方式展平

5.4.8　带有变形区域的展平

变形区域（Deformarea）是钣金壁中不规则的区域，它通常是一个曲面，如圆角面。在钣金展平后，变形区域可产生完全变形，以便其他的区域保持原来大小。

下面以创建如图 5.165 所示的钣金展平为例，介绍带有变形区域展平的一般操作过程。

3min

[步骤1] 打开文件 D:\ Creo 8.0\work\ch05.04\08\ 带有变形区域的展平 -ex。

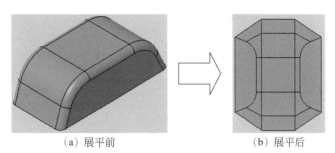

（a）展平前　　　　　　　　　　　　　（b）展平后

图 5.165　带有变形区域的展平

[步骤2] 选择命令。选择 钣金件 功能选项卡 折弯▾区域 展平 下的 展平 命令，系统会弹出"展平"功能选项卡。

[步骤3] 定义展开固定面。在系统提示下选取如图 5.166 所示的面作为展平固定面。

[步骤4] 定义要展开的折弯。在"展平"功能选项卡 折弯选择 区域选择 （自动）。

[步骤5] 定义变形区域。在 变形 区域系统会自动选取如图 5.167 所示的 4 个变形区域，选取如图 5.168 所示的 4 个面作为要添加的变形区域。

固定面

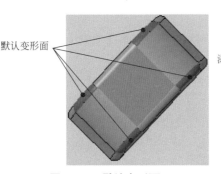

默认变形面

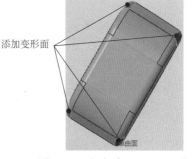

添加变形面

图 5.166　固定面　　　　　图 5.167　默认变形面　　　　　图 5.168　添加变形面

[步骤6] 完成创建。单击"展平"功能选项卡中的 （确定）按钮，完成展平的创建，如图 5.165（b）所示。

5.4.9　以扯裂方式展平

如果一个钣金件的所有钣金壁都是封闭的，则在展开该钣金件时，需要利用扯裂（Rip）

4min

特征将封闭区切开，这样才能将钣金件展开为二维平板。

下面以创建如图 5.169 所示的钣金展平为例，介绍以扯裂方式展平的一般操作过程。

步骤 1 打开文件 D:\ Creo 8.0\work\ch05.04\09\ 以扯裂方式展平 -ex。

步骤 2 选择命令。选择 钣金件 功能选项卡 工程▼ 区域 扯裂 下的 ⬛ 草绘扯裂 命令，系统会弹出"草绘扯裂"功能选项卡。

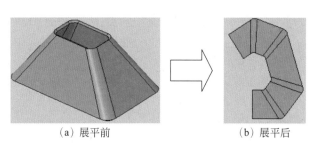

（a）展平前　　　　　　　　　（b）展平后

图 5.169　以扯裂方式展平

步骤 3 定义草绘平面。在系统提示下选取如图 5.170 所示的模型表面作为草图平面。

步骤 4 定义草绘截面。进入草绘环境后绘制如图 5.171 所示的直线。

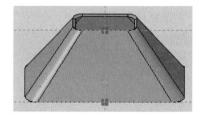

图 5.170　草绘平面　　　　　　　　　　图 5.171　草绘截面

步骤 5 完成创建。单击"草绘扯裂"功能选项卡中的 ✔（确定）按钮，完成扯裂的创建，如图 5.172 所示。

步骤 6 选择命令。选择 钣金件 功能选项卡 折弯▼ 区域 展平 下的 ⬛ 展平 命令，系统会弹出"展平"功能选项卡。

步骤 7 定义展开固定面。在系统提示下选取如图 5.173 所示的面作为展平固定面。

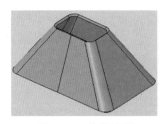

图 5.172　草绘扯裂　　　　　　　　　　图 5.173　固定面

步骤 8 定义要展开的折弯。在"展平"功能选项卡 折弯选择 区域选择 ↘（自动）。

步骤 9 完成创建。单击"展平"功能选项卡中的 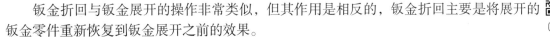（确定）按钮，完成展平的创建，如图 5.169（b）所示。

5.4.10　钣金折回

▷ 4min

钣金折回与钣金展开的操作非常类似，但其作用是相反的，钣金折回主要是将展开的钣金零件重新恢复到钣金展开之前的效果。

下面以创建如图 5.174 所示的钣金为例，介绍钣金折回的一般操作过程。

步骤 1 打开文件 D:\ Creo 8.0\work\ch05.04\10\ 钣金折回 -ex。

步骤 2 创建如图 5.175 所示的拉伸切口。选择 钣金件 功能选项卡 工程▼ 区域中的 （拉伸切口）命令，系统会弹出"拉伸切口"功能选项卡；在系统提示下选取如图 5.175 所示的模型表面作为草图平面，绘制如图 5.176 所示的截面轮廓；在"拉伸切口"对话框"深度"下拉列表中选择"到下一个"，选中 垂直于曲面；单击 ✔ 按钮，完成拉伸切口的创建。

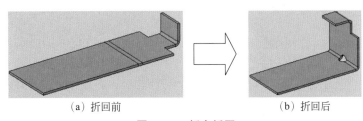

(a) 折回前　　　　　　　　　(b) 折回后

图 5.174　钣金折回

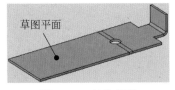

图 5.175　拉伸切口

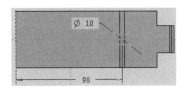

图 5.176　截面轮廓

步骤 3 选择命令。选择 钣金件 功能选项卡 折弯▼ 区域中的 折回 命令，系统会弹出"折回"功能选项卡。

步骤 4 定义折回固定面。系统会自动选取如图 5.177 所示的面作为折叠固定面。

步骤 5 定义要折回的折弯。在"折回"功能选项卡 折弯选择 区域选择 （自动）。

步骤 6 完成创建。单击"折回"功能选项卡中的 ✔ 按钮，完成折回的创建。

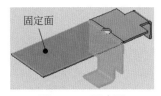

图 5.177　固定面

5.5 钣金成型

5.5.1 基本概述

把一个冲压模具（冲模）上的某个形状通过冲压的方式印贴到钣金件上从而得到一个凸起或者凹陷的特征效果，这就是钣金成型。

5.5.2 凸模成型（不带移除面）

⏵ 11min

下面通过一个具体的案例来说明创建如图 5.178 所示的模具的一般过程，然后利用创建的模具，在钣金中创建凸模成型（不带移除面）效果。

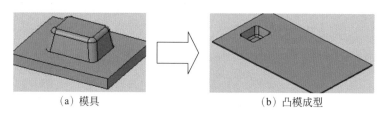

（a）模具　　　　　　　　　　　（b）凸模成型

图 5.178　凸模成型

步骤 1 设置工作目录。选择 主页 功能选项卡 数据 区域中的 💿（选择工作目录）命令，在系统弹出的"选择工作目录"对话框中选择 D:\Creo 8.0\work\ch05.05\02，单击 确定 按钮完成工作目录的设置。

步骤 2 新建文件。选择 主页 功能选项卡 数据 区域中的 📄（新建）命令，在系统弹出的"新建"对话框中选中 ◉ ▢ 零件 类型，在 文件名: 文本框中输入"凸模模具"，取消选中 ▢ 使用默认模板 复选项，然后单击 确定 按钮；在系统弹出的"新文件选项"对话框中选择 mmns_part_solid_abs 模板，单击 确定 按钮完成新建操作。

步骤 3 创建如图 5.179 所示的拉伸 1。选择 模型 功能选项卡 形状▼ 区域中的 🗗（拉伸）命令，在系统提示下选取 TOP 平面作为草图平面，绘制如图 5.180 所示的截面草图，在 拉伸 功能选项卡 深度 区域的下拉列表中选择 🖽 可变 选项，输入深度值 5；单击 ✔ 按钮，完成特征的创建。

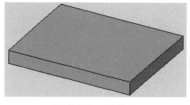

图 5.179　拉伸 1

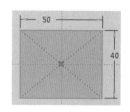

图 5.180　截面草图

步骤 4 创建如图 5.181 所示的拉伸 2。选择 模型 功能选项卡 形状▾ 区域中的 🔲（拉伸）命令，在系统提示下选取如图 5.181 所示的模型表面作为草图平面，绘制如图 5.182 所示的截面草图，在 拉伸 功能选项卡 深度 区域的下拉列表中选择 ↓↓ 可变 选项，输入深度值 10；单击 ✔ 按钮，完成特征的创建。

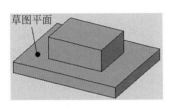

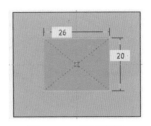

图 5.181　拉伸 2　　　　　　　　　　图 5.182　截面草图

步骤 5 创建如图 5.183 所示的拔模特征 1。选择 模型 功能选项卡 工程▾ 区域中的 🔲 拔模 ▾命令，系统会弹出"拔模"功能选项卡，在系统 ⇨选择一组曲面以进行拔模. 的提示下选取拉伸 2 的 4 个侧面作为拔模面，激活"拔模"功能选项卡 参考 区域中的 拔模枢轴: 文本框，在系统 ⇨选择平面、面组、倒圆角、倒角或曲线链以定义拔模枢轴. 的提示下选取如图 5.184 所示的面作为拔模枢轴面，在"拔模"功能选项卡 角度 区域的 角度 1: 文本框中输入 10，然后单击 按钮，在"拔模"对话框中单击 ✔（确定）按钮，完成拔模的创建。

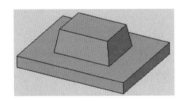

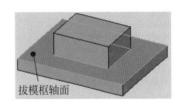

图 5.183　拔模特征 1　　　　　　　　图 5.184　拔模枢轴面

步骤 6 创建如图 5.185 所示的圆角 1。选择 模型 功能选项卡 工程▾ 区域中的 🔲 倒圆角 ▾命令，在"倒圆角"功能选项卡 尺寸标注 区域的下拉列表中选择 圆形 类型；在系统提示下选取如图 5.186 所示的 4 根边线作为圆角对象；在"倒圆角"功能选项卡 尺寸标注 区域的 半径: 文本框中输入 3；单击 ✔（确定）按钮完成倒圆角的定义。

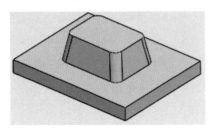

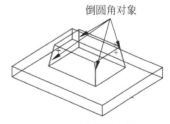

图 5.185　圆角 1　　　　　　　　　　图 5.186　倒圆角对象

步骤7 创建如图 5.187 所示的圆角 2。选择 模型 功能选项卡 工程▼ 区域中的 倒圆角 ▼ 命令，在"倒圆角"功能选项卡 尺寸标注 区域的下拉列表中选择 圆形 类型；在系统提示下选取如图 5.188 所示的边线作为倒圆角对象；在"倒圆角"功能选项卡 尺寸标注 区域的 半径 文本框中输入 2；单击 ✓（确定）按钮完成倒圆角的定义。

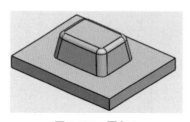

图 5.187 圆角 2

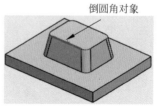

图 5.188 倒圆角对象

步骤8 至此，凸模模具创建完毕。选择"快速访问工具栏"中的"保存"命令，系统会弹出"保存对象"对话框，单击 确定 按钮，完成保存操作。

步骤9 打开基础钣金零件。打开文件 D:\ Creo 8.0\work\ch05.05\02\ 凸模成型 -ex。

步骤10 选择命令。选择 钣金件 功能选项卡 工程▼ 区域 成型▼ 下的 凸模 命令，系统会弹出"凸模"功能选项卡。

步骤11 选择凸模模具。在系统提示下选择"凸模"功能选项卡 源模型 区域中的 命令，在系统弹出的打开对话框中选择"凸模模具"并打开。

步骤12 定位凸模模具。

（1）按住 Ctrl+Alt+ 中键将模型旋转至如图 5.189 所示的大概方位。

（2）添加第 1 个配合约束。在系统提示下选取钣金主体零件的 FRONT 平面与凸模模具零件的 RIGHT 平面作为参考，将约束类型设置为"重合"。

（3）添加第 2 个配合约束。在 放置 区域单击 ➡ 新建约束，在系统提示下选取钣金主体零件的 RIGHT 平面与凸模模具零件的 FRONT 平面作为参考，将约束类型设置为"距离"，在 偏移 文本框中输入 −50，完成后如图 5.190 所示。

图 5.189 旋转方位

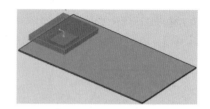

图 5.190 第 2 个配合约束

（4）添加第 3 个配合约束。在 放置 区域单击 ➡ 新建约束，在系统提示下选取如图 5.191 所示的面 1 与面 2 作为参考，将约束类型设置为"重合"。

步骤13 单击"凸模"功能选项卡中的 ✓ 按钮，完成凸模成型的创建，如图 5.192 所示。

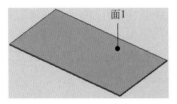

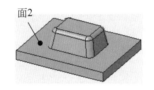

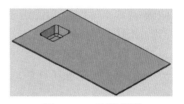

図 5.191　第 3 个配合约束　　　　　　　　　　　　图 5.192　凸模成型

5.5.3　凸模成型（带移除面）

10min

下面通过一个具体的案例来说明创建如图 5.193 所示的模具的一般过程，然后利用创建的成型模具，在钣金中创建凸模成型（带移除面）效果。

步骤 1　设置工作目录。选择 主页 功能选项卡 数据 区域中的 ⛁（选择工作目录）命令，在系统弹出的"选择工作目录"对话框中选择 D:\Creo 8.0\work\ch05.05\03，单击 确定 按钮完成工作目录的设置。

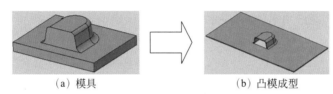

（a）模具　　　　　　　　　　　　（b）凸模成型

图 5.193　带移除面的凸模成型

步骤 2　新建文件。选择 主页 功能选项卡 数据 区域中的 ▯（新建）命令，在系统弹出的"新建"对话框中选中 ◉ ▯ 零件 类型，在 文件名: 文本框中输入"凸模模具"，取消选中 □ 使用默认模板 复选项，然后单击 确定 按钮；在系统弹出的"新文件选项"对话框中选择 mmns_part_solid_abs 模板，单击 确定 按钮完成新建操作。

步骤 3　创建如图 5.194 所示的拉伸 1。选择 模型 功能选项卡 形状▼ 区域中的 ◢（拉伸）命令，在系统提示下选取 TOP 平面作为草图平面，绘制如图 5.195 所示的截面草图，在 拉伸 功能选项卡 深度 区域的下拉列表中选择 ⬚ 可变 选项，输入深度值 5；单击 ✔（确定）按钮，完成特征的创建。

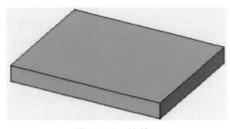

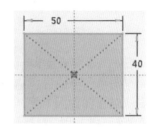

图 5.194　拉伸 1　　　　　　　　　　　　　图 5.195　截面草图

步骤 4　创建如图 5.196 所示的拉伸 2。选择 模型 功能选项卡 形状▼ 区域中的 ◢（拉伸）命令，在系统提示下选取如图 5.196 所示的模型表面作为草图平面，绘制如图 5.197 所示的截面草图，在 *拉伸* 功能选项卡 **深度** 区域的下拉列表中选择 **可变** 选项，输入深度值 10；单击 ✔ 按钮，完成特征的创建。

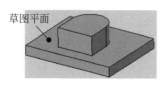

图 5.196　拉伸 2

图 5.197　截面草图

步骤 5 创建如图 5.198 所示的拔模特征 1。选择 **模型** 功能选项卡 **工程▼** 区域中的 **拔模 ▼** 命令，系统会弹出"拔模"功能选项卡，在系统 **选取一组曲面以进行拔模。** 的提示下选取如图 5.199 所示的 3 个面作为拔模面，激活"拔模"功能选项卡 **参考** 区域中的 **拔模枢轴:** 文本框，在系统 **选择平面、面组、倒圆角、倒角或曲线链以定义拔模枢轴。** 的提示下选取如图 5.199 所示的面作为拔模枢轴面，在"拔模"功能选项卡 **角度** 区域的 **角度 1:** 文本框中输入 10，然后单击 ✗ 按钮，在"拔模"对话框中单击 ✔（确定）按钮，完成拔模的创建。

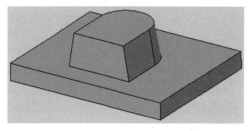

图 5.198　拔模特征 1

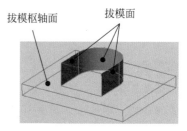

图 5.199　拔模枢轴面

步骤 6 创建如图 5.200 所示的圆角 1。选择 **模型** 功能选项卡 **工程▼** 区域中的 **倒圆角 ▼** 命令，在"倒圆角"功能选项卡 **尺寸标注** 区域的下拉列表中选择 **圆形** 类型；在系统提示下选取如图 5.201 所示的线作为倒圆角对象；在"倒圆角"功能选项卡 **尺寸标注** 区域的 **半径:** 文本框中输入 3；单击 ✔（确定）按钮，完成倒圆角的定义。

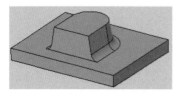

图 5.200　圆角 1

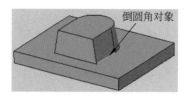

图 5.201　倒圆角对象

步骤 7 创建如图 5.202 所示的圆角 2。选择 **模型** 功能选项卡 **工程▼** 区域中的 **倒圆角 ▼** 命令，在"倒圆角"功能选项卡 **尺寸标注** 区域的下拉列表中选择 **圆形** 类型；在系统提示下选取如图 5.203 所示的线作为倒圆角对象；在"倒圆角"功能选项卡 尺寸标注 区域的 半径 文本框中输入 2；单击 ✓（确定）按钮，完成倒圆角的定义。

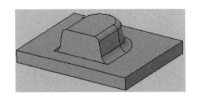

图 5.202　圆角 2

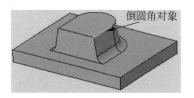

倒圆角对象

图 5.203　倒圆角对象

步骤 8　至此，凸模模具创建完毕。选择"快速访问工具栏"中的"保存"命令，系统会弹出"保存对象"对话框，单击 确定 按钮，完成保存操作。

步骤 9　打开基础钣金零件。打开文件 D:\ Creo 8.0\work\ch05.05\03\ 凸模成型 02-ex。

步骤 10　选择命令。选择 钣金件 功能选项卡 工程▼ 区域 成型 下的 ↓ 凸模 命令，系统会弹出"凸模"功能选项卡。

步骤 11　选择凸模模具。在系统提示下选择"凸模"功能选项卡 源模型 区域中的 📂 命令，在系统弹出的打开对话框中选择"凸模模具"并打开。

步骤 12　定位凸模模具。

（1）按住 Ctrl+Alt+ 中键将模型旋转至如图 5.204 所示的大概方位。

（2）添加第 1 个配合约束。在系统提示下选取钣金主体零件的 RIGHT 平面与凸模模具零件的 RIGHT 平面作为参考，将约束类型设置为"重合"。

（3）添加第 2 个配合约束。在 放置 区域单击 ➡ 新建约束，在系统提示下选取钣金主体零件的 FRONT 平面与凸模模具零件的 FRONT 平面作为参考，将约束类型设置为"重合"，完成后如图 5.205 所示。

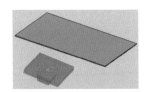

图 5.204　旋转方位

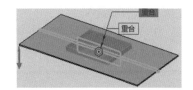

重合

图 5.205　第 2 个配合约束

（4）添加第 3 个配合约束。在 放置 区域单击 ➡ 新建约束，在系统提示下选取如图 5.206 所示的面 1 与面 2 作为参考，将约束类型设置为"重合"。

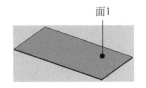

面1

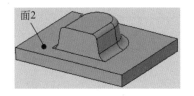

面2

图 5.206　第 3 个配合约束

步骤 13 添加移除面。在"凸模"功能选项卡 选项 区域激活 排除冲孔模型曲面 区域，选取如图 5.207 所示的面作为要移除的面。

步骤 14 单击"凸模"功能选项卡中的 ✔（确定）按钮，完成凸模成型的创建，如图 5.208 所示。

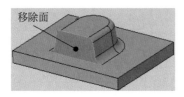
图 5.207　移除面

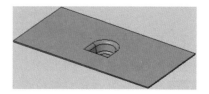
图 5.208　凸模成型

7min

5.5.4　草绘成型

下面以创建如图 5.209 所示的成型为例介绍创建草绘成型的一般操作过程。

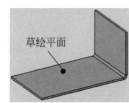
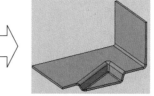

（a）草绘成型前　　　　　　　　　（b）草绘成型后

图 5.209　草绘成型

步骤 1 打开基础钣金零件。打开文件 D:\ Creo 8.0\work\ch05.05\04\ 草绘成型 -ex。

步骤 2 选择命令。选择 钣金件 功能选项卡 工程▼ 区域 成型 下的 ∨ ┃草绘成型 命令，系统会弹出"草绘成型"功能选项卡。

步骤 3 定义草绘截面。选取如图 5.209（a）所示的模型表面作为草绘平面，绘制如图 5.210 所示的截面草图。

说明：草绘截面需要封闭。

步骤 4 定义成型方向与深度。在"草绘成型"功能选项卡 深度 区域的文本框中输入 5，单击 ✗ 按钮使方向向下，材料变形方向向外，如图 5.211 所示。

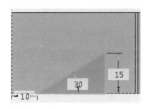

图 5.210　草绘截面

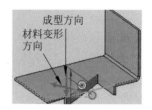
图 5.211　成型方向

步骤 5　定义排除面。在"草绘成型"功能选项卡 选项 区域激活 排除曲面 文本框，选取如图 5.212 所示的面作为排除面。

步骤 6　定义其他参数。在 选项 区域设置如图 5.213 所示的参数。

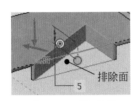

图 5.212　排除面

图 5.213　其他参数

步骤 7　单击"草绘成型"功能选项卡中的 ✔（确定）按钮，完成草绘成型的创建。

5.5.5　平整成型

▷ 4min

平整成型用于将钣金成型特征展平。

（1）要平整的成型特征需位于钣金件的平面上，如果成型特征经过了折弯，则无法将其平整，经过折弯的成型特征可在钣金件展平后进行平整。

（2）如果折弯处需要创建成型特征，则建议先创建成型特征，然后进行折弯。

（3）如果成型特征不能折弯，则建议创建成型特征后，随即将成型特征进行平整，然后进行折弯。

下面以创建如图 5.214 所示的展平成型为例介绍创建展平成型的一般操作过程。

步骤 1　打开基础钣金零件。打开文件 D:\ Creo 8.0\work\ch05.05\05\ 平整成型 -ex。

步骤 2　选择命令。选择 钣金件 功能选项卡 工程▾ 区域 成型 下的 平整成型 命令，系统会弹出"平整成型"功能选项卡。

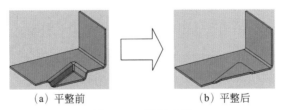

（a）平整前　　　　　　（b）平整后

图 5.214　平整成型

步骤 3　选择要展平的成型。在"平整成型"功能选项卡 选择 区域选择 （自动），系统将自动选取所有可以展平的成型。

步骤 4　单击"平整成型"功能选项卡中的 ✔（确定）按钮，完成平整成型的创建。

5.6 钣金的其他常用功能

5.6.1 拉伸切口

9min

在钣金设计中"拉伸切口"特征是应用较为频繁的特征之一，它是在已有的零件模型中去除一定的材料，从而达到需要的效果。

下面以创建如图 5.215 所示的钣金为例，介绍钣金拉伸切口的一般操作过程。

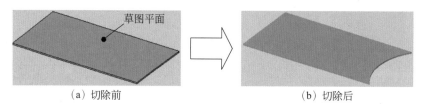

（a）切除前　　　　　　　　　　　　（b）切除后

图 5.215　拉伸切口

步骤 1　打开文件 D:\ Creo 8.0\work\ch05.06\01\ 拉伸切口 -ex。

步骤 2　选择命令。选择 钣金件 功能选项卡 工程▼ 区域中的 ☐（拉伸切口）命令，系统会弹出"拉伸切口"功能选项卡。

图 5.216　截面草图

步骤 3　定义拉伸横截面。在系统提示下选取如图 5.215（a）所示的模型表面作为草图平面，绘制如图 5.216 所示的截面草图。

步骤 4　定义拉伸参数。在"拉伸切口"功能选项卡"深度"区域的下拉列表中选择 ≡ 到下一个 选项，选中 设置 区域中的 ⟨£ 垂直于曲面选项。

步骤 5　单击"拉伸切口"功能选项卡中的 ✔ 按钮，完成拉伸切口的创建。

5.6.2 钣金展开长度计算

14min

在钣金折弯的过程中，钣金件折弯处的金属材料会被拉伸，因此材料的长度会增加，反之，折弯的钣金被展平时，其材料会被压缩，也就是材料的长度会减少。在钣金折弯和展平的过程中，材料长度变化的幅度会受到下列因素的影响：材料类型（金相结构）、材料厚度、折弯的角度、材料热处理及加工的状况。在 Creo 中进行钣金折弯或展平时，系统都会自动计算材料被拉伸或压缩的长度，从而使用户可方便地获取钣金折弯处的展开长度。

计算钣金展开长度的公式为

$L = (0.5 \times Pi \times R + Y$ 系数 $\times T) \times \theta/90$

式中 L 为钣金折弯处的展开长度；

$Pi = \pi \approx 3.1416$；

R 为折弯处的内侧半径值；

T 为钣金的壁厚；

θ 为折弯角度，其单位为度；

Y 系数为折弯系数，是一个固定的常数，一般将其定义为从折弯内侧到折弯中心线的距离与钣金件厚度之比，默认值为 0.5。折弯中心线是当钣金折弯时，板材中不变形的那条圆弧线。在有些钣金展开长度的计算中，常用 K 系数代替 Y 系数，折弯系数之间的转换关系是 Y 系数 = (Pi / 2) × K 系数。

K 系数是中心折弯线所在的位置定义的一个重要参数。

在实际钣金件的设计与加工过程中，用户可根据实际材料的特性、加工状况，重新设置 Y 系数或 K 系数的值，以使展开长度的理论计算值与实际值相近。下面介绍设置 Y 系数的操作方法。

图 5.217　原始模型

步骤 1　打开文件 D:\ Creo 8.0\work\ch05.06\02\ 钣金展开长度计算，如图 5.217 所示。

步骤 2　设置 Y 因子参数。

（1）选择命令。选择下拉菜单 文件 → 准备(R) → 模型属性(I) 命令，系统会弹出如图 5.218 所示的"模型属性"对话框。

（2）单击"模型属性"对话框 钣金件 区域 折弯余量 后的 更改 按钮，系统会弹出如图 5.219 所示的"钣金件首选项"对话框。

（3）在 展开长度计算 区域选中 ⊙ Y 因子(Y)，在 因子值: 文本框中输入 0.5。

（4）依次单击 确定 与 关闭 完成 Y 因子的设置。

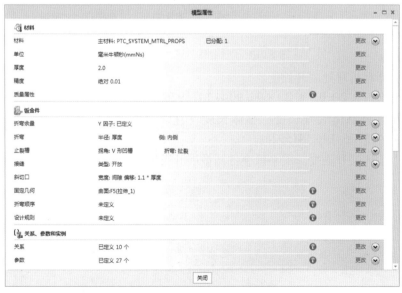

图 5.218　"模型属性"对话框

图 5.219 "钣金件首选项"对话框

步骤 3 计算折弯处展开长度。

$L = (0.5 \times Pi \times 2 + 0.5 \times 2) \times 90/ 90 \approx 4.1415926$

步骤 4 计算整体展开长度。整体长度 = 直线段长度 +L=96（见图 5.220）+46（见图 5.221）+4.1415926=146.1415926。

步骤 5 验证展开长度。展平钣金件测量展开长度，如图 5.222 所示。

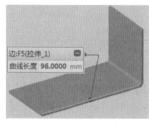

图 5.220 直线段 1 的长度

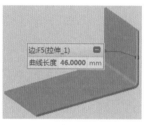

图 5.221 直线段 2 的长度

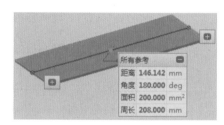

图 5.222 验证展开长度

5.7　钣金设计综合应用案例 1：啤酒开瓶器

▷ 16min

案例概述： 本案例介绍啤酒开瓶器的创建过程，此案例比较适合初学者。通过学习此案例，可以对 Creo 中钣金的基本命令有一定的认识，例如平面、折弯及拉伸切口等。该模型及模型树如图 5.223 所示。

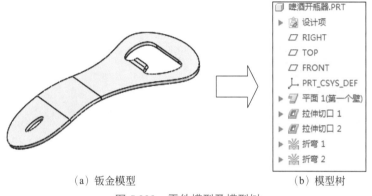

（a）钣金模型　　　　　　　　　　（b）模型树

图 5.223　零件模型及模型树

步骤 1 设置工作目录。选择 主页 功能选项卡 数据 区域中的 ⬚（选择工作目录）命令，在系统弹出的"选择工作目录"对话框中选择 D:\Creo 8.0\work\ch05.07，单击 确定 按钮完成工作目录的设置。

步骤 2 新建文件。单击快速访问工具栏中的 ⬚（新建）按钮，在"新建"对话框 类型 区域选中 ◉ ⬚ 零件 类型，在 子类型 区域选中 ◉ 钣金件，在 文件名: 文本框中输入"啤酒开瓶器"，取消选中 ☐ 使用默认模板 复选项，单击 确定 按钮，在"新文件选项"对话框 模板 区域选中 mmns_part_sheetmetal 模板，单击 确定 按钮。

步骤 3 创建如图 5.224 所示的平面第一钣金壁。选择 钣金件 功能选项卡 壁▼ 区域中的 ⬚ 平面 命令，在系统提示下选取 TOP 平面作为草图平面，绘制如图 5.225 所示的截面草图，绘制完成后单击 草绘 功能选项卡 关闭 选项卡中的 ✔ 按钮退出草图环境，在平面功能选项卡 ⬚ 文本框中输入钣金厚度 3，厚度方向采用默认，单击"平面"对话框中的 ✔ 按钮，完成平面钣金壁的创建。

步骤 4 创建如图 5.226 所示的拉伸切口 1。选择 钣金件 功能选项卡 工程▼ 区域中的 ⬚（拉伸切口）命令，在系统提示下选取如图 5.226 所示的模型表面作为草图平面，绘制如图 5.227 所示的截面草图，在"拉伸切口"功能选项卡"深度"区域的下拉列表中选择 ⬚ 到下一个选项，选中 设置 区域中的 ⬚ 垂直于曲面选项，单击"拉伸切口"功能选项卡中的 ✔（确定）按钮，完成拉伸切口 1 的创建。

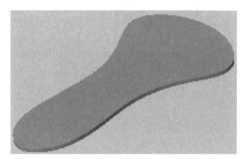

图 5.224　平面第一钣金壁

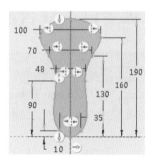

图 5.225　截面草图

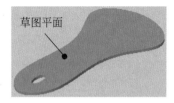

图 5.226　拉伸切口 1

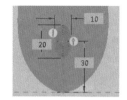

图 5.227　截面草图

步骤 5　创建如图 5.228 所示的拉伸切口 2。选择 钣金件 功能选项卡 工程▾ 区域中的 ▱（拉伸切口）命令，在系统提示下选取如图 5.228 所示的模型表面作为草图平面，绘制如图 5.229 所示的截面草图，在"拉伸切口"功能选项卡"深度"区域的下拉列表中选择 ≛ 到下一个 选项，选中 设置 区域中的 ⇗ 垂直于曲面 选项，单击"拉伸切口"功能选项卡中的 ✔（确定）按钮，完成拉伸切口 2 的创建。

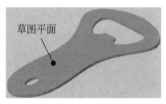

图 5.228　拉伸切口 2

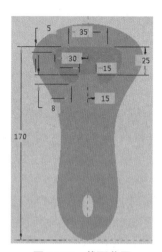

图 5.229　截面草图

步骤 6 创建如图 5.230 所示的折弯 1。选择 钣金件 功能选项卡 折弯▾ 区域中的 ⚒ 折弯 命令，在系统提示下，选取如图 5.228 所示的面为折弯面，单击 折弯线 功能选项卡下的 草绘... 按钮，绘制如图 5.231 所示的直线，绘制完成后单击 ✔（确定）按钮退出草图环境，在"折弯"功能选项卡 折弯区域位置 区域选中 ⫿⫿（以折弯线为中心），单击 设置 区域中的 ⚒ 固定侧 按钮调整固定侧值，如图 5.227 所示，单击 设置 区域中 角度:后的 ⚒ 按钮调整折弯方向，如图 5.232 所示，在 半径:文本框中输入 10，在 角度:文本框中输入 20，在 止裂槽 区域的 类型 下拉列表中选择 无止裂槽 类型，单击"折弯"功能选项卡中的 ✔（确定）按钮，完成钣金折弯的创建。

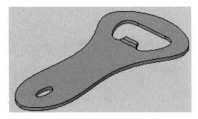

图 5.230　折弯 1

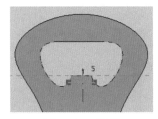

图 5.231　直线

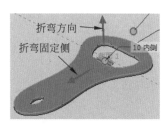

图 5.232　固定侧与折弯方向

步骤 7 创建如图 5.233 所示的折弯 2。选择 钣金件 功能选项卡 折弯▾ 区域中的 ⚒ 折弯 命令，在系统提示下，选取如图 5.232 所示的面作为折弯面，单击 折弯线 功能选项卡下的 草绘... 按钮，绘制如图 5.234 所示的直线，绘制完成后单击 ✔（确定）按钮退出草图环境，在"折弯"功能选项卡 折弯区域位置 区域选中 ⫿⫿（以折弯线为中心），单击 设置 区域中的 ⚒ 固定侧 按钮调整固定侧值，如图 5.235 所示，单击 设置 区域中 角度:后的 ⚒ 按钮调整折弯方向，如图 5.235 所示，在 半径:文本框中输入 100，在 角度:文本框中输入 20，在 止裂槽 区域的 类型 下拉列表中选择 无止裂槽 类型，单击"折弯"功能选项卡中的 ✔（确定）按钮，完成钣金折弯的创建。

图 5.233　折弯 2

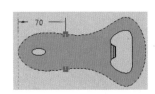

图 5.234　直线

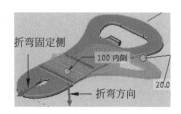

图 5.235　固定侧与折弯方向

步骤 8 保存文件。选择"快速访问工具栏"中的"保存"命令，系统会弹出"保存对象"对话框，单击 确定 按钮，完成保存操作。

5.8 钣金设计综合应用案例 2：机床外罩

▷ 40min

案例概述： 本案例介绍机床外罩的创建过程，该产品设计分为创建模具和创建钣金主体两部分，成型工具的设计主要运用基本实体建模功能；主体钣金是由一些钣金基本特征组成的，其中要注意平面、平整和成型等特征的创建方法。该模型及模型树如图 5.236 所示。

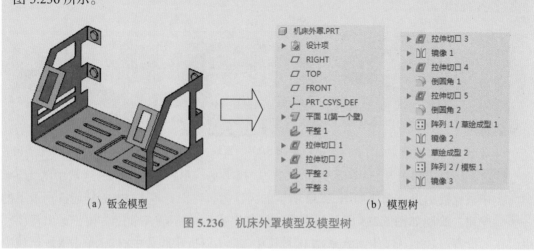

(a) 钣金模型　　　　　　　　　　　　(b) 模型树

图 5.236　机床外罩模型及模型树

5.8.1 创建模具

成型工具模型及模型树如图 5.237 所示。

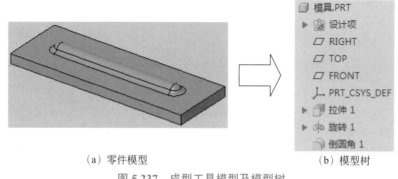

（a）零件模型　　　　　　　　　　　（b）模型树

图 5.237　成型工具模型及模型树

步骤 1 设置工作目录。选择 主页 功能选项卡 数据 区域中的 🗁（选择工作目录）命令，在系统弹出的"选择工作目录"对话框中选择 D:\Creo 8.0\work\ch05.08，单击 确定 按钮完成工作目录的设置。

步骤 2 新建文件。选择 主页 功能选项卡 数据 区域中的 □（新建）命令，在系统弹出的"新建"对话框中选中 ◉ □ 零件 类型，在 文件名: 文本框中输入"模具"，取消选中 □ 使用默认模板 复选项，然后单击 确定 按钮；在系统弹出的"新文件选项"对话框中选择 mmns_part_solid_abs 模板，单击 确定 按钮完成新建操作。

步骤 3 创建如图 5.238 所示的拉伸 1。选择 模型 功能选项卡 形状▼ 区域中的 □（拉伸）命令，在系统提示下选取 TOP 平面作为草图平面，绘制如图 5.239 所示的截面草图，在 拉伸 功能选项卡 深度 区域的下拉列表中选择 ⬓ 可变 选项，输入深度值 3；单击 ✔（确定）按钮，完成特征的创建。

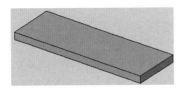
图 5.238　拉伸 1

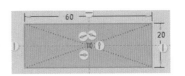
图 5.239　截面草图

步骤 4 创建如图 5.240 所示的旋转 1。选择 模型 功能选项卡 形状▼ 区域中的 旋转 命令，选取步骤 3 创建的长方体的上表面作为草图平面，绘制如图 5.241 所示的截面草图，采用系统默认的旋转方向，在 旋转 功能选项卡 角度 区域的下拉列表中选择 ⬓ 可变 选项，在"深度"文本框中输入 360，单击 旋转 功能选项卡中的 ✔（确定）按钮，完成特征的创建。

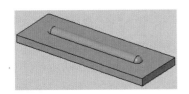
图 5.240　旋转 1

图 5.241　截面草图

步骤 5 创建如图 5.242 所示的圆角 1。选择 模型 功能选项卡 工程▼ 区域中的 倒圆角 ▼ 命令，在"倒圆角"功能选项卡 尺寸标注 区域的下拉列表中选择 圆形 类型；在系统提示下选取如图 5.243 所示的边线作为圆角对象；在"倒圆角"功能选项卡 尺寸标注 区域的 半径 文本框中输入 1.5；单击 ✔（确定）按钮，完成倒圆角的定义。

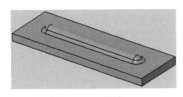
图 5.242　圆角 1

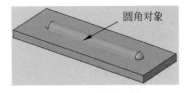
图 5.243　圆角对象

步骤 6 保存文件。选择"快速访问工具栏"中的"保存"命令，系统会弹出"保存对象"

对话框，单击 确定 按钮，完成保存操作。

5.8.2 创建主体钣金

步骤1 设置工作目录。选择 主页 功能选项卡 数据 区域中的 🗁（选择工作目录）命令，在系统弹出的"选择工作目录"对话框中选择 D:\Creo 8.0\work\ch05.08，单击 确定 按钮完成工作目录的设置。

步骤2 新建文件。单击快速访问工具栏中的 🗋（新建）按钮，在"新建"对话框 类型 区域选中 ⊙ 🗀 零件 类型，在 子类型 区域选中 ⊙ 钣金件 ，在 文件名: 文本框中输入"机床外罩"，取消选中 ☐ 使用默认模板 复选项，单击 确定 按钮，在"新文件选项"对话框 模板 区域选中 mmns_part_sheetmetal 模板，单击 确定 按钮。

步骤3 创建如图 5.244 所示的平面第一钣金壁。选择 钣金件 功能选项卡 壁▾ 区域中的 🏿 平面 命令，在系统提示下选取 TOP 平面作为草图平面，绘制如图 5.245 所示的截面草图，绘制完成后单击 草绘 功能选项卡 关闭 选项卡中的 ✔（确定）按钮退出草图环境，在平面功能选项卡 ⬒ 文本框中输入钣金厚度 1，厚度方向采用默认，单击"平面"对话框中的 ✔（确定）按钮，完成平面钣金壁的创建。

图 5.244　平面第一钣金壁

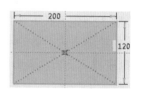

图 5.245　截面草图

步骤4 创建如图 5.246 所示的平整附加钣金壁。选择单击 钣金件 功能选项卡 壁▾ 区域中的 🖪（平整）命令，在系统 ➡选择一个边连接到壁上。 的提示下，选取如图 5.247 所示的边线作为附着边，在 △（角度）文本框中输入 90，在形状下拉列表中选择"矩形"，在 形状 区域将高度设置为 120，在 折弯位置 区域选中 🖫，在"平整"功能选项卡选中 🗐（在连接边上添加折弯）单选项，在"半径"下拉列表中选择厚度，在其后的下拉列表中选择 🗀，单击 ✔（确定）按钮，完成平整钣金壁的创建。

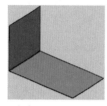

图 5.246　平整 1

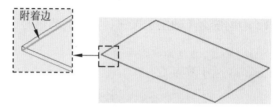

图 5.247　附着边

步骤5 创建如图 5.248 所示的拉伸切口 1。选择 钣金件 功能选项卡 工程▾ 区域中的 ⬛（拉伸切口）命令，在系统提示下选取如图 5.248 所示的模型表面作为草图平面，绘制如图 5.249 所示的截面草图，在"拉伸切口"功能选项卡"深度"区域的下拉列表中选择 ⌖ 到下一个 选项，选中 设置 区域中的 ⌖垂直于曲面 选项，单击"拉伸切口"功能选项卡中的 ✔（确定）按钮，完成拉伸切口 1 的创建。

步骤 6　创建如图 5.250 所示的拉伸切口 2。选择 钣金件 功能选项卡 工程▼ 区域中的 ◩（拉伸切口）命令，在系统提示下选取如图 5.250 所示的模型表面作为草图平面，绘制如图 5.251 所示的截面草图，在"拉伸切口"功能选项卡"深度"区域的下拉列表中选择 ⌖ 到下一个 选项，选中 设置 区域中的 ⌖垂直于曲面 选项，单击"拉伸切口"功能选项卡中的 ✔（确定）按钮，完成拉伸切口 2 的创建。

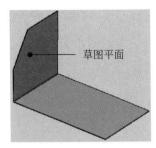

图 5.248　拉伸切口 1

图 5.249　截面草图

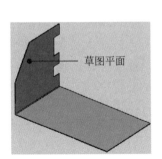

图 5.250　拉伸切口 2

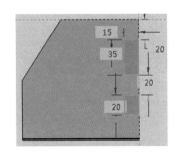

图 5.251　截面草图

步骤 7　创建如图 5.252 所示的平整附加钣金壁。选择单击 钣金件 功能选项卡 壁▼ 区域中的 ◱（平整）命令，在系统 ➾ 选择一个边连到壁上。 的提示下，选取如图 5.253 所示的边线作为附着边，在 △（角度）文本框中输入 90，在形状下拉列表中选择"矩形"，在 形状 区域将高度设置为 24，在 折弯位置 区域选中 ◳，在"平整"功能选项卡选中 ◲（在连接边上添加折弯）单选项，在"半径"下拉列表中选择厚度，在其后的下拉列表中选择 ◱，单击 ✔（确定）按钮，完成平整钣金壁的创建。

步骤 8　创建如图 5.254 所示的平整附加钣金壁。选择单击 钣金件 功能选项卡 壁▼ 区域中的 ◱（平整）命令，在系统 ➾ 选择一个边连到壁上。 的提示下，选取如图 5.255 所示的边线作为附着边，在 △（角度）文本框中输入 90，在形状下拉列表中选择"矩形"，在 形状 区域设置如图 5.256 所示的参数，在 折弯位置 区域选中 ◳，在"平整"功能选项卡选中 ◲（在

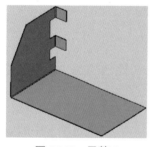

图 5.252 平整 2

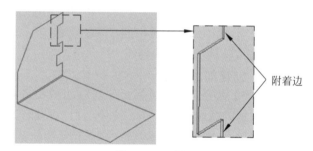

图 5.253 附着边

连接边上添加折弯）单选项，在"半径"下拉列表中选择厚度，在其后的下拉列表中选择 ⅃，单击 ✔（确定）按钮，完成平整钣金壁的创建。

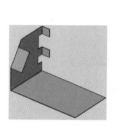

图 5.254 平整 3

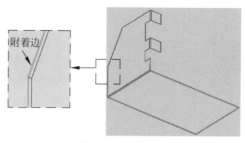

图 5.255 附着边

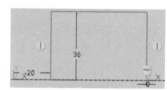

图 5.256 形状参数

步骤 9 创建如图 5.257 所示的拉伸切口 3。选择 钣金件 功能选项卡 工程▼ 区域中的 ⬜（拉伸切口）命令，在系统提示下选取如图 5.257 所示的模型表面作为草图平面，绘制如图 5.258 所示的截面草图，在"拉伸切口"功能选项卡"深度"区域的下拉列表中选择 ≡ 到下一个 选项，选中 设置 区域中的 ⬦ 垂直于曲面 选项，单击"拉伸切口"功能选项卡中的 ✔按钮，完成拉伸切口 3 的创建。

步骤 10 创建如图 5.259 所示的镜像特征 1。在模型树中选中"平整 1""拉伸切口 1""拉伸切口 2""平整 2""平整 3""拉伸切口 3"作为要镜像的源对象，选择 钣金件 功能选项卡 编辑▼ 区域中的 ⅅⅇ 镜像 命令，在系统 ⇨ 选择一个平面或目的基准平面作为镜像平面。的提示下选取 RIGHT 平面作为镜像中心平面，单击 ✔（确定）按钮，完成镜像的创建。

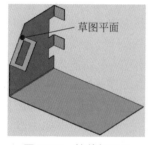

图 5.257 拉伸切口 3

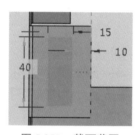

图 5.258 截面草图

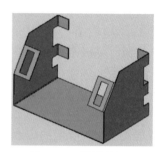

图 5.259 镜像特征 1

步骤 11　创建如图 5.260 所示的拉伸切口 4。选择 钣金件 功能选项卡 工程▼ 区域中的 ⬜（拉伸切口）命令，在系统提示下选取如图 5.260 所示的模型表面作为草图平面，绘制如图 5.261 所示的截面草图，在"拉伸切口"功能选项卡"深度"区域的下拉列表中选择 ⯐ 到下一个 选项，选中 设置 区域中的 ⯐垂直于曲面 选项，单击"拉伸切口"功能选项卡中的 ✔（确定）按钮，完成拉伸切口 4 的创建。

步骤 12　创建如图 5.262 所示的圆角 1。选择 钣金件 功能选项卡 工程▼ 区域中的 倒圆角 ▼命令，在"倒圆角"功能选项卡 尺寸标注 区域的下拉列表中选择 圆形 类型；在系统提示下选取如图 5.263 所示的 5 根边线作为圆角对象；在"倒圆角"功能选项卡 尺寸标注 区域的 半径 文本框中输入 8；单击 ✔（确定）按钮，完成倒圆角的定义。

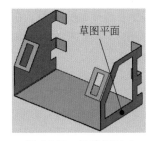

图 5.260　拉伸切口 4

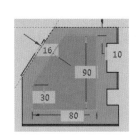

图 5.261　截面草图

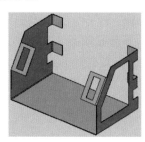

图 5.262　圆角 1

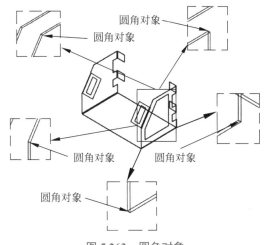

图 5.263　圆角对象

步骤 13　创建如图 5.264 所示的拉伸切口 5。选择 钣金件 功能选项卡 工程▼ 区域中的 ⬜（拉伸切口）命令，在系统提示下选取如图 5.264 所示的模型表面作为草图平面，绘制如图 5.265 所示的截面草图，在"拉伸切口"功能选项卡"深度"区域的下拉列表中选择 ⯐ 到下一个 选项，选中 设置 区域中的 ⯐垂直于曲面 选项，单击"拉伸切口"功能选项卡中的 ✔（确定）按钮，完成拉伸切口 5 的创建。

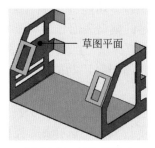

图 5.264　拉伸切口 5

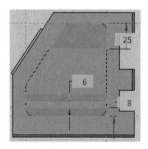

图 5.265　截面草图

步骤 14　创建如图 5.266 所示的圆角 2。选择 钣金件 功能选项卡 工程▼ 区域中的 ⌒倒圆角 ▼命令，在"倒圆角"功能选项卡 尺寸标注 区域的下拉列表中选择 圆形 类型；在系统提示下选取如图 5.267 所示的 4 根边线作为圆角对象；在"倒圆角"功能选项卡 尺寸标注 区域的 半径文本框中输入 4；单击 ✓（确定）按钮，完成倒圆角的定义。

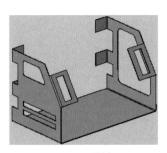

图 5.266　圆角 2

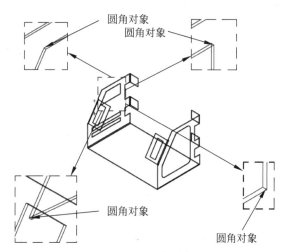

图 5.267　圆角对象

步骤 15　创建如图 5.268 所示的草绘成型 1。

选择 钣金件 功能选项卡 工程▼ 区域 成型 下的 ⌄ 草绘成型 命令，选取如图 5.268 所示的模型表面作为草绘平面，绘制如图 5.269 所示的截面草图，在"草绘成型"功能选项卡 深度 区域的文本框中输入 1.5，单击⊠按钮使方向向下，材料变形方向向外，如图 5.270 所示，在 选项 区域设置如图 5.271 所示的参数，单击 ✓（确定）按钮，完成草绘成型的创建。

步骤 16　创建如图 5.272 所示的方向阵列 1。在模型树中选中"草绘成型"作为要阵列的源对象，选择 钣金件 功能选项卡 编辑▼ 下⊞ 阵列 后⊞（阵列）命令，在 类型 区域的下拉列表中选择⫴ 方向 选项，激活"阵列"功能选项卡 设置 区域的 第一方向:文本框，选取如图 5.273 所示的边线作为参考，方向向下，在 成员数:文本框中输入 2，在 间距:文本框中输入 55，单击 ✓（确定）按钮，完成方向阵列 1 的创建。

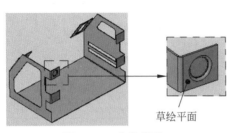

图 5.268　草绘成型 1

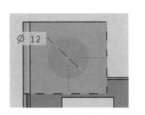

图 5.269　截面草图

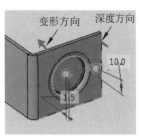

图 5.270　变形与深度方向

图 5.271　选项参数

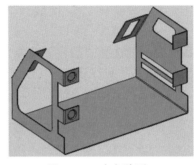

图 5.272　方向阵列 1

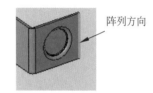

图 5.273　阵列方向参考

步骤 17　创建如图 5.274 所示的镜像特征 2。在模型树中选中"阵列 1"作为要镜像的源对象，选择 模型 功能选项卡 编辑▾ 区域中的 ⅮⅭ镜像 命令，在系统 ⇨选择一个平面或目的基准平面作为镜像平面。 的提示下选取 RIGHT 平面作为镜像中心平面，单击✔（确定）按钮，完成镜像的创建。

步骤 18　创建如图 5.275 所示的草绘成型 2。

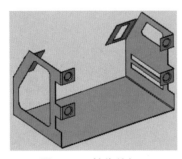

图 5.274　镜像特征 2

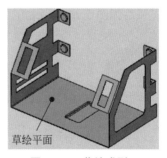

图 5.275　草绘成型 2

选择 钣金件 功能选项卡 工程▾ 区域 成型 下的 ⌄ 草绘成型 命令，选取如图 5.275 所示的模型表面作为草绘平面，绘制如图 5.276 所示的截面草图，在"草绘成型"功能选项卡 深度 区域的文本框中输入 3，单击 按钮使方向向下，材料变形方向向外，如图 5.277 所示，在 选项 区域设置如图 5.278 所示的参数，单击✔（确定）按钮，完成草绘成型的创建。

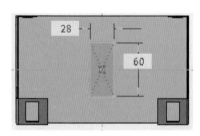

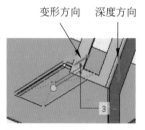

变形方向　深度方向

图 5.276　截面草图　　　　图 5.277　变形与深度方向　　　　图 5.278　选项参数

步骤 19 创建如图 5.279 所示的凸模成型。

（1）选择命令。选择 钣金件 功能选项卡 工程▼ 区域 成型▼ 下的 ↓↓ 凸模 命令，系统会弹出"凸模"功能选项卡。

（2）选择凸模模具。在系统提示下选择"凸模"功能选项卡 源模型 区域中的 命令，在系统弹出的打开对话框中选择"模具"并打开。

（3）按住 Ctrl+Alt+ 中键将模型旋转至如图 5.280 所示的大概方位。

图 5.279　凸模成型　　　　　　　　　图 5.280　旋转方位

（4）添加第 1 个配合约束。在系统提示下选取如图 5.281 所示钣金主体零件的面 1 与凸模模具零件的 FRONT 平面作为参考，将约束类型设置为"距离"，在 偏移 文本框中输入 –20，完成后如图 5.282 所示。

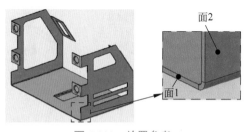

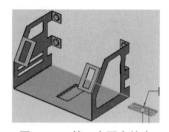

图 5.281　放置参考　　　　　　　　　图 5.282　第 1 个配合约束

（5）添加第 2 个配合约束。在 放置 区域单击 ◆ 新建约束 ，在系统提示下选取如图 5.281 所示的钣金主体零件的面 2 与凸模模具零件的 RIGHT 平面作为参考，将约束类型设置为"距离"，在 偏移 文本框中输入 –50，完成后如图 5.283 所示。

（6）添加第 3 个配合约束。在 放置 区域单击 ◆ 新建约束 ，在系统提示下选取如图 5.284 所示的面 1 与面 2 作为参考，将约束类型设置为"重合"。

图 5.283　第 2 个配合约束

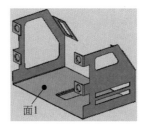
图 5.284　第 3 个配合约束

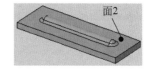

（7）单击"凸模"功能选项卡中的 ✔（确定）按钮，完成凸模成型的创建。

步骤 20　创建如图 5.285 所示的方向阵列 2。在模型树中选中步骤 19 所创建的凸模成型作为要阵列的源对象，选择 钣金件 功能选项卡 编辑▾ 下 ⊞ 阵列 后 ⊞（阵列）命令，在 类型 区域的下拉列表中选择 ⠿⠿ 方向 选项，激活"阵列"功能选项卡 设置 区域的 第一方向:文本框，选取如图 5.286 所示的边线作为参考，方向向下，在 成员数:文本框中输入 5，在 间距:文本框中输入 20，单击 ✔（确定）按钮，完成方向阵列 2 的创建。

步骤 21　创 建 如 图 5.287 所 示 的 镜 像 特 征 3。在 模 型 树 中 选 中"阵 列 2"作为要镜像的源对象，选择 钣金件 功能选项卡 编辑▾ 区 域 中 的 ⫶⫶ 镜像 命 令，在 系 统 ⇨选择一个平面或目的基准平面作为镜像平面. 的提示下选取 RIGHT 平面作为镜像中心平面，单击 ✔（确定）按钮，完成镜像的创建。

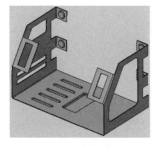
图 5.285　方向阵列 2

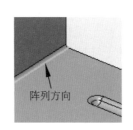
图 5.286　阵列方向参考

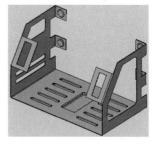
图 5.287　镜像特征 3

步骤 22　保存文件。选择"快速访问工具栏"中的"保存"命令，系统会弹出"保存对象"对话框，单击 确定 按钮，完成保存操作。

第 6 章

Creo 装配设计

6.1　装配设计概述

在实际产品的设计过程中，零件设计只是一个最基础的环节，一个完整的产品通常由许多零件组装而成的，只有将各个零件按照设计和使用的要求组装到一起，才能形成一个完整的产品，才能直观地表达出设计意图。

1. 装配的作用

（1）模拟真实产品组装，优化装配工艺。

零件的装配处于产品制造的最后阶段，产品最终的质量一般通过装配来得到保证和检验，因此，零件的装配设计是决定产品质量的关键环节。研究并制定合理的装配工艺，采用有效的保证装配精度的装配方法，对进一步提高产品质量有十分重要的意义。Creo 的装配模块能够模拟产品的实际装配过程。

（2）得到产品的完整数字模型，易于观察。

（3）检查装配体中各零件之间的干涉情况。

（4）制作爆炸视图辅助实际产品的组装。

（5）制作装配体工程图。

装配设计一般有两种方式：自顶向下装配和自下向顶装配。自下向顶设计是一种从局部到整体的设计方法，采用此方法设计产品的思路是：先设计零部件，然后将零部件插入装配体文件中进行组装，从而得到整个装配体。这种方法在零件之间不存在任何参数关联，仅仅存在简单的装配关系；自顶向下设计是一种从整体到局部的设计方法，采用此方法设计产品的思路是：首先，创建一个反映装配体整体构架的一级控件，所谓控件就是控制元件，用于控制模型的外观及尺寸等，在设计中起承上启下的作用，最高级别的控件称为一级控件，其次，根据一级控件来分配各个零件之间的位置关系和结构，据已分配好的零件之间的关系，完成各零件的设计。

2. 相关术语概念

（1）零件：组成部件与产品的最基本单元。

（2）部件：可以是零件也可以是多个零件组成的子装配，它是组成产品的主要单元。

（3）约束：在装配过程中，约束用来控制零部件与零部件之间的相对位置，起到定位的作用。

（4）装配体：也称为产品，是装配的最终结果，它是由零部件及零部件之间的配合关系组成的。

6.2　装配设计的一般过程

▷ **13min**

使用 Creo 进行装配设计的一般过程如下：

（1）新建一个"装配"文件，进入装配设计环境。

（2）装配第 1 个零部件。

> **说明：** 装配第 1 个零部件时包含两步操作，一是引入零部件；二是通过配合定义零部件的位置。

（3）装配其他零部件。

（4）制作爆炸视图。

（5）保存装配体。

（6）创建装配体工程图。

下面以装配如图 6.1 所示的车轮产品为例，介绍装配体创建的一般过程。

6.2.1　新建装配文件

图 6.1　车轮

步骤 1 设置工作目录。选择 主页 功能选项卡 数据 区域中的 🗁（选择工作目录）命令，在系统弹出的"选择工作目录"对话框中选择 D:\Creo 8.0\work\ch06.02，单击 确定 按钮完成工作目录的设置。

步骤 2 新建装配文件。

（1）选择命令。选择 主页 功能选项卡 数据 区域中的 🗋（新建）命令，在系统弹出的"新建"对话框中选中 ◉ 🗐 装配 类型，在 文件名: 文本框中输入"车轮"，取消选中 ☐ 使用默认模板 复选项，然后单击 确定 按钮。

（2）选择模板。在系统弹出的"新文件选项"对话框中选择 mmns_asm_design_abs 模板。

（3）单击"新文件选项"对话框中的 确定 按钮完成新建装配文件操作。

6.2.2　装配第 1 个零件

步骤 1 选择命令。选择 模型 功能选项卡 元件 ▾ 区域中的 🗁（组装）命令，系统会弹出"打开"对话框。

步骤2 选择要添加的零部件。在"打开"对话框中选择"支架"文件，然后单击 打开 按钮。

步骤3 定位零部件。在 放置 区域的 约束类型 下拉列表中选择 旦 默认 类型。

步骤4 单击 ✔（确定）按钮完成放置，完成后如图 6.2 所示。

6.2.3 装配第 2 个零件

1. 引入第 2 个零件

步骤1 选择命令。选择 模型 功能选项卡 元件▾ 区域中的 ⬚（组装）命令，系统会弹出"打开"对话框。

步骤2 选择要添加的零部件。在"打开"对话框中选择"车轮"文件，然后单击 打开 按钮。

步骤3 调整零部件方位。通过拖动器将零部件调整至如图 6.3 所示的方位。

2. 定位第 2 个零件

步骤1 添加同轴心约束。在绘图区选取如图 6.4 所示的面 1 与面 2 作为要约束的面，在 约束类型 下拉列表中选择"重合"，完成后如图 6.5 所示。

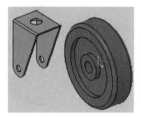

图 6.3 调整零部件方位

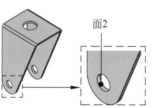

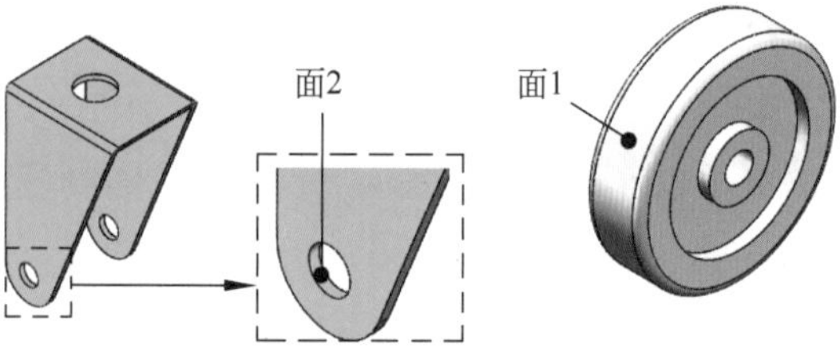

图 6.4 约束面

图 6.5 同轴心约束

步骤2 添加重合约束。在 放置 区域单击 ➡ 新建约束，选取支架零件的 DTM1 平面与车轮零件的 DTM1 平面作为约束参考，在 约束类型 下拉列表中选择"重合"，完成后如图 6.6 所示。

步骤3 完成定位，单击"元件放置"功能选项卡中的 ✔（确定）按钮，完成车轮零件的定位。

6.2.4 装配第 3 个零件

1. 引入第 3 个零件

步骤1 选择命令。选择 模型 功能选项卡 元件▾ 区域中的 ⬚（组装）命令，系统会弹出"打开"对话框。

步骤2 选择要添加的零部件。在"打开"对话框中选择"定位销"文件，然后单击 打开 按钮。

步骤3 调整零部件方位。通过拖动器将零部件调整至如图 6.7 所示的方位。

图 6.2 支架零件

图 6.6 重合约束

2. 定位第 3 个零件

步骤 1　添加同轴心约束。在绘图区选取如图 6.8 所示的面 1 与面 2 作为要约束的面，在 约束类型 下拉列表中选择"重合"，完成后如图 6.9 所示。

图 6.7　引入定位销零件　　　　　图 6.8　约束面　　　　　图 6.9　同轴心约束

步骤 2　添加重合约束。在 放置 区域单击 ➡ 新建约束，选取支架零件的 DTM1 平面与定位销零件的 DTM1 平面作为约束参考，在 约束类型 下拉列表中选择"重合"，完成后如图 6.10 所示。

步骤 3　完成定位，单击"元件放置"功能选项卡中的 ✔（确定）按钮，完成定位销零件的定位。

6.2.5　装配第 4 个零件

图 6.10　重合约束

1. 引入第 4 个零件

步骤 1　选择命令。选择 模型 功能选项卡 元件 ▾ 区域中的 🖳（组装）命令，系统会弹出"打开"对话框。

步骤 2　选择要添加的零部件。在"打开"对话框中选择"固定螺钉"文件，然后单击 打开 按钮。

步骤 3　调整零部件方位。通过拖动器将零部件调整至如图 6.11 所示的方位。

2. 定位第 4 个零件

步骤 1　添加同轴心约束。在绘图区选取如图 6.12 所示的面 1 与面 2 作为要约束的面，在 约束类型 下拉列表中选择"重合"，完成后如图 6.13 所示。

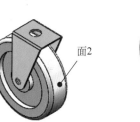

图 6.11　引入定位销零件　　　　　图 6.12　约束面　　　　　图 6.13　同轴心约束

步骤2 添加重合约束。在 放置 区域单击 ➡ 新建约束 ，在绘图区选取如图 6.14 所示的面 1 与面 2 作为要约束的面，在 约束类型 下拉列表中选择"重合"，完成后如图 6.15 所示。

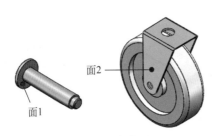

图 6.14　约束面　　　　　　　　　　　　　图 6.15　重合约束

步骤3 完成定位，单击"元件放置"功能选项卡中的 ✔（确定）按钮，完成固定螺钉零件的定位。

6.2.6　装配第 5 个零件

1. 引入第 5 个零件

步骤1 选择命令。选择 模型 功能选项卡 元件▾ 区域中的 ⬚（组装）命令，系统会弹出"打开"对话框。

步骤2 选择要添加的零部件。在"打开"对话框中选择"连接轴"文件，然后单击 打开 按钮。

步骤3 调整零部件方位。通过拖动器将零部件调整至如图 6.16 所示的方位。

2. 定位第 5 个零件

步骤1 添加同轴心约束。在绘图区选取如图 6.17 所示的面 1 与面 2 作为要约束的面，在 约束类型 下拉列表中选择"重合"，完成后如图 6.18 所示。

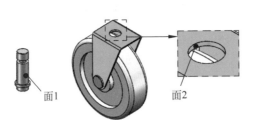

图 6.16　引入连接轴零件　　　　图 6.17　约束面　　　　　　图 6.18　同轴心约束

步骤2 添加重合约束。在 放置 区域单击 ➡ 新建约束 ，在绘图区选取如图 6.19 所示的面 1 与面 2 作为要约束的面，在 约束类型 下拉列表中选择"重合"，完成后如图 6.20 所示。

步骤3 完成定位，单击"元件放置"功能选项卡中的 ✔（确定）按钮，完成连接轴零件的定位。

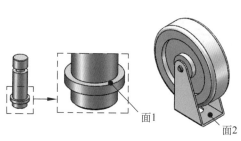

图 6.19 约束面

图 6.20 重合约束

步骤 4 保存文件。选择"快速访问工具栏"中的"保存"命令,系统会弹出"保存对象"对话框,单击 确定 按钮,完成保存操作。

6.3 装配约束

通过定义装配约束,可以指定零件相对于装配体(组件)中其他组件的放置方式和位置。装配约束的类型包括重合、平行、垂直和同轴心等。在 Creo 中,一个零件通过装配约束添加到装配体后,它的位置会随与其有约束关系的组件的改变而相应地改变,而且约束设置值作为参数可随时修改,并可与其他参数建立关系方程,这样整个装配体实际上是一个参数化的装配体。在 Creo 中装配配合主要包括三大类型:标准配合、高级配合及机械配合。

关于装配配合,需要注意以下几点:

(1)一般来讲,当建立一个装配配合时,应选取零件参照和部件参照。零件参照和部件参照是零件和装配体中用于配合定位和定向的点、线、面。例如通过"重合"约束将一根轴放入装配体的一个孔中,轴的圆柱面或者中心轴就是零件参照,而孔的圆柱面或者中心轴就是部件参照。

(2)要对一个零件在装配体中完整地指定放置和定向(完整约束),往往需要定义多个装配配合。

(3)系统一次只可以添加一个配合。例如不能用一个"重合"约束将一个零件上的两个不同的孔与装配体中的另一个零件上的两个不同的孔对齐,必须定义两个不同的重合约束。

6.3.1 "重合"约束

"重合"约束可以添加两个零部件点、线或者面中任意两个对象之间(点与点重合如图 6.21 所示、点与线重合如图 6.22 所示、点与面重合如图 6.23 所示、线与线重合如图 6.24 所示、线与面重合如图 6.25 所示、面与面重合如图 6.26 所示)的重合关系,并且可以改变重合的方向,如图 6.27 所示。

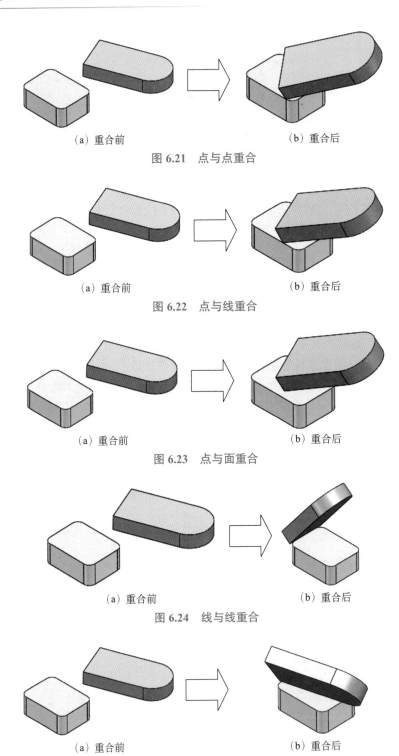

（a）重合前　　　　　　　　　　　（b）重合后

图 6.21　点与点重合

（a）重合前　　　　　　　　　　　（b）重合后

图 6.22　点与线重合

（a）重合前　　　　　　　　　　　（b）重合后

图 6.23　点与面重合

（a）重合前　　　　　　　　　　　（b）重合后

图 6.24　线与线重合

（a）重合前　　　　　　　　　　　（b）重合后

图 6.25　线与面重合

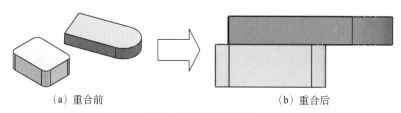

　　　　（a）重合前　　　　　　　　　　　　　　　　（b）重合后

图 6.26　面与面重合

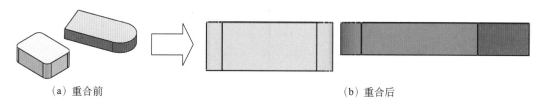

　　　（a）重合前　　　　　　　　　　　　　　　　　　（b）重合后

图 6.27　面与面重合反方向

6.3.2　"平行"约束

　　"平行"约束可以添加两个零部件线或者面两个对象之间（线与线平行、线与面平行、面与面平行）的平行关系，并且可以改变平行的方向，如图 6.28 所示。

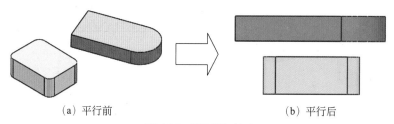

　　　　（a）平行前　　　　　　　　　　　　　　　　（b）平行后

图 6.28　"平行"约束

6.3.3　"法向"约束

　　"法向"约束可以添加两个零部件线或者面两个对象之间（线与线垂直、线与面垂直、面与面垂直）的垂直关系，并且可以改变垂直的方向，如图 6.29 所示。

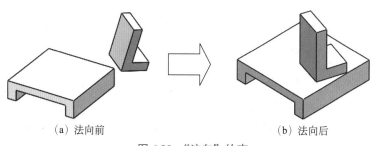

　　　　（a）法向前　　　　　　　　　　　　　　　（b）法向后

图 6.29　"法向"约束

6.3.4 "相切"约束

"相切"约束可以将所选两个元素处于相切位置（至少有一个元素为圆柱面、圆锥面和球面），并且可以改变相切的方向，如图 6.30 所示。

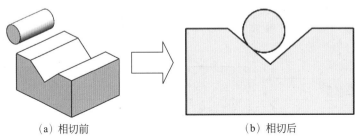

(a) 相切前　　　　　　　　　(b) 相切后

图 6.30 "相切"约束

6.3.5 "距离"约束

"距离"约束可以使两个零部件上的点、线或面保持一定距离来限制零部件的相对位置关系，如图 6.31 所示。

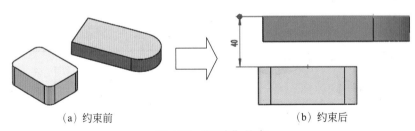

(a) 约束前　　　　　　　　　(b) 约束后

图 6.31 "距离"约束

6.3.6 "角度"约束

"角度"约束可以使两个元件上的线或面建立一个角度,从而限制部件的相对位置关系,如图 6.32 所示。

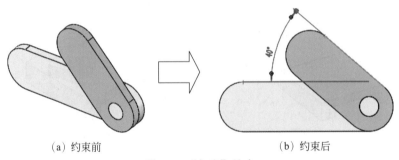

(a) 约束前　　　　　　　　　(b) 约束后

图 6.32 "角度"约束

6.3.7　约束状态

添加约束时一次只能添加一个约束，当元件的位置没有没固定时，系统会显示部分约束；当添加足够约束使元件的位置固定时，系统会显示完全约束；当添加的约束产生冲突时，系统会提示约束无效。

6.3.8　允许假设

在装配操控板中，有一个 ☑允许假设 复选框，该复选框默认情况下是被选中的，如果选中该复选框，则在装配过程中，Creo 会自动启用"允许假设"功能，通过假设存在某个装配约束，使元件自动地被完全约束，从而帮助用户高效率地装配元件，例如两个零件虽然还有一个转动的自由度没有约束，但零件已经完全约束，就是因为选中了 ☑允许假设 复选框。

有时系统假设的约束，虽然能使元件完全约束，但有可能并不符合设计意图，如何处理这种情况呢？可以取消选中 □允许假设 复选框，增加所需的约束来使元件完全约束（当再次单击 ☑允许假设 复选框时，元件会自动回到假设位置）。

"允许假设"的设置是针对具体元件的，并与该元件一起保存。

6.4　零部件的复制

6.4.1　镜像复制

在装配体中，经常会出现两个零部件关于某一平面对称的情况，此时，不需要再次为装配体添加相同的零部件，只需对原有零部件进行镜像复制。下面以如图 6.33 所示的产品为例介绍镜像复制的一般操作过程。

▷ 7min

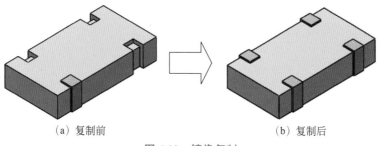

（a）复制前　　　　　　　　　（b）复制后

图 6.33　镜像复制

步骤 **1** 打开文件 D:\Creo 8.0\work\ch06.04\01\ 镜像复制 -ex。

步骤 **2** 选择命令。选择 模型 功能选项卡 元件▾ 区域中的 ◖◗ 镜像元件 命令，系统会弹出如图 6.34 所示的"镜像元件"对话框。

步骤 **3** 选择镜像元件。在系统提示下选取"镜像复制 02"零件作为要复制的元件。

步骤 4 选择镜像中心平面。在系统提示下选取 ASM-RIGHT 平面作为镜像中心平面。

步骤 5 设置镜像其他参数。在"镜像元件"对话框 新建元件 区域选中 ⦿ 重新使用选定的模型 单选项，其他参数采用系统默认。

步骤 6 单击"镜像元件"对话框中的 确定 按钮，完成如图 6.35 所示的镜像操作。

步骤 7 选择命令。选择 模型 功能选项卡 元件▼ 区域中的 ▯▯镜像元件 命令，系统会弹出 "镜像元件"对话框。

步骤 8 选择镜像元件。在系统提示下选取"镜像复制 02"零件作为要复制的元件。

步骤 9 选择镜像中心平面。在系统提示下选取 ASM-FRONT 平面作为镜像中心平面。

步骤 10 设置镜像的其他参数。在"镜像元件"对话框 新建元件 区域选中 ⦿ 重新使用选定的模型 单选项，其他参数采用系统默认。

步骤 11 单击"镜像元件"对话框中的 确定 按钮。

步骤 12 选择命令。选择 模型 功能选项卡 元件▼ 区域中的 ▯▯镜像元件 命令，系统会弹出"镜像元件"对话框。

步骤 13 选择镜像元件。在系统提示下选取"镜像复制 02"零件作为要复制的元件。

步骤 14 选择镜像中心平面。在系统提示下选取 ASM-FRONT 平面作为镜像中心平面。

步骤 15 设置镜像的其他参数。在"镜像元件"对话框 新建元件 区域选中 ⦿ 重新使用选定的模型 单选项，其他参数采用系统默认。

步骤 16 单击"镜像元件"对话框中的 确定 按钮，完成如图 6.36 所示的镜像操作。

图 6.34 "镜像元件"对话框

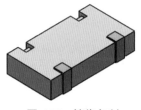

图 6.35 镜像复制

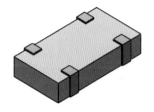

图 6.36 镜像复制

6.4.2　阵列复制

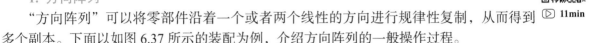

1. 方向阵列

"方向阵列"可以将零部件沿着一个或者两个线性的方向进行规律性复制，从而得到多个副本。下面以如图 6.37 所示的装配为例，介绍方向阵列的一般操作过程。

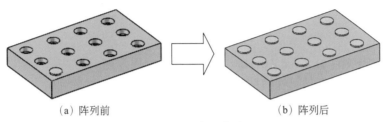

（a）阵列前　　　　　　　　　　　（b）阵列后

图 6.37　方向阵列

步骤 1　打开文件 D:\Creo 8.0\work\ch06.04\02\ 方向阵列 -ex。

步骤 2　选择阵列元件。在模型树中选取 "02" 作为要阵列的元件。

步骤 3　选择命令。选择 模型 功能选项卡 修饰符▼ 区域中的 ▦（阵列）命令，系统会弹出 "阵列" 功能选项卡。

步骤 4　定义阵列类型。在"阵列"功能选项卡 类型 区域的下拉列表中选择 ⠿ 方向 选项。

步骤 5　定义方向一参数。激活 "阵列" 功能选项卡 设置 区域的 第一方向: 文本框，选取如图 6.38 所示的边线作为参考，单击 ⚡ 按钮使方向向右，在 成员数: 文本框中输入 4，在 间距: 文本框中输入 50。

步骤 6　定义方向二参数。激活 "阵列" 功能选项卡 设置 区域的 第一方向: 文本框，选取如图 6.39 所示的边线作为参考，单击 ⚡ 按钮使方向向上，在 成员数: 文本框中输入 3，在 间距: 文本框中输入 40。

图 6.38　阵列方向一　　　　　　　　　　　　　图 6.39　阵列方向二

步骤 7　完成创建。单击"阵列"功能选项卡中的 ✔（确定）按钮，完成方向阵列的创建，如图 6.37（b）所示。

2. 圆周阵列

"圆周阵列"可以将零部件绕着一个中心轴进行圆周规律复制，从而得到多个副本。下面以如图 6.40 所示的装配为例，介绍圆周阵列的一般操作过程。

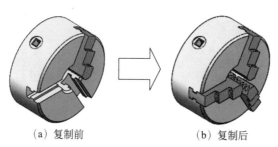

(a) 复制前   (b) 复制后

图 6.40 圆周阵列

步骤 1 打开文件 D:\Creo 8.0\work\ch06.04\03\ 圆周阵列 -ex。

步骤 2 选择阵列元件。在模型树中选取 "卡盘爪" 作为要阵列的元件。

步骤 3 选择命令。选择 模型 功能选项卡 修饰符▼ 区域中的 ▦（阵列）命令，系统会弹出 "阵列" 功能选项卡。

步骤 4 定义阵列类型。在 "阵列" 功能选项卡 类型 区域的下拉列表中选择 ⁘｜轴 选项。

步骤 5 定义轴阵列参数。选取如图 6.41 所示的轴作为参考，在 第一方向成员: 文本框中输入 3，单击 角度范围: 按钮，在其后的文本框中输入 360。

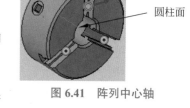

圆柱面

步骤 6 完成创建。单击 "阵列" 功能选项卡中的 ✔（确定）按钮，完成轴阵列的创建，如图 6.40（b）所示。

3. 参考阵列

图 6.41 阵列中心轴

"参考阵列" 是以装配体中某一零部件的阵列特征为参照进行零部件的复制，从而得到多个副本。下面以如图 6.42 所示的装配为例，介绍参考阵列的一般操作过程。

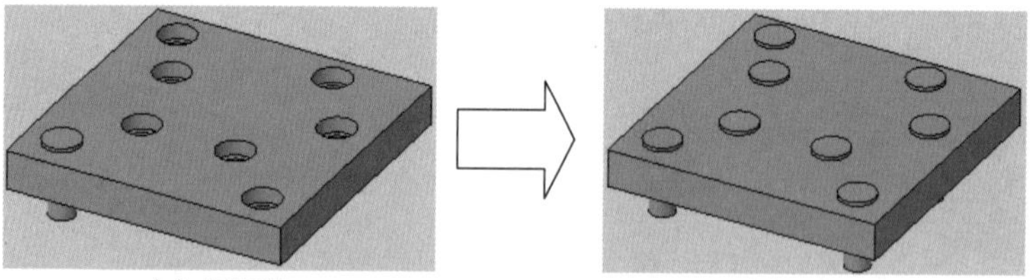

(a) 复制前   (b) 复制后

图 6.42 特征驱动阵列

步骤 1 打开文件 D:\Creo 8.0\work\ch06.04\04\ 参考阵列 -ex。

步骤 2 选择阵列元件。在模型树中选取 "02" 作为要阵列的元件。

步骤 3 选择命令。选择 模型 功能选项卡 修饰符▼ 区域中的 ▦（阵列）命令，系统会弹出 "阵列" 功能选项卡。

步骤 4 定义阵列类型。在 "阵列" 功能选项卡 类型 区域的下拉列表中选择 ▦ 参考 选项。

步骤 5　完成创建。单击"阵列"功能选项卡中的 ✔（确定）按钮，完成参考阵列的创建，如图 6.42（b）所示。

6.5　零部件的编辑

在装配体中，可以对该装配体中的任何零部件进行下面的一些操作：零部件的打开与删除、零部件尺寸的修改、零部件装配配合的修改（如距离配合中距离值的修改）及零部件装配配合的重定义等。完成这些操作一般要从特征树开始。

6.5.1　更改零部件名称

在一些比较大型的装配体中，通常会包含几百甚至几千个零部件，当需要选取其中的一个零部件时，一般在模型树中进行选取，此时模型树中模型显示的名称就非常重要了。下面以如图 6.43 所示的模型树为例，介绍在模型树中更改零部件名称的一般操作过程。

▷ 4min

步骤 1　打开文件 D:\Creo 8.0\work\ch06.05\01\ 更改零部件名称 -ex。

步骤 2　打开文件 D:\Creo 8.0\work\ch06.05\01\ 02.prt。

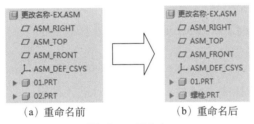

（a）重命名前　　　　（b）重命名后

图 6.43　重命名

步骤 3　选择命令。选择下拉菜单 文件 → 管理文件(F) → 重命名(R) 命令，系统会弹出如图 6.44 所示的"重命名"对话框。

步骤 4　设置新名称。在 新文件名: 文本框中输入"螺栓"，选中 ⦿ 在磁盘上和会话中重命名 单选项。

步骤 5　单击"重命名"对话框中的 确定 按钮完成操作。

步骤 6　将窗口值切换至装配，以便查看模型树变化。

图 6.44　"重命名"对话框

6.5.2　修改零部件尺寸

下面以如图 6.45 所示的装配体模型为例，介绍修改装配体中零部件尺寸的一般操作过程。

▷ 4min

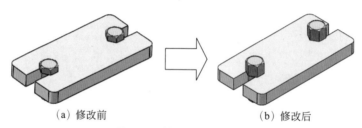

（a）修改前   （b）修改后

图 6.45 　修改零部件尺寸

1. 单独打开修改零部件尺寸

步骤 1 打开文件 D:\Creo 8.0\work\ch06.05\02\ 修改零部件尺寸 -ex。

步骤 2 单独打开零部件。在模型树中右击螺栓零件，在系统弹出的快捷菜单中选择 📂（打开）命令。

步骤 3 定义修改特征。在模型树中右击拉伸 2，在弹出的快捷菜单中选择 🖌（编辑定义）命令，系统会弹出"拉伸"功能选项卡。

步骤 4 更改尺寸。在"拉伸"功能选项卡 深度 区域的"深度"文本框中将尺寸修改为 20，单击对话框中的 ✔（确定）按钮完成修改。

步骤 5 将窗口切换到总装配，查看修改后的效果。

2. 装配中直接编辑修改

步骤 1 打开文件 D:\Creo 8.0\work\ch06.05\02\ 修改零部件尺寸 -ex。

步骤 2 选择命令。在模型树中右击螺栓零件节点，在系统弹出的快捷菜单中选择 ◈（激活）命令，此时进入编辑零部件的环境，如图 6.46 所示。

步骤 3 定义修改特征。在模型树中右击拉伸 2，在弹出的快捷菜单中选择 🖌（编辑定义）命令，系统会弹出"拉伸"功能选项卡。

图 6.46 　编辑零部件环境

步骤 4 更改尺寸。在"拉伸"功能选项卡 深度 区域的"深度"文本框中将尺寸修改为 20，单击对话框中的 ✔（确定）按钮完成修改。

步骤 5 在模型树中右击总装配节点，在系统弹出的快捷菜单中选择 ◈（激活）命令，此时进入装配的环境，完成尺寸的修改。

6.5.3 添加装配特征

下面以如图 6.47 所示的装配体模型为例，介绍添加装配特征的一般操作过程。

▷ 6min

步骤 1 打开文件 D:\Creo 8.0\work\ch06.05\03\ 添加装配特征 -ex。

步骤 2 选择命令。选择 模型 功能选项卡 切口和曲面▾ 区域中的 🗍 孔 命令，系统会弹出"孔"功能选项卡。

步骤 3 定义打孔位置。在"孔"功能选项卡 放置 区域的 类型 下拉列表中选择

∴.草绘 ，单击 定义... 按钮选取如图 6.48 所示的面作为草图平面，绘制如图 6.49 所示的定位草图，单击对话框中的 ✔ 按钮完成位置定义。

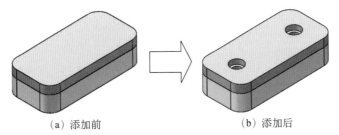

(a) 添加前　　　　　　　　(b) 添加后

图 6.47　添加装配特征

步骤 4　定义打孔类型。在 "孔" 功能选项卡 类型 区域选中 ⊔简单，在 轮廓 区域选中 ⊔钻孔 与 ⊔沉孔。

步骤 5　定义打孔参数。在 "孔" 功能选项卡 形状 区域设置如图 6.50 所示的参数。

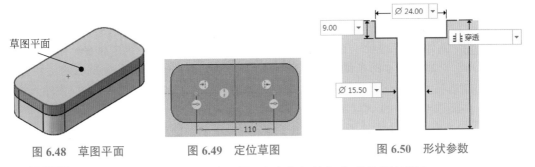

图 6.48　草图平面　　　　　图 6.49　定位草图　　　　　图 6.50　形状参数

步骤 6　单击 "孔" 功能选项卡中的 ✔（确定）按钮完成特征的添加。

6.5.4　添加零部件

下面以如图 6.51 所示的装配体模型为例，介绍添加零部件的一般操作过程。

步骤 1　打开文件 D:\Creo 8.0\work\ch06.05\04\ 添加零部件 -ex。

步骤 2　选择命令。选择 模型 功能选项卡 元件▼ 区域中的 创建 命令，系统会弹出如图 6.52 所示的 "创建元件" 对话框。

▷ 8min

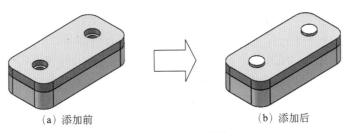

(a) 添加前　　　　　　　　（b）添加后

图 6.51　添加零部件

步骤 3 设置元件的基本参数。在"创建元件"对话框选中 ⦿ 零件 与 ⦿ 实体 ，在 文件名: 文本框中输入"螺栓"，单击 确定(O) 按钮系统会弹出如图 6.53 所示的"创建选项"对话框，在"创建选项"对话框选中 ⦿ 创建特征 ，单击 确定(O) 按钮此时会进入编辑零件环境，如图 6.54 所示。

图 6.52 "创建元件"对话框

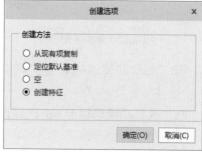

图 6.53 "创建选项"对话框

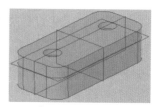

图 6.54 编辑零件环境

步骤 4 创建旋转特征。选择 模型 功能选项卡 形状▼ 区域中的 旋转 命令，选取 ASM-FRONT 平面作为草图平面，绘制如图 6.55 所示的截面，采用系统默认的旋转方向，在 旋转 功能选项卡 角度 区域的下拉列表中选择 山 可变 选项，在"深度"文本框中输入 360，单击 旋转 功能选项卡中的 ✔（确定）按钮，完成特征的创建，如图 6.56 所示。

步骤 5 在模型树中右击总装配节点，在系统弹出的快捷菜单中选择 ◈（激活）命令，此时进入装配的环境。

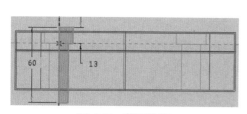

图 6.55 截面轮廓

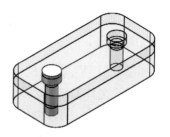

图 6.56 旋转特征

步骤 6 镜像元件。选择 模型 功能选项卡 元件▼ 区域中的 镜像元件 命令，在系统提示下选取"螺栓"零件作为要复制的元件，在系统提示下选取 ASM-RIGHT 平面作为镜像中心平面，在"镜像元件"对话框 新建元件 区域选中 ⦿ 重新使用选定的模型 单选项，其他参数采用系统默认，单击 确定 按钮，完成如图 6.57 所示的镜像操作。

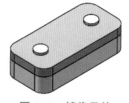

图 6.57 镜像元件

6.6　挠性元件的装配

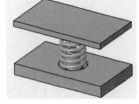

▷ 12min

最常见的挠性元件为弹簧，由于弹簧零件在装配前后的形状和尺寸均会产生变化，所以装配弹簧需要较特殊的装配方法和技巧。

下面以如图 6.58 所示的装配为例，介绍挠性元件装配的一般操作过程。

图 6.58　挠性元件的装配

步骤 1　打开文件 D:\Creo 8.0\work\ch06.06\ 弹簧。

步骤 2　添加关系。

（1）选择命令。选择 工具 功能选项卡 模型意图 ▾ 区域中的 d= 关系 命令，系统会弹出如图 6.59 所示的"关系"对话框。

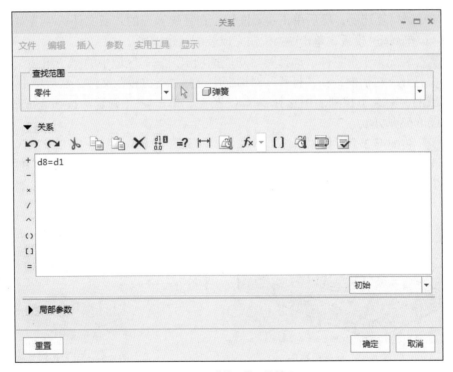

图 6.59　"关系"对话框

（2）添加关系。在模型树选取拉伸 1 特征，此时图形区将显示拉伸的相关尺寸，如图 6.60 所示，在图形区选取 d8 尺寸，然后在关系对话框输入 =，在模型树选取"螺旋扫描"特征，系统会弹出如图 6.61 所示的菜单管理器，在菜单管理器中选择 指定 → ☑轮廓 → 完成 ，在图形区选取如图 6.62 所示的 d1 尺寸。

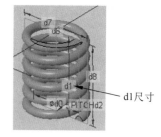

图 6.60　拉伸相关尺寸　　　图 6.61　菜单管理器　　　图 6.62　螺旋扫描相关尺寸

（3）单击"关系"对话框中的 确定 按钮完成关系的添加。

步骤3 保存并关闭弹簧零件。

步骤4 新建装配文件。选择 主页 功能选项卡 数据 区域中的 （新建）命令，在系统弹出的"新建"对话框中选中 ◉ 装配 类型，在 文件名: 文本框中输入"挠性装配"，取消选中 □ 使用默认模板 复选项，然后单击 确定 按钮，在系统弹出的"新文件选项"对话框中选择 mmns_asm_design_abs 模板，单击 确定 按钮完成装配新建操作。

步骤5 装配第1个零件。选择 模型 功能选项卡 元件 ▾ 区域中的 （组装）命令，系统会弹出"打开"对话框，在"打开"对话框中选择"支撑板"文件，然后单击 打开 按钮，在 放置 区域的 约束类型 下拉列表中选择 默认 类型，单击 ✔ （确定）按钮完成放置操作，完成后如图 6.63 所示。

步骤6 装配第2个零件（压板）。

（1）选择 模型 功能选项卡 元件 ▾ 区域中的 （组装）命令，系统会弹出"打开"对话框，在"打开"对话框中选择"压板"文件，然后单击 打开 按钮，通过拖动器将零部件调整至如图 6.64 所示的方位。

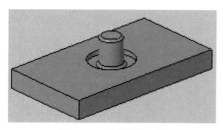

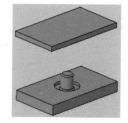

图 6.63　支撑板零件　　　　　　　图 6.64　引入压板零件

（2）添加同轴心约束。在绘图区选取如图 6.65 所示的面 1 与面 2 作为要约束的面，在 约束类型 下拉列表中选择"重合"。

（3）添加重合约束。在 放置 区域单击 ➡ 新建约束 ，选取如图 6.65 所示的面 3 与面 4 作为要约束的面，以此作为约束参考，在 约束类型 下拉列表中选择"重合"。

（4）添加距离约束。在 放置 区域单击 ➡ 新建约束 ，选取如图 6.65 所示的面 5 与面 6 作为要约束的面，以此作为约束参考，在 约束类型 下拉列表中选择"距离"，在"距离"文本框中输入 150，完成后如图 6.66 所示。

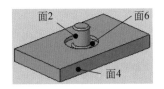
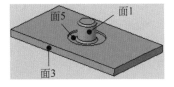

图 6.65　约束面

步骤 7 装配第 3 个零件（弹簧）。

（1）选择 模型 功能选项卡 元件▼ 区域中的 ⬚（组装）命令，系统会弹出"打开"对话框，在"打开"对话框中选择"弹簧"文件，然后单击 打开 按钮，通过拖动器将零部件调整至如图 6.67 所示的方位。

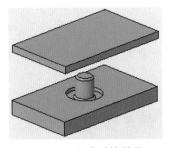
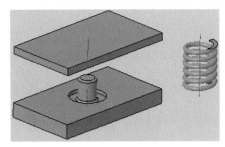

图 6.66　完成后的效果　　　　　　图 6.67　引入弹簧零件

（2）添加重合约束。在绘图区选取如图 6.68 所示的轴 1 与轴 2 作为要约束的面，在约束类型 下拉列表中选择"重合"。

（3）添加重合约束。在绘图区选取如图 6.68 所示的面 1 与面 2 作为要约束的面，在约束类型 下拉列表中选择"重合"，完成后的效果如图 6.69 所示。

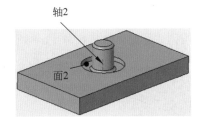
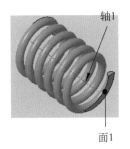

图 6.68　约束面　　　　　　　　　　图 6.69　完成后的效果

步骤 8 设置挠性零件参数属性。

（1）在模型树中选中"弹簧"零件并右击，在系统弹出的快捷菜单中选择 挠性元件 →
 挠性化(K) 命令，系统会弹出如图 6.70 所示的"可变项"对话框。

（2）在图形区选取"弹簧"零件，系统会弹出如图 6.71 所示的"菜单管理器"，在菜单管理器中选择 指定 → ☑轮廓 → 完成 ，在图形区选取尺寸 120 并按 确定 按钮。

（3）在"可变项"对话框方法下拉列表中选择"距离"选项，系统会弹出如图 6.72 所示"距离"对话框，选取如图 6.73 所示的面 1 与面 2 作为参考。

图 6.70 "可变项"对话框

图 6.71 菜单管理器

图 6.72 "距离"对话框

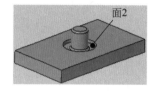

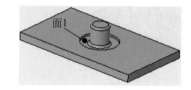

图 6.73 距离面

（4）单击"可变项"对话框中的 确定 按钮完成参数的设置。

步骤 9 验证弹簧的挠性。

（1）在模型树中右击"压板"零件，在系统弹出的快捷菜单中选择 ✍（编辑定义）命令，系统会弹出"元件放置"功能选项卡。

（2）将配合距离值修改为 200，然后单击 ✔（确定）按钮，完成后如图 6.74（a）所示。

（3）将配合距离值修改为 100，然后单击 ✔（确定）按钮，完成后如图 6.74（b）所示。

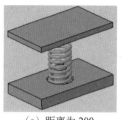

（a）距离为 200

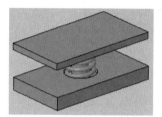

（b）距离为 100

图 6.74 验证挠性弹簧

6.7　爆炸视图

　　装配体中的爆炸视图就是将装配体中的各零部件沿着直线或坐标轴移动，使各个零件从装配体中分解出来。爆炸视图对于表达装配体中所包含的零部件，以及各零部件之间的相对位置关系是非常有帮助的，实际工作中的装配工艺卡片就可以通过爆炸视图来具体制作。

6.7.1　制作爆炸视图

▶ 9min

　　下面以如图 6.75 所示的爆炸视图为例，介绍制作爆炸视图的一般操作过程。

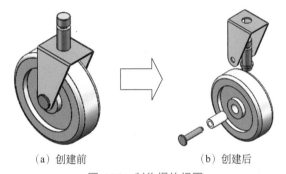

（a）创建前　　　　　　　　　（b）创建后

图 6.75　制作爆炸视图

　步骤 1　打开文件 D:\Creo 8.0\work\ch06.07\01\ 制作爆炸视图 -ex。

　步骤 2　选择命令。选择 模型 功能选项卡 模型显示▼ 区域中的 📑（管理视图）命令，系统会弹出如图 6.76 所示的"视图管理器"对话框。

图 6.76　"视图管理器"对话框

步骤 3 新建分解。选择"视图管理器"对话框 分解 区域的 新建 命令，在名称文本框中输入分解视图名称（采用系统默认 Exp0001）并按 Enter 键确认。

步骤 4 创建爆炸视图 1。

（1）选择命令。选择 编辑 下的 编辑位置 命令，系统会弹出"分解工具"功能选项卡。

（2）定义要爆炸的零件。在图形区选取如图 6.77 所示的固定螺钉。

（3）定义移动参考。激活 参考 区域的 移动参考: 文本框，选取如图 6.77 所示的面作为参考。

（4）定义移动方向与距离。在 选项 区域的 运动增量: 文本框中输入 5（用于控制在移动爆炸零件时每隔 5mm 进行捕捉），在图形区将爆炸零件沿 x 轴方向移动 100mm，完成后如图 6.78 所示。

（5）单击"分解工具"功能选项卡中的 ✔（确定）按钮完成爆炸步骤 1。

步骤 5 创建爆炸视图 2。

（1）选择命令。选择 编辑 下的 编辑位置 命令，系统会弹出"分解工具"功能选项卡。

（2）定义要爆炸的零件。在图形区选取如图 6.79 所示的支架与连接轴零件。

（3）定义移动参考。激活 参考 区域的 移动参考: 文本框，选取如图 6.79 所示的面作为参考。

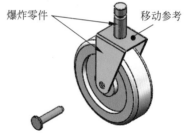

图 6.77　爆炸零件与移动参考　　图 6.78　爆炸步骤 1　　图 6.79　爆炸零件与移动参考

（4）定义移动方向与距离。在图形区将爆炸零件沿 x 轴方向移动 85mm，完成后如图 6.80 所示。

（5）单击"分解工具"功能选项卡中的 ✔（确定）按钮完成爆炸步骤 2。

步骤 6 创建爆炸视图 3。

（1）选择命令。选择 编辑 下的 编辑位置 命令，系统会弹出"分解工具"功能选项卡。

（2）定义要爆炸的零件。在图形区选取如图 6.81 所示的连接轴零件。

（3）定义移动参考。激活 参考 区域的 移动参考: 文本框，选取如图 6.81 所示的面作为参考。

（4）定义移动方向与距离。在图形区将爆炸零件沿 x 轴负方向移动 70mm，完成后如图 6.82 所示。

（5）单击"分解工具"功能选项卡中的 ✔（确定）按钮完成爆炸步骤 3。

图 6.80　爆炸步骤 2　　　　　图 6.81　爆炸零件与移动参考　　　　　图 6.82　爆炸步骤 3

步骤 7 创建爆炸视图 4。

（1）选择命令。选择 编辑 下的 ⚒ 编辑位置 命令，系统会弹出"分解工具"功能选项卡。

（2）定义要爆炸的零件。在图形区选取如图 6.83 所示的连接轴零件。

（3）定义移动参考。激活 参考 区域的 移动参考: 文本框，选取如图 6.83 所示的面作为参考。

（4）定义移动方向与距离。在图形区将爆炸零件沿 x 轴方向移动 50mm，完成后如图 6.84 所示。

（5）单击"分解工具"功能选项卡中的 ✔（确定）按钮完成爆炸步骤 4。

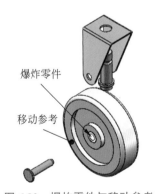
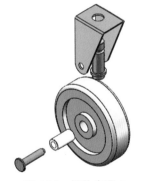

图 6.83　爆炸零件与移动参考　　　　　　　图 6.84　爆炸步骤 4

步骤 8 完成爆炸。单击"视图管理器"对话框 编辑 下的 保存... 命令，在系统弹出的"保存显示元素"对话框中单击 确定(O) 按钮，最后单击 关闭 按钮，完成爆炸的创建。

6.7.2 拆卸组装动画

14min

下面以如图 6.85 所示的装配图为例，介绍制作拆卸组装动画的一般操作过程。

[步骤 1] 打开文件 D:\Creo 8.0\work\ch06.07\02\拆卸组装动画 -ex。

[步骤 2] 进入动画环境。选择 应用程序 功能选项卡 运动 区域中的 🎥（动画）命令，系统会弹出如图 6.86 所示的"动画"功能选项卡。

图 6.85 拆卸组装动画

图 6.86 "动画"功能选项卡

[步骤 3] 新建快照动画。在"动画"功能选项卡 模型动画 区域选择 新建动画 下的 📷 快照 命令，系统会弹出如图 6.87 所示的"定义动画"对话框，采用系统默认的名称，单击 确定 按钮完成动画的新建。

[步骤 4] 定义主体。选择"动画"功能选项卡 机构设计 区域中的 🔩刚性主体定义 命令，系统会弹出"动画刚性主体"对话框，单击 每个主体一个零件(O) 按钮将每个实体都设置为主体，如图 6.88 所示，单击 关闭 按钮完成主体的定义。

图 6.87 "定义动画"对话框

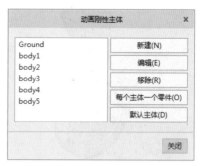

图 6.88 "动画刚性主体"对话框

[步骤 5] 定义快照 1。选择"动画"功能选项卡 机构设计 区域中的 🖐（拖动元件）命令，系统会弹出如图 6.89 所示的"拖动"对话框，将视图调整至如图 6.90 所示的方位，单击 📷（拍下当前配置的快照）按钮完成快照 1。

[步骤 6] 定义快照 2。在"拖动"对话框 高级拖动选项 区域选中 ⬆（沿 y 轴移动），在图形区将顶盖零件拖动至如图 6.91 所示的位置，单击 📷（拍下当前配置的快照）按钮完成快

照 2。

步骤 7　定义快照 3。在"拖动"对话框 高级拖动选项 区域选中 📑 （沿 x 轴移动），在图形区将螺旋杆零件拖动至如图 6.92 所示的位置，单击 📷 （拍下当前配置的快照）按钮完成快照 3。

步骤 8　定义快照 4。在"拖动"对话框 高级拖动选项 区域选中 📑 （沿 y 轴移动），在图形区将螺旋杆零件拖动至如图 6.93 所示的位置，单击 📷 （拍下当前配置的快照）按钮完成快照 4。

图 6.89　"拖动"对话框

图 6.90　快照 1

图 6.91　快照 2

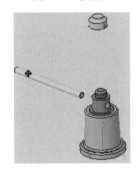

图 6.92　快照 3

图 6.93　快照 4

步骤 9　定义快照 5。在"拖动"对话框 高级拖动选项 区域选中 📑 （沿 y 轴移动），在图形区将底座零件拖动至如图 6.94 所示的位置，单击 📷 （拍下当前配置的快照）按钮完成快照 5，单击 关闭 按钮完成所有快照的添加。

步骤 10　定义关键帧序列。

（1）选择"动画"功能选项卡 创建动画 ▾ 区域中的 ▦▦▦ （关键帧序列）命令，系统会弹出如图 6.95 所示的"关键帧序列"对话框，

（2）添加关键帧 1。在快照下拉列表中选择 Snapshot1，在 时间: 文本框中输入 0，然后单击 ✚ （将关键帧添加到关键帧序列）按钮。

（3）添加关键帧 2。在快照下拉列表中选择 Snapshot2，在 时间: 文本框中输入 2，然后单击 ✚ （将关键帧添加到关键帧序列）按钮。

图 6.94　快照 5

（4）添加关键帧3。在快照下拉列表中选择 Snapshot3，在 时间: 文本框中输入4，然后单击 ➕（将关键帧添加到关键帧序列）按钮。

（5）添加关键帧4。在快照下拉列表中选择 Snapshot4，在 时间: 文本框中输入6，然后单击 ➕（将关键帧添加到关键帧序列）按钮。

（6）添加关键帧5。在快照下拉列表中选择 Snapshot5，在 时间: 文本框中输入8，然后单击 ➕（将关键帧添加到关键帧序列）按钮，完成后如图 6.96 所示。

图 6.95 "关键帧序列"对话框　　　图 6.96 添加关键帧序列

（7）单击"关键帧序列"对话框中的 确定 按钮完成关键帧序列的添加。

步骤 11 在图形区单击 创建 与 回放 按钮，然后单击 ▶ 按钮即可查看动画效果。

步骤 12 查看动画效果。选择"动画"功能选项卡 回放▾ 区域中的 ◀▮（回放）命令，系统会弹出如图 6.97 所示的"回放"对话框，单击 ◀▶（播放当前结果集）按钮后单击 ▶ 按钮即可查看动画效果。

步骤 13 保存动画。单击 🖫 按钮，在系统弹出的如图 6.98 所示的"捕获"对话框中设置格式与名称等参数，最后单击 确定 按钮完成保存操作。

图 6.97　"回放"对话框

图 6.98　"捕获"对话框

第 7 章

Creo 模型的测量与分析

7.1 模型的测量

7.1.1 基本概述

产品的设计离不开模型的测量与分析，本节主要介绍空间点、线、面距离的测量、角度的测量、曲线长度的测量、面积的测量等，这些测量工具在产品零件设计及装配设计中经常用到。

7.1.2 测量距离

⊳ 6min

在 Creo 中可以测量的距离包括点到点的距离、点到线的距离、点到面的距离、线到线的距离、面到面的距离等。下面以如图 7.1 所示的模型为例，介绍测量距离的一般操作过程。

步骤 1 打开文件 D:\Creo 8.0\work\ch07.01\ 模型测量 01.prt。

步骤 2 选择命令。选择 分析 功能选项卡 测量 区域 下的 距离 命令，系统会弹出如图 7.2 所示的"测量"对话框。

图 7.1 测量距离

图 7.2 "测量"对话框

步骤3 测量面到面的距离。依次选取如图 7.3 所示的面 1 与面 2，在图形区及如图 7.4 所示的"测量"对话框中会显示测量的结果。

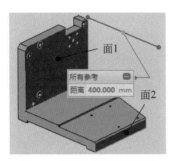

图 7.3　测量面到面的距离

图 7.4　结果显示

说明：在开始新的测量前需要在如图 7.5 所示的区域右击并选择"全部移除"命令将之前对象清空，然后选取新的对象。

此区域右击

图 7.5　清空之前的对象

步骤4 测量点到面的距离，如图 7.6 所示。
步骤5 测量点到线的距离，如图 7.7 所示。
步骤6 测量点到点的距离，如图 7.8 所示。
步骤7 测量线到线的距离，如图 7.9 所示。

图 7.6 测量点到面的距离

图 7.7 测量点到线的距离

图 7.8 测量点到点的距离

图 7.9 测量线到线的距离

步骤 8 测量线到面的距离，如图 7.10 所示。

步骤 9 测量点到点的投影距离，如图 7.11 所示。选取如图 7.11 所示的点 1 与点 2，在"测量"对话框中激活 投影 文本框，选取如图 7.11 所示的面作为投影面，此时两点的投影距离将在图形区显示。

图 7.10 测量线到面的距离

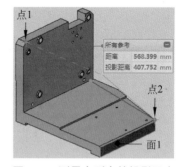

图 7.11 测量点到点的投影距离

7.1.3 测量角度

在 Creo 中可以测量的角度包括线与线的角度、线与面的角度、面与面的角度等。下面以如图 7.12 所示的模型为例，介绍测量角度的一般操作过程。

3min

步骤 1　打开文件 D:\Creo 8.0\work\ch07.01\ 模型测量 02。

步骤 2　选择命令。选择 分析 功能选项卡 测量 区域 下的 △ 角度 命令，系统会弹出"测量"对话框。

步骤 3　测量面与面的角度。依次选取如图 7.13 所示的面 1 与面 2，在如图 7.14 所示的"测量"对话框中会显示测量的结果。

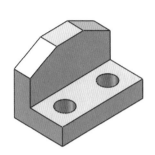

图 7.12　测量角度

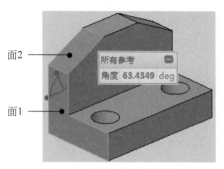

图 7.13　测量面与面的角度

图 7.14　"测量"对话框结果

说明：如果测量对话框 角度 下拉列表中选择的类型不同，测量方向及结果就不同，当选择"主角"时，结果如图 7.13 所示；当选择"补角"时，结果如图 7.15（a）所示；当选择"共轭"时，结果如图 7.15（b）所示；当选择"第二共轭"时，结果如图 7.15（c）所示。

(a) 补角

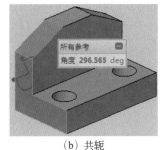
(b) 共轭

(c) 第二共轭

图 7.15 测量角度

步骤 4 测量线与面的角度。首先清空上一步所选取的对象，然后依次选取如图 7.16 所示的线 1 与面 1，在图形区及如图 7.17 所示的"测量"对话框中会显示测量的结果。

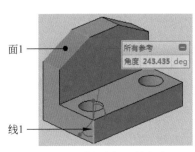

图 7.16 测量线与面的角度

图 7.17 "测量"对话框结果

步骤 5 测量线与线的角度。首先清空上一步所选取的对象，然后依次选取如图 7.18 所示的线 1 与线 2，在图形区及如图 7.19 所示的"测量"对话框中会显示测量的结果。

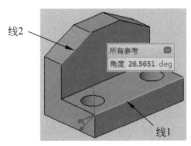

图 7.18 测量线与线的角度

图 7.19 "测量"对话框结果

7.1.4　测量曲线长度

▷ 2min

下面以如图 7.20 所示的模型为例，介绍测量曲线长度的一般操作过程。

步骤 1　打开文件 D:\Creo 8.0\work\ch07.01\ 模型测量 03。

步骤 2　选择命令。选择 分析 功能选项卡 测量 区域 测量▾ 下的 ∿ 长度 命令，系统会弹出 "测量"对话框。

步骤 3　测量曲线长度。在绘图区选取如图 7.21 所示的样条曲线，在图形区及如图 7.22 所示的"测量"对话框中会显示测量的结果。

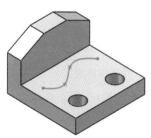

图 7.20　测量曲线长度

图 7.21　测量曲线长度

设置	
参考	选项
曲线:F8(草绘_1)	□ 用作链

结果			ⓘ 📄
参考	测量	值	单位
曲线:F8(草绘_1)	曲线长度	26.2436	mm

图 7.22　"测量"对话框结果

步骤 4　测量圆的长度。首先清空上一步所选取的对象，然后依次选取如图 7.23 所示的圆对象的边线（两条），在如图 7.24 所示的"测量"对话框中会显示测量的结果。

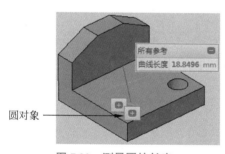

图 7.23　测量圆的长度

设置	
参考	选项
边:F7(拉伸_2)	
边:F7(拉伸_2)	

结果			ⓘ 📄
参考	测量	值	单位
边:F7(拉伸_2)	曲线长度	9.42478	mm
边:F7(拉伸_2)	曲线长度	9.42478	mm
所有参考	曲线长度	18.8496	mm

图 7.24　"测量"对话框结果

7.1.5　测量面积

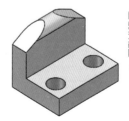
▷ 2min

下面以如图 7.25 所示的模型为例，介绍测量面积的一般操作过程。

步骤 1　打开文件 D:\Creo 8.0\work\ch07.01\ 模型测量 04。

步骤 2　选择命令。选择 分析 功能选项卡 测量 区域 测量▾ 下的

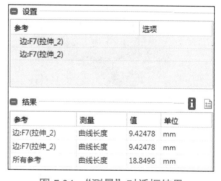

图 7.25　测量面积

☒ 面积 命令，系统会弹出"测量"对话框。

步骤 3 测量平面面积。在绘图区选取如图 7.26 所示的平面，在图形区及如图 7.27 所示的"测量"对话框中会显示测量的结果。

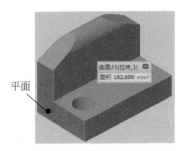

图 7.26　测量平面面积

图 7.27　"测量"对话框结果

步骤 4 测量曲面面积。在绘图区选取如图 7.28 所示的曲面，在图形区及如图 7.29 所示的"测量"对话框中会显示测量的结果。

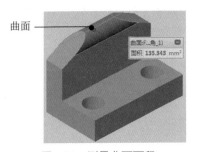

图 7.28　测量曲面面积

图 7.29　"测量"对话框结果

▷ 2min

7.1.6　测量周长

下面以如图 7.30 所示的模型为例，介绍测量周长的一般操作过程。

步骤 1 打开文件 D:\Creo 8.0\work\ch07.01\ 模型测量 05。

步骤 2 选择命令。选择 分析 功能选项卡 测量 区域 测量 下的 ≋ 长度 命令，系统会弹出"测量"对话框。

步骤 3 测量平面周长。在绘图区选取如图 7.31 所示的平面，在图形区及如图 7.32 所示的"测量"对话框中会显示测量的结果。

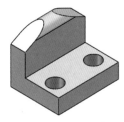

图 7.30　测量周长

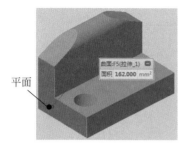

图 7.31　测量平面周长　　　　图 7.32　"测量"对话框结果

步骤 4　测量曲面周长。在绘图区选取如图 7.33 所示的曲面，在图形区及如图 7.34 所示的"测量"对话框中会显示测量的结果。

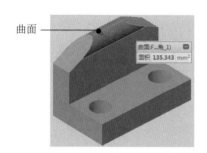

图 7.33　测量曲面周长　　　　图 7.34　"测量"对话框结果

7.2　模型的分析

这里的分析指的是单个零件或组件的基本分析，获得的主要是单个模型的物理数据或装配体中元件之间的干涉情况。这些分析都是静态的，如果需要对某些产品或者机构进行动态分析，就需要用到 Creo 的运动仿真高级模块。

7.2.1　质量属性分析

通过质量属性的分析，可以获得模型的体积、总的表面积、质量、重心位置和惯量等数据，对产品设计有很大参考价值。

3min

步骤 1　打开文件 D:\Creo 8.0\work\ch07.02\01\ 模型分析。

步骤 2　设置材料属性。选择下拉菜单 文件 → 准备(R) → 模型属性(I)/编辑模型属性 命令，系统会弹出"模型属性"对话框，单击 材料 后的 更改 按钮，在系统弹出的材料对话框中双击选择 Legacy-Materials 中的 steel.mtl 材料，单击 确定 按钮完成材料的设置。

步骤 3　查看质量属性。单击"模型属性"对话框 材料 区域 质量属性 后的 更改 按钮，系统会弹出"质量属性"对话框，单击 计算 按钮即可查看模型的质量、体积、面积等信息，如图 7.35 所示。

图 7.35 "质量属性"对话框

步骤 4 单击"质量属性"对话框中的 确定 按钮，系统会返回"模型属性"对话框，单击 关闭 按钮完成操作。

7.2.2 单侧体积

通过单侧体积分析可以计算模型中的某个基准平面一侧的模型体积。

步骤 1 打开文件 D:\Creo 8.0\work\ch07.02\02\ 单侧体积 -ex。

步骤 2 选择命令。选择 分析 功能选项卡 测量 区域 测量 下的 体积 命令，系统会弹出"测量"对话框。

步骤 3 选取参考基准面。在"测量"对话框中激活 平面: 文本框，选取如图 7.36 所示的基准面作为参考。

步骤 4 查看单侧体积。系统默认测量参考面上侧的体积，如图 7.37 所示，在"测量"对话框中单击 平面: 后的 按钮即可查看下侧体积，如图 7.38 所示。

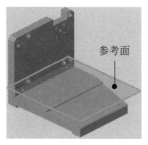

图 7.36　参考基准面

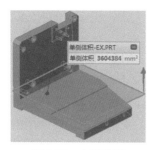

图 7.37　上侧体积

图 7.38　下侧体积

7.2.3　干涉检查

在产品设计过程中，当各零部件组装完成后，设计者最关心的是各个零部件之间的干涉情况，使用 分析 功能选项卡 检查几何▾ 区域的 ⊞ 全局干涉 命令可以帮助用户了解这些信息。

步骤 1　打开文件 D:\Creo 8.0\work\ch07.02\03\ 干涉检查 -ex。

步骤 2　选择命令。选择 分析 功能选项卡 检查几何▾ 区域的 ⊞ 全局干涉 命令，系统会弹出 "全局干涉" 对话框。

步骤 3　设置参数，在 "全局干涉" 对话框选中 ⦿ 仅零件 与 ⦿ 精确 单选项。

步骤 4　在如图 7.39 所示的 分析 选项卡的结果区域中，可看到干涉分析的结果：干涉的零件名称、干涉的体积大小，同时在如图 7.40 所示的模型上可看到干涉的部位以红色加亮的方式显示。

图 7.39　"全局干涉" 对话框

图 7.40　干涉区域

7.3 视图管理器

在产品设计过程中，装配体中零件的数量少则十几个，多则几百个、几千个，甚至是几万个，庞大的装配体会降低计算机系统的运行速度，也会给产品的设计带来很大的不便，Creo 为了设计更方便、更高效、更清晰地了解模型的结构，提供了一个"视图管理"功能，利用该功能可建立各种视图并加以管理；例如隐藏或排除装配体中与当前设计无关的零部件、修改各零件的显示样式、保存常用的视图方位、剖切装配体以方便观察其内部结构、创建装配体的分解视图等功能。这为用户进行产品设计，尤其是设计大型产品，提供了极大的便利。

7.3.1 定向视图

🔊 4min

在零件或装配体的设计过程中，用户常常要频繁地用到某一视图的方位，如果用软件的"视图管理"功能将这一视图的方位保存下来，并在以后的设计中调用，则可免去重复定向视图的麻烦。

下面以创建如图 7.41 所示的定向视图为例介绍创建定向视图的一般操作过程。

步骤1 打开文件 D:\Creo 8.0\work\ch07.03\01\ 定向视图。

步骤2 选择命令。选择 视图 功能选项卡 模型显示▾ 区域中的 📑（管理视图）命令，系统会弹出如图 7.42 所示的"视图管理器"对话框。

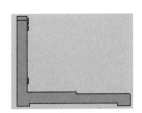

图 7.41　定向视图

图 7.42　"视图管理器"对话框

步骤3 选择"视图管理器"对话框 定向 区域中的 新建 命令，在"名称"文本框中输入新视图名称 V01 并按 Enter 键确认。

步骤4 定义视图方位。右击"V01"在系统弹出的快捷菜单中选择 ✎ 编辑定义 命令，系统会弹出如图 7.43 所示的"视图"对话框，在 参考一: 下拉列表中选择"上"，选取如图 7.44 所示的面 1 作为参考，在 参考二: 下拉列表中选择"右"，选取如图 7.44 所示的面 2 作为参考。

图 7.43　"视图"对话框

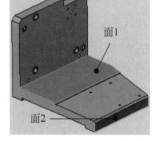

图 7.44　方位参考

步骤 5 单击 确定 按钮完成视图定位。

7.3.2　样式视图

在 Creo 中修改模型显示样式的一般方法，只会对整个装配体的显示样式进行修改，当在装配体的设计过程中需要有选择性地修改某个零件的显示样式时，如只将所需的零件设置为着色显示，其他均设置为线框显示样式，这就需要使用"视图管理"中的样式功能了。

下面以创建如图 7.45 所示的样式视图为例介绍创建样式视图的一般操作过程。

步骤 1 打开文件 D:\Creo 8.0\work\ch07.03\02\ 样式视图。

步骤 2 选择命令。选择 视图 功能选项卡 模型显示▾ 区域中的 🖺（管理视图）命令，系统会弹出"视图管理器"对话框。

步骤 3 选择"视图管理器"对话框 样式 区域中的 新建 命令，在"名称"文本框中输入新视图名称 Style0001 并按 Enter 键确认，系统会弹出"编辑"对话框。

步骤 4 在"编辑"对话框 显示 选项卡下选择◉ 透明 单选项，选取底座零件作为要设置透明的零件，单击"选择"对话框与"编辑"对话框中的 确定 按钮完成样式视图的创建。

> **说明：** 在"视图管理器"中 样式 选项卡下双击"主样式"可以恢复到默认显示，如图 7.46 所示。

图 7.45　样式视图

图 7.46　样式视图

11min

7.3.3　剖截面

在产品的设计过程中常常需要查看零件或装配体的内部结构，在这种情况下，可以使用"视图管理"中的"截面"功能，也就是创建一个能够反映零件或装配体内部结构的剖截面，在需要时显示该剖截面，以此来查看内部细节。例如在后面要讲到的工程图设计中，该剖截面可以在工程图中生成剖视图。

1. 平面剖截面

下面以如图 7.47 所示的截面为例，说明创建平面剖截面的一般操作过程。

步骤 1　打开文件 D:\Creo 8.0\work\ch07.03\03\ 平面剖截面。

步骤 2　选择命令。选择 视图 功能选项卡 模型显示▾ 区域中的 ▤ （管理视图）命令，系统会弹出"视图管理器"对话框。

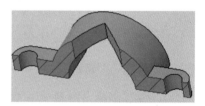

图 7.47　平面剖截面

步骤 3　单击"视图管理器"对话框 截面 区域中 新建 按钮，在系统弹出的快捷菜单中选择 平面 命令，在"名称"文本框采用系统默认的视图名称（Xsec0001）并按 Enter 键确认，系统会弹出如图 7.48 所示的"截面"功能选项卡。

图 7.48　"截面"功能选项卡

步骤 4　在系统提示下选取如图 7.49 所示的平面作为参考，在 放置 下拉列表中选择"穿过"类型，在 显示 区域选中 显示剖面线图案 与 预览加顶截面 选项。

步骤 5　在"截面"功能选项卡中单击 ✓ （确定）按钮，完成截面的定义。

2. 偏距剖截面

下面以如图 7.50 所示的截面为例，说明创建偏距剖截面的一般操作过程。

图 7.49　平面参考

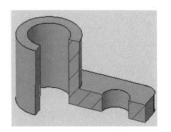

图 7.50　偏距剖截面

步骤1 打开文件 D:\Creo 8.0\work\ch07.03\03\ 偏距剖截面。

步骤2 选择命令。选择 视图 功能选项卡 模型显示▼ 区域中的 🔳（管理视图）命令，系统会弹出"视图管理器"对话框。

步骤3 单击"视图管理器"对话框 截面 区域中 新建 按钮，在系统弹出的快捷菜单中选择 偏移 命令，在"名称"文本框采用系统默认的视图名称（Xsec0001）并按 Enter 键确认，系统会弹出"截面"功能选项卡。

步骤4 在系统提示下选取如图 7.51 所示的面作为草绘平面，绘制如图 7.52 所示的截面轮廓，单击 方向 区域的 ✂ 按钮调整方向，如图 7.53 所示，在 显示 区域选中 ▦ 显示剖面线图案 与 ▢ 预览加顶截面 选项。

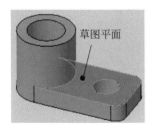

图 7.51　草绘平面

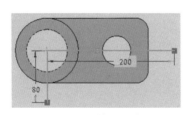

图 7.52　截面轮廓

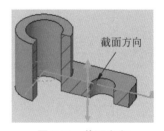

图 7.53　截面方向

步骤5 在"截面"功能选项卡中单击 ✔（确定）按钮，完成截面的定义。

7.3.4　简化表示

在设计复杂的装配体时，常常出现重绘、再生和检索的时间太长，在设计局部结构时，感觉图面太复杂、太乱，不利于局部零部件的设计。要解决这些问题，可以利用简化表示功能，将设计中暂时不需要的零部件从装配体的工作区中移除，从而可以减少装配体的重绘、再生和检索的时间，并且简化装配体。例如在设计轿车的过程中，设计小组在设计车厢里的座椅时，并不需要发动机、油路系统和电气系统，这样就可以用简化表示的方法将这些暂时不需要的零部件从工作区移除。

下面以如图 7.54 所示的简化表示为例，说明创建简化表示的一

▷ 5min

图 7.54　简化表示

般操作过程。

步骤 1 打开文件 D:\Creo 8.0\work\ch07.03\04\ 简化表示。

步骤 2 选择命令。选择 视图 功能选项卡 模型显示▾ 区域中的 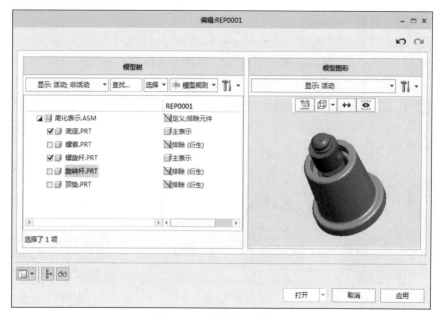（管理视图）命令，系统会弹出"视图管理器"对话框。

步骤 3 选择"视图管理器"对话框 简化显示 区域中的 新建 命令，在"名称"文本框采用系统默认的视图名称（Rep0001）并按 Enter 键确认，系统会弹出如图 7.55 所示的"编辑"对话框。

步骤 4 在"编辑"对话框将"底座"与"螺旋杆"设置为主表示，将其他设置为排除"衍生"，单击 打开 按钮完成简化表示的创建。

图 7.55 "编辑"对话框

第 8 章

Creo 工程图设计

8.1　工程图概述

　　工程图是指以投影原理为基础，用多个视图清晰详尽地表达出设计产品的几何形状、结构及加工参数的图纸。工程图严格遵守国标的要求，它实现了设计者与制造者之间的有效沟通，使设计者的设计意图能够简单明了地展现在图样上。从某种意义上讲，工程图是一门沟通了设计者与制造者之间的语言，在现代制造业中占据着极其重要的位置。

8.1.1　工程图的重要性

　　（1）立体模型（三维"图纸"）无法像二维工程图那样可以标注完整的加工参数，如尺寸、几何公差、加工精度、基准、表面粗糙度符号和焊缝符号等。

　　（2）不是所有零件都需要采用 CNC 或 NC 等数控机床加工，因而需要出示工程图，以便在普通机床上进行传统加工。

　　（3）立体模型仍然存在无法表达清楚的局部结构，如零件中的斜槽和凹孔等，这时可以在二维工程图中通过不同方位的视图来表达局部细节。

　　（4）通常把零件交给第三方厂家加工生产时，需要出示工程图。

8.1.2　Creo 工程图的特点

　　使用 Creo 工程图环境中的工具可创建三维模型的工程图，并且视图与模型相关联，因此，工程图视图能够反映模型在设计阶段中的更改，可以使工程图视图与装配模型或单个零部件保持同步。其主要特点如下：

　　（1）可以方便地创建 Creo 零件模型的工程图。

　　（2）可以创建各种各样的工程图视图。与 Creo 零件模块交互使用，可以方便地创建视图方位、剖面、分解视图等。

　　（3）可以灵活地控制视图的显示模式与视图中各边线的显示模式。

　　（4）可以通过草绘的方式添加图元，以填补视图表达的不足。

　　（5）可以自动创建尺寸，也可以手动添加尺寸。自动创建的尺寸为零件模型里包含的尺寸，为驱动尺寸。修改驱动尺寸可以驱动零件模型做出相应的修改。尺寸的编辑与整理也十分容易，可以统一编辑整理。

（6）可以通过各种方式添加注释文本，文本样式可以自定义。

（7）可以添加基准、尺寸公差及形位公差，可以通过符号库添加符合标准与要求的表面粗糙度符号与焊缝符号。

（8）可以创建普通表格、零件族表、孔表及材料清单（BOM 表），并可以自定义工程图的格式。

（9）可以利用图层组织和控制工程图的图元及细节。极大地方便了用户对图元的选取与操作，从而提高工作效率。

（10）用户可以自定义绘图模板，并定制文本样式、线型样式与符号。利用模板创建工程图可以节省大量的重复劳动。

（11）可从外部插入工程图文件，也可以导出不同类型的工程图文件，实现对其他软件的兼容。

（12）用户可以自定义 Creo 的配置文件，以使制图符合不同标准的要求。

8.1.3 工程图的组成

工程图主要由 3 部分组成，如图 8.1 所示。

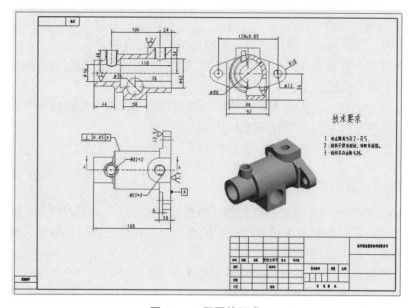

图 8.1 工程图的组成

（1）图框、标题栏。

（2）视图：包括基本视图（前视图、后视图、左视图、右视图、仰视图、俯视图和轴测图）、各种剖视图、局部放大图、折断视图等。在制作工程图时，应根据实际零件的特点，选择不同的视图组合，以便简单清楚地把各个设计参数表达清楚。

（3）尺寸、公差、表面粗糙度及注释文本：包括形状尺寸、位置尺寸、尺寸公差、基准符号、形状公差、位置公差、零件的表面粗糙度及注释文本。

8.2　新建工程图

下面介绍新建工程图的一般操作步骤。

步骤 1　设置工作目录。选择 主页 功能选项卡 数据 区域中的 🗁（选择工作目录）命令，5min
在系统弹出的"选择工作目录"对话框中选择 D:\Creo 8.0\work\ch08.02，单击 确定 按钮完成工作目录的设置。

步骤 2　选择命令。选择 主页 功能选项卡 数据 区域中的 📄（新建）命令，在系统弹出的"新建"对话框中选中 ◉ 📇 绘图 类型，在 文件名: 文本框中输入"新建工程图"，取消选中 ☐ 使用默认模板 复选项，然后单击 确定 按钮，系统会弹出如图 8.2 所示的"新建绘图"对话框。

步骤 3　选择模型。在"新建绘图"对话框 默认模型 区域选择 浏览... 命令，在系统弹出的"打开"对话框中选择"新建工程图 .prt"并打开。

步骤 4　选择工程图模板。在"新建绘图"对话框 指定模板 区域选中 ◉ 格式为空 单选项，选择 格式 区域中的 浏览... 命令，在系统弹出的"打开"对话框中选择工作目录下的 gb_a3.frm 文件并打开。

步骤 5　单击 确定(O) 按钮完成工程图的新建操作，如图 8.3 所示。

图 8.2　"新建绘图"对话框

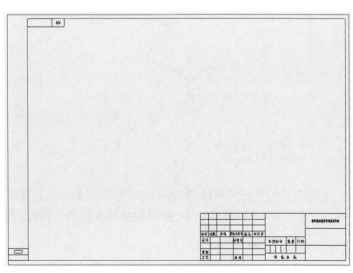

图 8.3　新建工程图

图 8.2 所示的"新建绘图"功能选项卡部分选项的说明如下。

（1）默认模型 区域：用于选择要生成工程图的模型或者装配模型，一般系统会默认选择当前活动的模型，如果没有活动模型或者想选择其他模型，则可以单击 浏览... 按钮。

（2）指定模板 类型：用于选择工程图模板。当选择 ⊙ 使用模板 时，用户需要在 模板 区域的文件列表中选择合适模板或者单击 浏览... 按钮选取需要的模板，如图 8.4 所示；当选择 ⊙ 格式为空 时，用户需要在 格式 下拉列表中选择合适的模板或者单击 浏览... 按钮选取需要的模板；当选择 ⊙ 空 时，如图 8.5 所示。用户需要在 方向 区域选择图纸方向，在 大小 下拉列表中选择合适的图纸幅面大小，当使用此选项时绘图文件既不使用模板也不使用图框格式。

图 8.4　使用模板

图 8.5　空

8.3　工程图视图

工程图视图是按照三维模型的投影关系生成的，主要用来表达部件模型的外部结构及形状。在 Creo 的工程图模块中，视图包括基本视图、各种剖视图、局部放大图和破断视图等。

8.3.1　基本工程图视图

通过投影法可以直接投影得到的视图就是基本视图，基本视图在 Creo 中主要包括主视图、投影视图和轴测图等，下面分别进行介绍。

1. 创建主视图

下面以创建如图 8.6 所示的主视图为例，介绍创建主视图的一般操作过程。

7min

步骤 1 设置工作目录。选择 主页 功能选项卡 数据 区域中的 📇（选择工作目录）命令，在系统弹出的"选择工作目录"对话框中选择 D:\Creo 8.0\work\ch08.03\ 01，单击 确定 按钮完成工作目录的设置。

步骤 2 新建工程图文件。选择 主页 功能选项卡 数据 区域中的 📄（新建）命令，在系统弹出的"新建"对话框中选中 ◉ 🔲 绘图 类型，在 文件名: 文本框中输入"主视图"，取消选中 □ 使用默认模板 复选项，然后单击 确定 按钮，选取"基本视图 .prt"作为要出图的模型，在"新建绘图"对话框 指定模板 区域选中 ◉ 空 单选项，在 方向 区域选择 🔲（横向），在 大小 区域的下拉列表中选择"A3"，单击 确定(O) 按钮完成工程图的新建。

步骤 3 选择命令。选择 布局 功能选项卡 模型视图▾ 区域中的 🖼（普通视图）命令，在系统弹出的如图 8.7 所示的"选择组合状态"对话框中选择"无组合状态"，然后单击 确定(O) 按钮。

图 8.6　主视图

图 8.7　"选择组合状态"对话框

步骤 4 在系统 ➡ 选择绘图视图的中心点. 的提示下，在图形区的合适位置单击，以便确定视图的放置位置，此时图形区将出现零件轴测图并弹出如图 8.8 所示的"绘图视图"对话框。

图 8.8　"绘图视图"对话框

步骤 5 选择视图方位。在"绘图视图"对话框 视图类型 节点下 视图方向 区域选中 ⊙ 查看来自模型的名称 ，在 模型视图名 区域双击选择 BACK 方位，在绘图区可以预览要生成的视图，如图 8.9 所示。

步骤 6 定义视图显示样式。在"绘图视图"对话框 视图显示 节点 显示样式 下拉列表中选择 消隐 类型，如图 8.10 所示。

图 8.9 视图方位

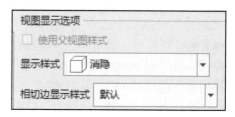

图 8.10 视图显示样式

步骤 7 定义视图比例。在"绘图视图"对话框 比例 节点 比例和透视图选项 区域选中 ⊙ 页面的默认比例 (2:3) ，如图 8.11 所示。

步骤 8 单击 确定(O) 按钮完成主视图的创建。

2. 创建投影视图

投影视图包括仰视图、俯视图、右视图和左视图。下面以如图 8.12 所示的视图为例，说明创建投影视图的一般操作过程。

图 8.11 视图比例

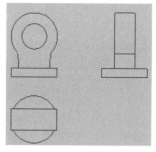

图 8.12 投影视图

步骤 1 打开文件 D:\Creo 8.0\work\ch08.03\01\ 投影视图 -ex。

步骤 2 创建俯视图。选择 布局 功能选项卡 模型视图▼ 区域中的 投影视图 命令，在主视图下方的合适位置单击，以便放置视图，完成后如图 8.13 所示。

步骤 3 调整俯视图显示样式。双击俯视图在系统弹出的"绘图视图"对话框 视图显示 节点 显示样式 下拉列表中选择 消隐 类型，完成后如图 8.14 所示，单击 确定(O) 按钮完成俯视图的创建。

步骤 4 创建左视图。选择 布局 功能选项卡 模型视图▼ 区域中的 投影视图 命令，在系统 ➡选择投影父视图。的提示下选取主视图作为父视图，在主视图右侧的合适位置单击放置视图，完成后如图 8.15 所示。

步骤 5　调整左视图显示样式。双击左视图，在系统弹出的"绘图视图"对话框 视图显示 节点 显示样式 下拉列表中选择 消隐 类型，单击 确定(O) 按钮完成左视图的创建。

图 8.13　俯视图

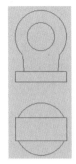

图 8.14　调整俯视图显示样式

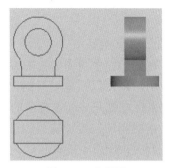

图 8.15　左视图

3. 等轴测视图

下面以如图 8.16 所示的轴测图为例，说明创建轴测图的一般操作过程。

4min

步骤 1　打开文件 D:\Creo 8.0\work\ch08.03\01\ 轴测图 -ex。

步骤 2　选择命令。选择 布局 功能选项卡 模型视图▼ 区域中的 (普通视图) 命令，在系统弹出的"选择组合状态"对话框中选择"无组合状态"，然后单击 确定(O) 按钮。

步骤 3　在系统 选择绘图视图的中心点。的提示下，在图形区的合适位置单击，以便确定视图的放置位置，此时图形区将出现零件轴测图并弹出"绘图视图"对话框。

步骤 4　选择视图方位。在"绘图视图"对话框 视图类型 节点下 视图方向 区域选中 ⊙ 查看来自模型的名称 ，在 模型视图名 区域双击选择 V01 方位，在绘图区可以预览要生成的视图，如图 8.17 所示。

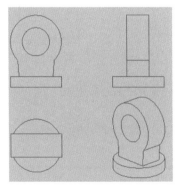

图 8.16　等轴测视图

图 8.17　视图方位

步骤 5　定义视图显示样式。在"绘图视图"对话框 视图显示 节点 显示样式 下拉列表中选择 消隐 类型。

步骤 6　定义视图比例。在"绘图视图"对话框 比例 节点 比例和透视图选项 区域选中

◉ 页面的默认比例 (2:3) 。

步骤 7 单击 确定(O) 按钮完成主视图的创建。

8.3.2 视图常用编辑

1. 移动视图

在创建完主视图和投影视图后，如果它们在图纸上的位置不合适、视图间距太小或太大，用户则可以根据自己的需要移动视图，具体方法为选中视图后将鼠标移动至视图上，按住鼠标左键并移动至合适的位置后放开。

当视图的位置放置好以后，可以选中 布局 功能选项卡 文档 区域中的 🔒（锁定视图移动），此时视图将不能被移动；在 布局 功能选项卡 文档 区域中取消选中 🔒（锁定视图移动），此时视图即可正常移动。

> 说明：如果移动投影视图的父视图（如主视图），则其投影视图也会随之移动；如果移动投影视图，则只能上下或左右移动，以保证与父视图的对齐关系，除非解除对齐关系。

2. 对齐视图

根据"高平齐、宽相等"的原则（左、右视图与主视图水平对齐，俯、仰视图与主视图竖直对齐），当用户移动投影视图时，只能横向或纵向移动视图。双击视图在系统弹出的"绘图视图"对话框 对齐 节点下取消选中 视图对齐选项 区域的 □ 将此视图与其他视图对齐，此时将视图移动至任意位置，如图 8.18 所示。双击视图在系统弹出的"绘图视图"对话框 对齐 节点下选中 视图对齐选项 区域的 ☑ 将此视图与其他视图对齐，被移动的视图又会自动与主视图默认对齐。

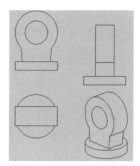

图 8.18 任意移动位置

3. 拭除与恢复视图

拭除视图就是将视图暂时隐藏起来。当需要显示已经拭除的视图时就可以通过恢复视图的方式将其恢复。

选中拭除的视图，然后选择 布局 功能选项卡 显示▾ 区域中的 拭除视图 命令，完成后如图 8.19 所示。

> 说明：用户也可以在图形中选中要抑制的视图，在弹出的快捷菜单中选择 （拭除视图）命令来拭除视图。

选中要恢复的视图，然后选择 布局 功能选项卡 显示▾ 区域中的 恢复视图 命令，完成后如图 8.20 所示。

说明：用户也可以在图形中选中要恢复的视图，右击视图，在弹出的快捷菜单中
选择 ▣（恢复视图）命令来恢复视图。

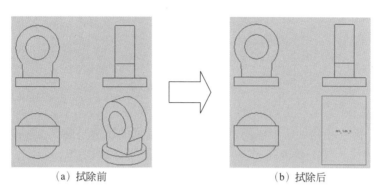

　　（a）拭除前　　　　　　　　　　　　　　（b）拭除后

图 8.19　拭除视图

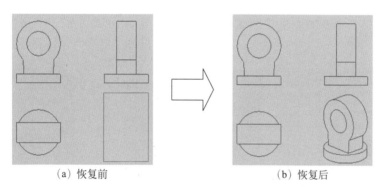

　　（a）恢复前　　　　　　　　　　　　　　（b）恢复后

图 8.20　恢复视图

4. 删除视图

对于不需要的视图可以对视图进行删除操作。要将某个视图删除，可先选中该视图，
然后右击视图，在弹出的快捷菜单中选择 ✕（删除）命令或直接按 Delete 键。

说明：如果删除的是主视图，系统则会弹出如图 8.21 所示的"确认"对话框，单
击 是(Y) 后系统将删除主视图及由主视图所得到的投影视图，如图 8.22 所示。

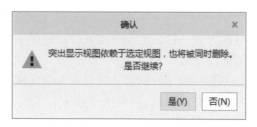

图 8.21　"确认"对话框

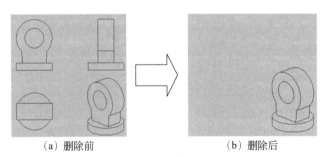

（a）删除前　　　　　　　　（b）删除后

图 8.22　删除视图

5. 切边显示

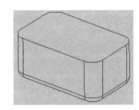

　　切边是两个面在相切处所形成的过渡边线，最常见的切边是圆角过渡形成的边线。在工程视图中，一般轴测视图需要显示切边，而在正交视图中则需要隐藏切边。系统默认的切边显示状态为"实线可见"，如图 8.23 所示。

图 8.23　切边显示

　　在图形区双击视图，在系统弹出的"绘图视图"对话框中选择 视图显示 节点，在 相切边显示样式 下拉列表中选择合适的显示方式，如图 8.24 所示。

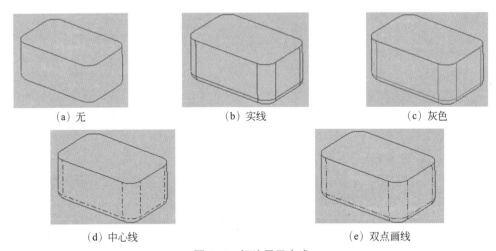

（a）无　　　　　　　　（b）实线　　　　　　　　（c）灰色

（d）中心线　　　　　　　　（e）双点画线

图 8.24　切边显示方式

▷ 5min

8.3.3　视图的显示模式

　　与模型可以设置模型显示方式一样，工程图也可以改变显示方式，Creo 提供了 5 种工程视图显示模式，下面分别进行介绍。

　　（1）🔲 线框：视图以线框形式显示，所有边线显示为细实线，如图 8.25 所示。

　　（2）🔲 隐藏线：视图以线框形式显示，可见边线显示为实线，不可见边线显示为灰线，如图 8.26 所示。

图 8.25　线框

图 8.26　隐藏线

（3）⬜消隐：视图以线框形式显示，可见边线显示为实线，不可见边线被隐藏，如图 8.27 所示。

（4）⬜带边着色：视图以上色面的形式显示，显示可见边线，如图 8.28 所示。

（5）⬜着色：视图以上色面的形式显示，隐藏可见边线，如图 8.29 所示。

图 8.27　消隐

图 8.28　带边着色

图 8.29　着色

下面以图 8.30 为例，介绍将视图设置为⬜隐藏线的一般操作过程。

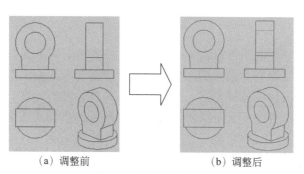

（a）调整前　　　　　　　　　（b）调整后

图 8.30　调整显示方式

步骤 1　打开文件 D:\Creo 8.0\work\ch08.03\03\ 视图显示模式 -ex。

步骤 2　选择视图。在图形区双击选中左视图，系统会弹出 "绘图视图" 对话框。

步骤 3　选择显示样式。在 "绘图视图" 对话框 视图显示 节点 显示样式 下拉列表中选择 ⬜隐藏线 类型。

步骤 4　单击 确定(O) 按钮，完成操作。

8.3.4 全剖视图

全剖视图是用剖切面完全地剖开零件得到的剖视图。全剖视图主要用于表达内部形状比较复杂的不对称机件。下面以创建如图 8.31 所示的全剖视图为例，介绍创建全剖视图的一般操作过程。

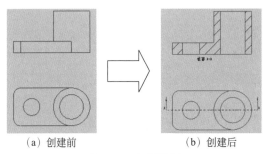

(a) 创建前　　　　　　　　(b) 创建后

图 8.31　全剖视图

步骤1 打开文件 D:\Creo 8.0\work\ch08.03\04\ 全剖视图 -ex。

步骤2 双击图 8.31(a)中的主视图,在系统弹出的"绘图视图"对话框中选择 截面 节点。

步骤3 在 截面选项 区域选中 ⊙ 2D 横截面 单选项，然后单击 ✚ 按钮。

步骤4 将 模型边可见性 设置为 ⊙ 总计 。

步骤5 在 名称 下拉列表中选择 ✓ A ，在 剖切区域 下拉列表中选择 完整 选项，激活 箭头显示 区域选取俯视图。

步骤6 单击 确定(O) 按钮，完成操作。

8.3.5 半剖视图

当机件具有对称平面时，以对称平面为界，在垂直于对称平面的投影面上投影得到的由半个剖视图和半个视图合并组成的图形称为半剖视图。半剖视图既充分地表达了机件的内部结构，又保留了机件的外部形状，因此它具有内外兼顾的特点。半剖视图只适宜于表达对称的或基本对称的机件。下面以创建如图 8.32 所示的半剖视图为例，介绍创建半剖视图的一般操作过程。

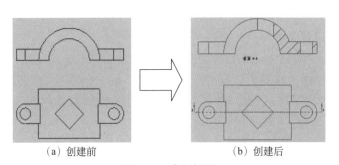

(a) 创建前　　　　　　　　(b) 创建后

图 8.32　半剖视图

步骤 1　打开文件 D:\Creo 8.0\work\ch08.03\05\ 半剖视图 -ex。

步骤 2　双击图 8.32（ a）中的主视图，在系统弹出的"绘图视图"对话框中选择 截面 节点。

步骤 3　在 截面选项 区域选中 ⊙ 2D 横截面 单选项，然后单击 ➕ 按钮。

步骤 4　将 模型边可见性 设置为 ⊙ 总计 。

步骤 5　在 名称 下拉列表中选择 ✓ A ，在 剖切区域 下拉列表中选择 半倍 选项，选取 DTM1 作为参考，选取右侧作为剖切区域，激活 箭头显示 区域选取俯视图。

步骤 6　单击 确定(O) 按钮，完成操作。

8.3.6　阶梯剖视图

用两个或多个互相平行的剖切平面把机件剖开的方法称为阶梯剖，所画出的剖视图称为 阶梯剖视图。它适宜于表达机件内部结构的中心线排列在两个或多个互相平行的平面内的情 况。下面以创建如图 8.33 所示的阶梯剖视图为例，介绍创建阶梯剖视图的一般操作过程。

▷ 3min

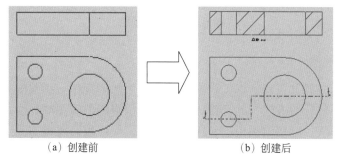

（a）创建前　　　　　　　　　　　　（b）创建后

图 8.33　阶梯剖视图

步骤 1　打开文件 D:\Creo 8.0\work\ch08.03\06\ 阶梯剖视图 -ex。

步骤 2　双击图 8.33 中的主视图，在系统弹出的 "绘图视图" 对话框中选择 截面 节点。

步骤 3　在 截面选项 区域选中 ⊙ 2D 横截面 单选项，然后单击 ➕ 按钮。

步骤 4　将 模型边可见性 设置为 ⊙ 总计 。

步骤 5　在 名称 下拉列表中选择 ✓ A ，在 剖切区域 下拉列表中选择 完整 选项，激活 箭头显示 区域选取俯视图。

步骤 6　单击 确定(O) 按钮，完成操作。

8.3.7　旋转剖视图

用两个相交的剖切平面（交线垂直于某一基本投影面）剖开机件的方法称为旋转剖, 所画出的剖视图称为旋转剖视图。下面以创建如图 8.34 所示的旋转剖视图为例，介绍创建 旋转剖视图的一般操作过程。

▷ 4min

步骤 1　打开文件 D:\Creo 8.0\work\ch08.03\07\ 旋转剖视图 -ex。

步骤 2　双击图 8.34 中的左视图，在系统弹出的 "绘图视图" 对话框中选择 截面 节点。

步骤 3 在 截面选项 区域选中 ⊙ 2D 横截面 单选项，然后单击 ✚ 按钮。

步骤 4 将 模型边可见性 设置为 ⊙ 总计 。

步骤 5 在 名称 下拉列表中选择 ✓ A ，在 剖切区域 下拉列表中选择 全部(对齐) 选项，选取 A1 轴作为参考，激活 箭头显示 区域选取主视图。

步骤 6 单击 确定(O) 按钮，完成操作。

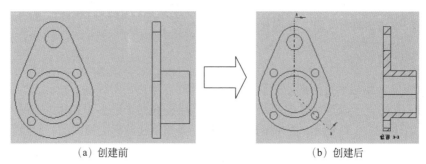

(a) 创建前　　　　　　　　　　　　(b) 创建后

图 8.34　旋转剖视图

8.3.8　局部剖视图

将机件局部剖开后进行投影得到的剖视图称为局部剖视图。局部剖视图也是在同一视图上同时表达内外形状的方法，并且用波浪线作为剖视图与视图的界线。局部剖视是一种比较灵活的表达方法，剖切范围根据实际需要决定，但使用时要考虑到看图方便，剖切不要过于零碎。它常用于下列两种情况：机件只有局部内形要表达，而又不必或不宜采用全剖视图时；不对称机件需要同时表达其内、外形状时，宜采用局部剖视图。下面以创建如图 8.35 所示的局部剖视图为例，介绍创建局部剖视图的一般操作过程。

步骤 1 打开文件 D:\Creo 8.0\work\ch08.03\08\ 局部剖视图 -ex。

步骤 2 双击图 8.35 中的俯视图，在系统弹出的"绘图视图"对话框中选择 截面 节点。

步骤 3 在 截面选项 区域选中 ⊙ 2D 横截面 单选项，然后单击 ✚ 按钮。

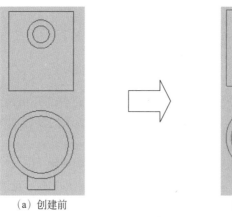

(a) 创建前　　　　　　　　　　　　(b) 创建后

图 8.35　局部剖视图

步骤 4 将 模型边可见性 设置为 ⊙ 总计 。

步骤 5 在 名称 下拉列表中选择 ✓ A ，在 剖切区域 下拉列表中选择 局部 选项，在如图 8.36 所示的封闭区域内选取参考对象，激活 边界 区域的文本框绘制如图 8.36 所示的封闭区域。

步骤 6 单击 确定(O) 按钮，完成操作，如图 8.37 所示。

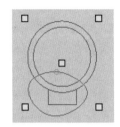

图 8.36　剖切封闭区域

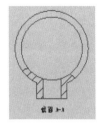

图 8.37　局部剖视图

步骤 7 双击图 8.35 中的主视图，在系统弹出的"绘图视图"对话框中选择 截面 节点。

步骤 8 在 截面选项 区域选中 ⊙ 2D 横截面 单选项，然后单击 ➕ 按钮。

步骤 9 将 模型边可见性 设置为 ⊙ 总计 。

步骤 10 在 名称 下拉列表中选择 ✓ B ，在 剖切区域 下拉列表中选择 局部 选项，在如图 8.38 所示的封闭区域内选取参考对象，激活 边界 区域的文本框绘制如图 8.38 所示的封闭区域。

步骤 11 单击 确定(O) 按钮，完成操作，如图 8.39 所示。

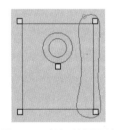

图 8.38　剖切封闭区域

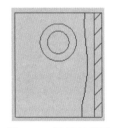

图 8.39　局部剖视图

8.3.9　局部放大图

当机件上某些细小结构在视图中表达得还不够清楚或不便于标注尺寸时，可将这些部分用大于原图形所采用的比例画出，这种图称为局部放大图。下面以创建如图 8.40 所示的局部放大图为例，介绍创建局部放大图的一般操作过程。

▷ 4min

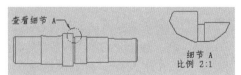

图 8.40　局部放大图

步骤 1 打开文件 D:\Creo 8.0\work\ch08.03\09\ 局部放大图 -ex。

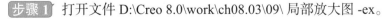

步骤 2 选择命令。选择 布局 功能选项卡 模型视图▼ 区域中的 ▢ 局部放大图 命令。

步骤 3 定义参考点。在系统➡ 在一现有视图上选择要查看细节的中心点。 的提示下选取如图 8.41 所示的点作为参考。

步骤 4 定义局部边界。在系统➡ 草绘样条，不相交其他样条，来定义一轮廓线。 的提示下，绘制如图 8.42 所示的封闭区域后按中键结束。

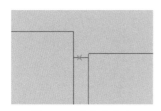

图 8.41 定义参考点

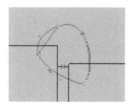

图 8.42 定义局部边界

步骤 5 放置视图。在主视图右侧的合适位置单击放置，生成局部放大视图。

步骤 6 修改放大比例。双击创建的放大视图，在系统弹出的"绘图视图"对话框中选择 比例 节点，在 ⊙ 自定义比例 文本框中输入 2，单击 确定(O) 按钮完成局部放大图的创建。

8.3.10 辅助视图

4min

辅助视图类似于投影视图，但它是垂直于现有视图中参考边线的展开视图，该参考边线可以是模型的一条边、侧影轮廓线、轴线或草图直线。辅助视图一般只要求表达出倾斜面的形状。下面以创建如图 8.43 所示的辅助视图为例，介绍创建辅助视图的一般操作过程。

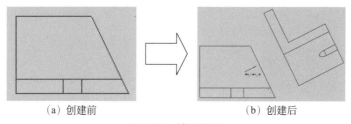

(a) 创建前   (b) 创建后

图 8.43 辅助视图

步骤 1 打开文件 D:\Creo 8.0\work\ch08.03\10\ 辅助视图 -ex。

步骤 2 选择命令。选择 布局 功能选项卡 模型视图▼ 区域中的 ◇ 辅助视图 命令。

步骤 3 选择参考边线。在系统 ➡ 在主视图上选择穿过前侧曲面的轴或作为基准曲面的前侧曲面的基准平面。 的提示下，选取如图 8.44 所示的边线作为参考边线。

步骤 4 放置视图。在系统 ➡ 选择绘图视图的中心点。 的提示下，在主视图的右上方选取一点来放置辅助视图。

步骤 5 修改视图属性。双击创建的辅助视图，

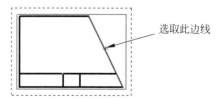

选取此边线

图 8.44 定义参考边线

在系统弹出的"绘图视图"对话框 投影箭头 区域选中 ⊙ 单箭头 单选项，选择 视图显示 节点，在 显示样式 下拉列表中选择 ☐ 消隐 ，单击 确定(O) 按钮完成视图属性的修改，将投影箭头拖动至合适位置。

8.3.11　破断视图

在机械制图中，经常遇到一些长细形的零部件，若要反映整个零件的尺寸形状，则需用大幅面的图纸来绘制。为了既节省图纸幅面，又可以反映零件的形状及尺寸，在实际绘图中常采用破断视图。破断视图指的是从零件视图中删除选定两点之间的视图部分，将余下的两部分合并成一个带折断线的视图。下面以创建如图 8.45 所示的破断视图为例，介绍创建破断视图的一般操作过程。

▷ 3min

步骤 1　打开文件 D:\Creo 8.0\work\ch08.03\11\ 破断视图 -ex，如图 8.46 所示。

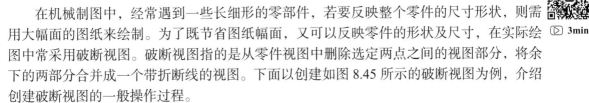

图 8.45　破断视图　　　　　　　　　　　图 8.46　主视图

步骤 2　选择命令。双击主视图系统会弹出"绘图视图"对话框，选择 可见区域 节点，在 视图可见性 下拉列表中选择 破断视图 。

步骤 3　添加断点。在"绘图视图"对话框中单击 ✚ 按钮，选取如图 8.47 所示的点（点在图元上，不是在视图轮廓线上）。

步骤 4　在系统 ⇨ 草绘一条水平或竖直的破断线。的提示下绘制 1 条竖直线作为第一破断线，如图 8.48 所示。

断点1

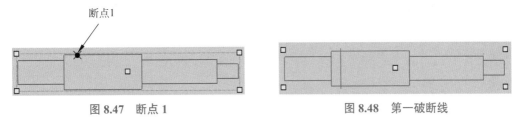

图 8.47　断点 1　　　　　　　　　　　图 8.48　第一破断线

步骤 5　在系统 ⇨ 拾取一个点定义第二条破断线。的提示下，选取如图 8.49 所示的点，此时自动生成第二破断线，如图 8.50 所示。

断点2

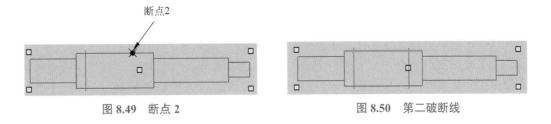

图 8.49　断点 2　　　　　　　　　　　图 8.50　第二破断线

步骤6 在 破断线样式 下拉列表中选择 直 选项，单击 确定(O) 按钮完成破断操作，如图 8.51 所示。

步骤7 选择命令。双击主视图，系统会弹出"绘图视图"对话框，选择 可见区域 节点，在 视图可见性 下拉列表中选择 破断视图 。

步骤8 添加断点。在"绘图视图"对话框中单击 ✚ 按钮，选取如图 8.52 所示的点（点在图元上，不是在视图轮廓线上）。

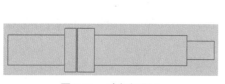

图 8.51 破断视图 1

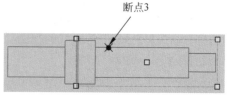

图 8.52 断点 3

步骤9 在系统 ⇨ 草绘一条水平或竖直的破断线。的提示下绘制 1 条竖直线作为第三破断线，如图 8.53 所示。

步骤10 在系统 ⇨ 拾取一个点定义第二条破断线。的提示下，选取如图 8.54 所示的点，此时自动生成第四破断线，如图 8.55 所示。

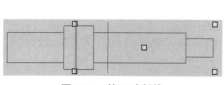

图 8.53 第三破断线

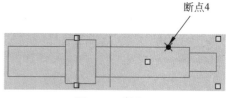

图 8.54 断点 4

步骤11 在 破断线样式 下拉列表中选择 直 选项，单击 确定(O) 按钮完成破断操作，如图 8.56 所示。

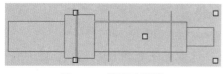

图 8.55 第四破断线

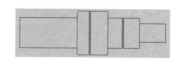

图 8.56 破断视图 2

说明：
（1）选择不同的破断线样式将会得到不同的破断线效果，如图 8.57 所示。
（2）破断线的间距可以在解除视图锁定后通过拖动来调整间距，也可以通过修改工程图在配置文件中的 broken_view_offset 参数来调整，如图 8.58 所示。

（a）直线

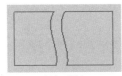
（b）草绘

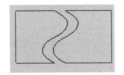
（c）S 曲线

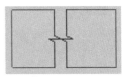
（d）心电图形

图 8.57　破断线样式

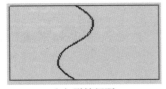
（a）默认间距

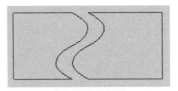
（b）调整后间距

图 8.58　破断线间距

8.3.12　局部视图

▷ 3min

　　局部视图用于只表达视图的某一部分，并且将视图的其他部分省略或者断裂。创建局部视图需要指定一个参考点，然后在视图上绘制一个封闭的样条曲线，系统会生成以样条曲线为边界的布局视图。下面以创建如图 8.59 所示的局部视图为例，介绍创建局部视图的一般操作过程。

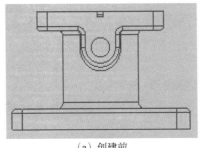
（a）创建前

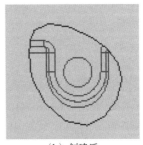
（b）创建后

图 8.59　局部视图

　　步骤 1　打开文件 D:\Creo 8.0\work\ch08.03\12\ 局部视图 -ex。

　　步骤 2　选择命令。双击主视图，系统会弹出"绘图视图"对话框，选择 可见区域 节点，在 视图可见性 下拉列表中选择 局部视图 。

　　步骤 3　定义参考点。在系统 ⇨ 选择新的参考点。单击"确定"完成。 的提示下，选取如图 8.60 所示的点。

　　步骤 4　定义参考曲线。在系统 ⇨ 在当前视图上草绘样条来定义外部边界。 的提示下绘制如图 8.61 所示的封闭样条曲线。

步骤5 单击 确定(O) 按钮完成局部视图的创建，如图 8.62 所示。

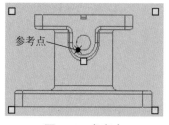

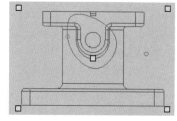

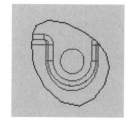

图 8.60　参考点　　　　　图 8.61　参考曲线　　　　　图 8.62　局部视图

3min

8.3.13　断面图

　　断面图常用在只需表达零件断面的场合下，这样既可以使视图简化，又能使视图所表达的零件结构清晰易懂。下面以创建如图 8.63 所示的断面图为例，介绍创建断面图的一般操作过程。

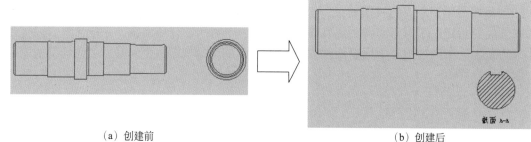

（a）创建前　　　　　　　　　　　　　　　（b）创建后

图 8.63　断面图

步骤1 打开文件 D:\Creo 8.0\work\ch08.03\13\ 断面图 -ex。

步骤2 双击图 8.63(a)中的左视图，在系统弹出的"绘图视图"对话框中选择 截面 节点。

步骤3 在 截面选项 区域选中 ⊙ 2D 横截面 单选项，然后单击 ✚ 按钮。

步骤4 将 模型边可见性 设置为 ⊙ 区域 。

步骤5 在 名称 下拉列表中选择 ✓ A ，在 剖切区域 下拉列表中选择 完整 选项。

步骤6 在"绘图视图"对话框中选择 对齐 节点，在 视图对齐选项 区域取消选中 ☐ 将此视图与其他视图对齐 ，单击 确定(O) 按钮，完成视图的初步操作，如图 8.64 所示。

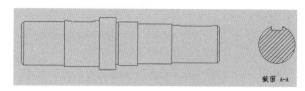

图 8.64　断面图初步创建

步骤 7 将视图移动至主视图下方的合适位置，完成后如图 8.63（b）所示。

8.3.14　加强筋的剖切

下面以创建如图 8.65 所示的剖视图为例，介绍创建加强筋的剖视图的一般操作过程。

▷ **8min**

> **说明：** 在国家标准中规定，当剖切到加强筋结构时，需要按照不剖处理。

步骤 1 打开文件 D:\Creo 8.0\work\ch08.03\14\ 加强筋剖切。

步骤 2 新建简化表示。选择 视图 功能选项卡 模型显示▼ 区域中的 🖳（管理视图）命令，系统会弹出"视图管理器"对话框，单击 简化表示 选项卡下的 新建 按钮，采用系统默认的 Rep0001 名称，并按鼠标中键确认，在系统弹出的如图 8.66 所示的"菜单管理器"中选择 完成/返回 命令，在系统弹出的"视图管理器"对话框中单击 关闭 完成简化表示的创建。

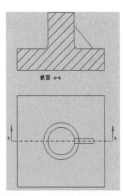

图 8.65　加强筋的剖切

步骤 3 打开文件 D:\Creo 8.0\work\ch08.03\14\ 加强筋剖切 -ex。

步骤 4 创建主视图。

（1）选择命令。选择 布局 功能选项卡 模型视图▼ 区域中的 🖾（普通视图）命令，选择"加强筋剖切 .prt"作为要出图的模型参考，在系统弹出的如图 8.67 所示的"打开表示"对话框中选择 REP0001 ，然后单击 打开 按钮，在系统弹出的"选择组合状态"对话框中单击 确定(O) 按钮。

图 8.66　菜单管理器

图 8.67　"打开表示"对话框

（2）在系统 ➡选择绘图视图的中心点。 的提示下，在图形区的合适位置单击，以便确定视图的放置位置，此时图形区将出现零件轴测图并弹出"绘图视图"对话框。

（3）选择视图方位。在"绘图视图"对话框 视图类型 节点下 视图方向 区域选中 ⦿ 查看来自模型的名称 ，在 模型视图名 区域双击选择 V01 方位，在绘图区可以预览要生成的视图。

（4）定义视图显示样式。在"绘图视图"对话框 视图显示 节点 显示样式 下拉列表中选择 🗖 消隐 类型。

（5）单击 确定(O) 按钮完成主视图的创建，如图 8.68 所示。

步骤5 创建投影俯视图。

（1）创建俯视图。选择 布局 功能选项卡 模型视图▼ 区域中的 投影视图 命令，在主视图下方的合适位置单击，以便放置视图。

（2）调整俯视图显示样式。双击俯视图，在系统弹出的"绘图视图"对话框 视图显示 节点 显示样式 下拉列表中选择 消隐 类型，完成后如图 8.69 所示，单击 确定(O) 按钮完成俯视图的创建。

步骤6 创建使用边。选择 草绘 功能选项卡 草绘▼ 区域 后的▼，在系统弹出的快捷菜单中选择 使用边 命令，在系统提示下选取如图 8.70 所示的 4 条边线，然后单击中键完成边线的复制。

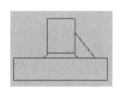

图 8.68 主视图

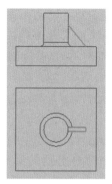

图 8.69 俯视图

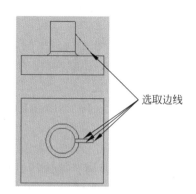

选取边线

图 8.70 选取边线

步骤7 创建剖面视图。

（1）双击主视图，在系统弹出的"绘图视图"对话框中选择 截面 节点。

（2）在 截面选项 区域选中 ● 2D 横截面 单选项，然后单击 ＋ 按钮。

（3）将 模型边可见性 设置为 ● 总计 。

（4）在 名称 下拉列表中选择 ✓ A ，在 剖切区域 下拉列表中选择 完整 选项，激活 箭头显示 区域选取俯视图。

（5）单击 确定(O) 按钮，完成后如图 8.71 所示。

步骤8 修改简化表示。

（1）将窗口切换到 加强筋剖切.PRT 。

（2）选择命令。选择 视图 功能选项卡 模型显示▼ 区域中的 （管理视图）命令，系统会弹出"视图管理器"对话框。

（3）排除筋特征。在 简化表示 选项卡下右击 ✦Rep0001 在系统弹出的快捷菜单中选择 编辑定义 ，系统会弹出"菜单管理器"对话框，在"编辑方法"菜单中选择 特征 选项，在弹出的 包括/排除特征 下拉菜单中选择 排除 选项，在模型树中选取 轮廓筋1 作为要排除的特征，然后在菜单管理器中依次选取 完成 → 完成/返回 命令。

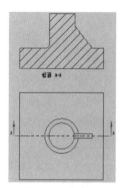

图 8.71 剖视图

（4）在"视图管理器"对话框中单击 关闭 按钮完成简化表示的修改。

步骤 9　将窗口切换到 2 加强筋剖切-EX.DRW:1 ，结果如图 8.65 所示。

8.3.15　装配体的剖切视图

6min

装配体工程图视图的创建与零件工程图视图相似，但是在国家标准中针对装配体出工程图也有两点不同之处：一是装配体工程图中不同的零件在剖切时需要有不同的剖面线；二是装配体中有一些零件（例如标准件）是不可参与剖切的。下面以创建如图 8.72 所示的装配体全剖视图为例，介绍创建装配体剖切视图的一般操作过程。

步骤 1　打开文件 D:\Creo 8.0\work\ch08.03\15\ 装配体剖切 -ex，如图 8.73 所示。

步骤 2　创建剖面视图。

（1）双击左视图，在系统弹出的"绘图视图"对话框中选择 截面 节点。

（2）在 截面选项 区域选中 ⊙ 2D 横截面 单选项，然后单击 ＋ 按钮。

（3）将 模型边可见性 设置为 ⊙ 总计 。

（4）在 名称 下拉列表中选择 ∨ A ，在 剖切区域 下拉列表中选择 完整 选项，激活 箭头显示 区域选取主视图。

（5）单击 确定(O) 按钮，完成后如图 8.74 所示。

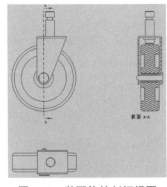
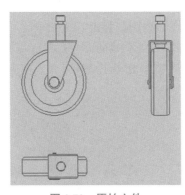
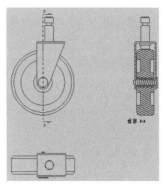

图 8.72　装配体的剖切视图　　　图 8.73　原始文件　　　图 8.74　剖视图

步骤 3　修改剖面线。

（1）双击视图中的任意剖面线，系统会弹出"修改剖面线"菜单管理器。

（2）在菜单管理器中依次选择 剖面线 XCH → 拾取 命令，在系统 ➡ 更改突出显示剖面线的式样。的提示下选取"固定螺钉"作为要修改的剖面线的零件，按中键结束。

> 说明：当需要选取多个零件时，用户需要按住 Ctrl 键进行选取。
> 如果选取零件时被选取的零件与其他零件重叠，则可以按住右键，在弹出的下拉列表中选择 下一个 ，直到选取到需要的零件为止。

（3）在 修改剖面线 菜单中选择 拭除 命令，即可不显示所选零件的剖面线。

（4）单击 完成 按钮完成剖面线的修改。

7min

8.3.16 爆炸视图

为了全面地反映装配体的零件组成，可以通过创建其爆炸视图来达到目的。下面以创建如图 8.75 所示的爆炸视图为例，介绍创建装配体爆炸视图的一般操作过程。

步骤 1 打开装配文件 D:\Creo 8.0\work\ch08.03\16\ 爆炸视图。

步骤 2 参考 6.7.1 节的内容创建如图 8.76 所示的爆炸视图。

步骤 3 选择 视图 功能选项卡 模型显示▼ 区域中的 🗔（管理视图）命令，系统会弹出"视图管理器"对话框，将装配体调整至如图 8.76 所示的方位，选择 定向 区域中的 新建 命令，在名称文本框中输入"V01"后按 Enter 键确认。

步骤 4 单击"视图管理器"对话框中的 关闭 按钮完成视图方位的定义。

步骤 5 打开工程图文件 D:\Creo 8.0\work\ch08.03\16\ 爆炸视图。

步骤 6 创建爆炸工程图视图。

（1）选择命令。选择 布局 功能选项卡 模型视图▼ 区域中的 🗀（普通视图）命令，在系统弹出的"选择组合状态"对话框中选择"无组合状态"，然后单击 确定(O) 按钮。

（2）在系统 ⟹选择绘图视图的中心点 的提示下，在图形区的合适位置单击，以便确定视图的放置位置，此时图形区将出现零件轴测图并弹出"绘图视图"对话框。

（3）选择视图方位。在"绘图视图"对话框 视图类型 节点下 视图方向 区域选中 ⦿ 查看来自模型的名称 ，在 模型视图名 区域双击选择 V01 方位，在绘图区可以预览要生成的视图，如图 8.77 所示。

图 8.75 装配体爆炸视图

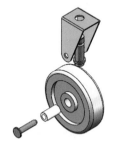
图 8.76 爆炸视图

图 8.77 视图方位

（4）定义视图显示样式。在"绘图视图"对话框 视图显示 节点 显示样式 下拉列表中选择 🗇 消隐 类型。

（5）定义视图比例。在"绘图视图"对话框 比例 节点 比例和透视图选项 区域选中 ⦿ 自定义比例 ，输入比例值 1。

（6）定义分解状态。在"绘图视图"对话框 视图状态 节点 分解视图 区域选中 ☑ 视图中的分解元件 ，在 装配分解状态 下拉列表中选择 EXP0001 。

（7）单击 确定(O) 按钮完成主视图的创建。

8.4　工程图标注

在工程图中，标注的重要性是不言而喻的。工程图作为设计者与制造者之间交流的语言，重在向其用户反映零部件的各种信息，这些信息中的绝大部分是通过工程图中的标注来反映的，因此一张高质量的工程图必须具备完整、合理的标注。

工程图中的标注种类很多，如尺寸标注、注解标注、基准标注、公差标注、表面粗糙度标注、焊缝符号标注等。

尺寸标注：对于刚创建完视图的工程图，习惯上先添加尺寸标注。由于在 Creo 系统中存在着两种不同类型的尺寸，所以添加尺寸标注一般有两种方法：通过选择 注释 功能选项卡 注释▼ 区域中的 📛 （显示模型注释）命令即可显示存在于零件模型中的尺寸信息；通过选择 注释 功能选项卡 注释▼ 区域中的 🗂 （尺寸）命令手动标注需要的尺寸。在标注尺寸的过程中，要注意国家制图标准中关于尺寸标注的具体规定，以免所标注出的尺寸不符合国标的要求。

注解标注：作为加工图样的工程图很多情况下需要使用文本方式来指引性地说明零部件的加工、装配体的技术要求，这可通过添加注解实现。Creo 系统提供了多种不同的注解标注方式，可根据具体情况加以选择。

基准标注：在 Creo 系统中，选择 注释 功能选项卡 注释 区域中的 🔒 基准特征符号 命令，可创建基准特征符号，所创建的基准特征符号主要用于创建几何公差时公差的参照。

公差标注：公差标注主要用于对加工所需要达到的要求作相应的规定。公差包括尺寸公差和几何公差两部分；其中，尺寸公差可通过尺寸编辑来将其显示；几何公差通过 注释 功能选项卡 注释 区域中的 🎛 （几何公差）功能来创建。

表面粗糙度标注：对表面有特殊要求的零件需标注表面粗糙度。在 Creo 系统中，表面粗糙度有各种不同的符号，应根据要求选取。

焊接符号标注：对于有焊接要求的零件或装配体，还需要添加焊接符号。由于有不同的焊接形式，所以具体的焊接符号也不一样，因此在添加焊接符号时需要用户自己先定制一种符号添加到工程图中。

Creo 的工程图模块具有方便的尺寸标注功能，既可以由系统根据已有约束自动标注尺寸，也可以根据需要手动标注尺寸。

8.4.1　尺寸标注

在工程图的各种标注中，尺寸标注是最重要的一种，它有着自身的特点与要求。首先尺寸是反映零件几何形状的重要信息（对于装配体，尺寸是反映连接配合部分、关键零部件尺寸等的重要信息）。在具体的工程图尺寸标注中，应力求尺寸能全面地反映零件的几何形状，不能有遗漏的尺寸，也不能有重复的尺寸（在本书中，为了便于介绍某些尺寸的操作，并未标注出能全面反映零件几何形状的全部尺寸）；其次，工程图中的尺寸标注是与模型相关联的，而且模型中的变更会反映到工程图中，在工程图中改变尺寸也会改变模型。最后由于尺寸标注属于机械制图的一个必不可少的部分，因此标注应符合制图标准中的相关要求。

在 Creo 软件中，工程图中的尺寸被分为两种类型：一种是存在于系统内部数据库中的尺寸信息，它们是来源于零件的三维模型的尺寸；另一种是用户根据具体的标注需要手动创建的尺寸。这两类尺寸的标注方法不同，功能与应用也不同。通常先显示出存在于系统内部数据库中的某些重要的尺寸信息，再根据需要手动创建某些尺寸。

1. 自动标注尺寸（显示模型注释）

在 Creo 软件中，工程图视图是利用已经创建的零件模型投影生成的，因此视图中零件的尺寸来源于零件模块中的三维模型的尺寸，它们源于统一的内部数据库。由于这些尺寸受零件模型的驱动，并且也可反过来驱动零件模型，所以这些尺寸常被称为驱动尺寸。

这些尺寸是保存在模型自身中的尺寸信息，在默认情况下，将模型或组件输入二维工程图时，这些尺寸是不可见的。在工程图环境下，可以选择 注释 功能选项卡 注释▼ 区域中的 （显示模型注释）命令将这些尺寸在工程图中自动地显示出来，所以可以将这些尺寸称为自动生成尺寸。自动生成尺寸不能被删除，只能被拭除（隐藏）。

自动生成尺寸与零件或组件具有双向关联性，在三维模型上修改模型的尺寸，在工程图中，这些尺寸会随着模型的变化而变化，反之亦然。这里有一点需要注意：在工程图中可以修改自动生成尺寸值的小数位数，但是舍入之后的尺寸值不驱动几何模型。

下面以标注如图 8.78 所示的尺寸为例，介绍使用显示模型注释自动标注尺寸的一般操作过程。

步骤1 打开文件 D:\Creo 8.0\work\ch08.04\01\ 显示模型注释 -ex。

步骤2 选择对象。在图纸上选中"主视图""左视图"与"俯视图"。

说明： 对象可以是多个视图，如图 8.78 所示，可以是单个视图，如图 8.79 所示，也可以是单个或者多个特征，如图 8.80 所示。

步骤3 选择命令。选择 注释 功能选项卡 注释▼ 区域中的 （显示模型注释）命令，系统会弹出如图 8.81 所示的"显示模型注释"对话框。

步骤4 设置参数。

（1）在"显示模型注释"对话框单击 选项卡。

（2）在 类型: 下拉列表中选择 全部 选项。

（3）单击 按钮，然后单击"显示模型注释"对话框中的 确定 按钮。

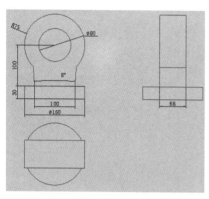

图 8.78　显示模型注释

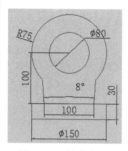

图 8.79　单个视图

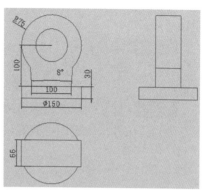

图 8.80　单个或多个特征

2. 手动标注尺寸

当自动生成尺寸不能全面地表达零件的结构或在工程图中需要增加一些特定的标注时，就需要手动标注尺寸。这类尺寸受零件模型所驱动，所以常被称为"从动尺寸"（参考尺寸）。手动标注尺寸与零件或装配体具有单向关联性，即这些尺寸受零件模型所驱动，当零件模型的尺寸改变时，工程图中的尺寸也随之改变，但这些尺寸的值在工程图中不能被修改。

下面将详细介绍标注尺寸的方法。

1）标注尺寸

标注尺寸是系统根据用户所选择的对象自动判断尺寸类型完成尺寸标注，此功能与草图环境中的尺寸标注比较类似。下面以标注如图 8.82 所示的尺寸为例，介绍标注尺寸的一般操作过程。

▷ 6min

图 8.81　"显示模型注释"对话框

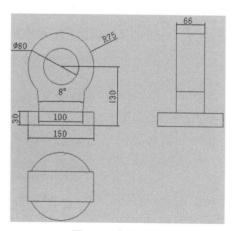

图 8.82　标注尺寸

步骤1 打开工程图文件 D:\Creo 8.0\work\ch08.04\02\ 标注尺寸 -ex。

步骤2 选择命令。选择 注释 功能选项卡 注释▼ 区域中的 ⊓（尺寸）命令，系统会弹出如图 8.83 所示的"选择参考"对话框。

图 8.83 "选择参考"对话框

步骤3 标注线段长度。在系统提示下选取如图 8.84 所示的竖直边线作为标注对象，在左侧合适位置按中键即可放置尺寸，如图 8.85 所示。

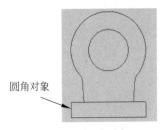

图 8.84 标注对象

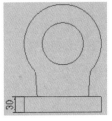

图 8.85 标注尺寸

步骤4 标注水平竖直间距尺寸。在系统提示下选取如图 8.86 所示的直线 1，按住 Ctrl 键选取直线 2，在下方的合适位置按中键即可放置尺寸，如图 8.87 所示。

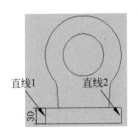

图 8.86 标注对象

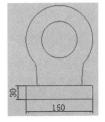

图 8.87 标注尺寸

步骤5 参考步骤 4 创建其他水平竖直尺寸，完成后如图 8.88 所示。

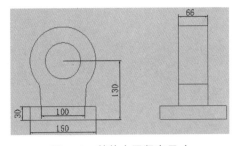

图 8.88 其他水平竖直尺寸

步骤6 标注半径尺寸。单击选取如图 8.89 所示的圆弧边线，在合适位置按中键即可放置尺寸，如图 8.90 所示。

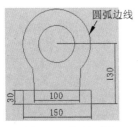

图 8.89 标注对象

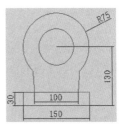

图 8.90 半径尺寸

步骤 7 标注直径尺寸。单击选取如图 8.91 所示的圆形边线，在合适位置按中键即可放置尺寸，如图 8.92 所示。

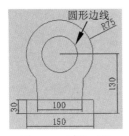

图 8.91 标注对象

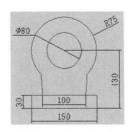

图 8.92 直径尺寸

步骤 8 标注角度尺寸。选取如图 8.93 所示的两条边线，在合适位置按中键即可放置尺寸，如图 8.94 所示。

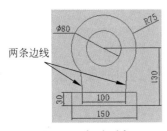

图 8.93 标注对象

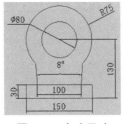

图 8.94 角度尺寸

2）标注点到直线中点的距离

步骤 1 打开工程图文件 D:\Creo 8.0\work\ch08.04\03\ 标注点到直线中点的距离 -ex。

步骤 2 选择命令。选择 注释 功能选项卡 注释▼ 区域中的 ┌─┐（尺寸）命令，系统会弹出"选择参考"对话框。

步骤 3 选择第一参考。在系统提示下选取如图 8.95 所示的圆弧作为第一参考。

步骤 4 选择第二参考。在"选择参考"对话框中选择 ✎（选择边或者直线的中点）类型，然后在系统提示下选取如图 8.95

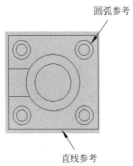

圆弧参考

▷ 3min

直线参考

图 8.95 标注参考对象

所示的直线。

步骤5 放置尺寸。水平向右移动鼠标按中键确认即可得到如图 8.96（a）所示的竖直尺寸；竖直向下移动鼠标按中键确认即可得到如图 8.96（b）所示的水平尺寸；向右下角移动鼠标按中键确认即可得到如图 8.96（c）所示的倾斜尺寸。

 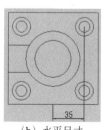 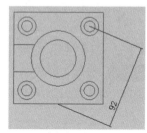

（a）竖直尺寸 （b）水平尺寸 （c）倾斜尺寸

图 8.96 放置尺寸

3）标注交点到交点的距离

步骤1 打开工程图文件 D:\Creo 8.0\work\ch08.04\04\ 标注交点到交点的距离 -ex。

步骤2 选择命令。选择 注释 功能选项卡 注释▼ 区域中的 ⊢ （尺寸）命令，系统会弹出"选择参考"对话框。

步骤3 选择第一参考。在"选择参考"对话框中选择 ⊹ （选择由两个对象定义的相交）类型，按住 Ctrl 键选取如图 8.97 所示的直线 1 与直线 2 作为参考，系统会选取如图 8.97 所示的交点 1 作为第一参考。

步骤4 选择第二参考。确认"选择参考"对话框中选择 ⊹ 类型，按住 Ctrl 键选取如图 8.97 所示的直线 3 与直线 4 作为参考，系统会选取如图 8.97 所示的交点 2 作为第二参考。

步骤5 放置尺寸。向右上角移动鼠标按中键确认即可得到如图 8.98 所示的倾斜尺寸。

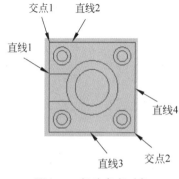 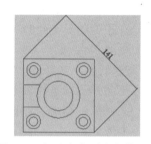

图 8.97 标注参考对象 图 8.98 标注交点到交点的距离

4）标注两圆弧之间的最大距离

步骤1 打开工程图文件 D:\Creo 8.0\work\ch08.04\05\ 标注两圆弧之间的最大距离 -ex。

步骤2 选择命令。选择 注释 功能选项卡 注释▼ 区域中的 ┌┐（尺寸）命令，系统会弹出"选择参考"对话框。

步骤3 选择第一参考。在"选择参考"对话框中选择 ⚲（选择圆弧或者圆的切线）类型，靠近左侧选取如图 8.99 所示的圆弧 1 作为参考。

步骤4 选择第二参考。确认在"选择参考"对话框中选择 ⚲ 类型，按住 Ctrl 键靠近右侧选取如图 8.99 所示的圆弧 2 作为参考。

步骤5 放置尺寸。竖直向上移动鼠标按中键确认即可得到如图 8.100 所示的最大尺寸。

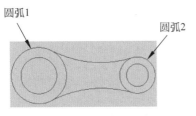

图 8.99　标注参考对象

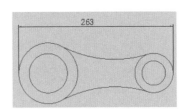

图 8.100　标注两圆弧之间的最大距离

说明： 在选取参考对象时，选取的位置不同所得到的结果也不同，当靠近左侧选取圆弧 1，靠近左侧选取圆弧 2 时，效果如图 8.101 所示；当靠近右侧选取圆弧 1，靠近左侧选取圆弧 2 时，效果如图 8.102 所示；当靠近右侧选取圆弧 1，靠近右侧选取圆弧 2 时，效果如图 8.103 所示。

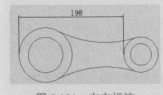

图 8.101　左左标注

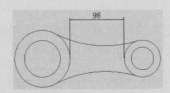

图 8.102　右左标注

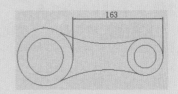

图 8.103　右右标注

5）标注圆弧尺寸

步骤1 打开工程图文件 D:\Creo 8.0\work\ch08.04\06\ 标注圆弧尺寸 -ex。

步骤2 选择命令。选择 注释 功能选项卡 注释▼ 区域中的 ┌┐（尺寸）命令，系统会弹出"选择参考"对话框。

步骤3 选择对象。在"选择参考"对话框中选择 ◹（选择图元）类型，选取如图 8.104 所示的圆弧作为参考。

步骤4 选择标注类型。按住鼠标右键，在系统弹出的如图 8.105 所示的下拉列表

中选择 角度 即可标注圆弧的角度尺寸，如图 8.106 所示；在系统弹出的下拉列表中选择
弧长 即可标注圆弧的弧长尺寸，如图 8.107 所示。

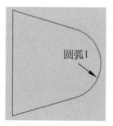

图 8.104　标注参考对象

图 8.105　下拉菜单

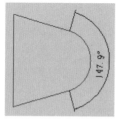

图 8.106　标注角度

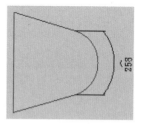

图 8.107　标注弧长

6）标注纵坐标尺寸

步骤 1　打开工程图文件 D:\Creo 8.0\work\ch08.04\07\ 标注纵坐标尺寸 -ex。

步骤 2　选择命令。选择 注释 功能选项卡 注释▼ 区域中的 纵坐标尺寸 命令，系统会弹出"选
择参考"对话框。

步骤 3　选择参考。在系统提示下按住 Ctrl 键依次选取如图 8.108 所示的直线 1、直线 2、
直线 3、直线 4 与直线 5。

步骤 4　放置尺寸。在视图上方的合适位置按鼠标中键放置尺寸，完成后如图 8.109
所示。

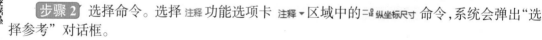

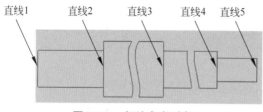

图 8.108　标注参考对象

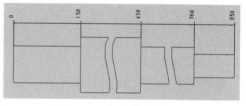

图 8.109　标注纵坐标尺寸

7）标注基准尺寸

步骤 1　打开工程图文件 D:\Creo 8.0\work\ch08.04\08\ 标注基准尺寸 -ex。

步骤 2　选择命令。选择 注释 功能选项卡 注释▼ 区域中的 ┌┐(尺寸)命令，系统会弹出"选

▷ 3min

▷ 2min

择参考"对话框。

步骤 3　选择参考。在系统提示下按住 Ctrl 键依次选取如图 8.110 所示的直线 1、直线 2、直线 3、直线 4 与直线 5。

步骤 4　放置尺寸。在视图上方的合适位置按鼠标中键放置尺寸，完成后如图 8.111 所示。

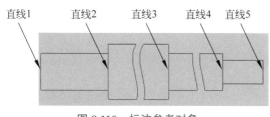

图 8.110　标注参考对象

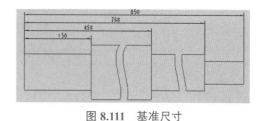

图 8.111　基准尺寸

8）标注坐标尺寸

步骤 1　打开工程图文件 D:\Creo 8.0\work\ch08.04\09\ 标注坐标尺寸 -ex。

步骤 2　选择命令。选择 注释 功能选项卡 注释 ▼ 下的 坐标尺寸 命令。

步骤 3　选择对象。在系统 ➡选择几何、点、轴 或修饰草绘图元。的提示下选取如图 8.112 所示的圆弧作为参考。

步骤 4　定义放置位置。此时在鼠标指针上附着着一个方框，在图形中的合适位置单击。

步骤 5　定义横向尺寸参考。在系统 ➡为xdim 选择尺寸.的提示下选取 50 的尺寸。

步骤 6　定义纵向尺寸参考。在系统 ➡为ydim 选择尺寸.的提示下选取 25 的尺寸，完成后如图 8.113 所示。

3min

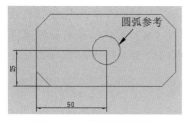

图 8.112　标注参考对象

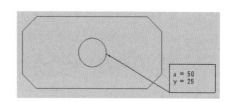

图 8.113　标注坐标尺寸

8.4.2　公差标注

在 Creo 系统下的工程图模式中，可以调节尺寸的显示格式，如只显示尺寸的公称值、以最大极限偏差和最小极限偏差的形式显示尺寸、以公称尺寸并带有一个上偏差和一个下偏差的形式显示尺寸和以公称尺寸之后加上一个正负号显示尺寸。在默认情况下，系统只显示尺寸的公称值，可以通过适当的设置和编辑来显示尺寸的公差。

5min

下面以标注如图 8.114 所示的公差为例，介绍标注公差尺寸的一般操作过程。

图 8.114　公差尺寸标注

步骤 1 打开工程图文件 D:\Creo 8.0\work\ch08.04\10\ 公差标注 -ex。

步骤 2 设置绘图属性。

（1）选择命令。选择下拉菜单 文件 → 准备(R) → 绘图属性(I) 绘图属性. 命令，系统会弹出如图 8.115 所示的"绘图属性"对话框。

图 8.115　"绘图属性"对话框

（2）单击 细节选项 后的 更改 按钮，系统会弹出如图 8.116 所示的"选项"对话框。

（3）在 以下选项控制尺寸公差 下找到 tol_display 配置文件，在 值(V): 下拉列表中确认选择 yes 选项。

（4）单击 关闭 按钮关闭对话框。

> **说明：**
> （1）如果系统默认的 tol_display 值为 no，则用户在将值修改为 yes 后需要单击 添加/更改 按钮，然后单击 确定 按钮。
> （2）如果不对系统的配置文件作修改，则在视图中双击任意一个尺寸后，系统弹出的"尺寸属性"对话框的 公差▾ 下拉列表会显示为灰色，即不可修改尺寸在视图中的显示格式。在系统默认情况下，配置文件的值被设置为 yes，但在某些特殊情况下，其值为 no，因此，如果要使尺寸在视图中显示不同形式的公差，则可以先按上述介绍的方法对配置文件 tol_display 进行设置。

步骤 3 添加公差。

（1）在视图中双击需要添加公差的尺寸（尺寸 130），系统会弹出如图 8.117 所示的"尺寸"功能选项卡。

（2）设置公差精度。在 精度 区域的 ·0.123/-0.123（公差精度）下拉列表中选择 0.12 。

（3）设置公差类型。在 公差▾ 区域的 公差▾ 下拉列表中选择 +0.2/-0.1 正负 类型。

（4）设置公差值。在 公差▾ 区域的 +0.2/10.0（上公差）文本框中输入 0.25，在 +0.2/-0.1（下公差）文本框中输入 0.15。

图 8.117 所示的"尺寸"功能选项卡 公差▾ 区域的 公差▾ 下拉列表中各选项的说明如下。

图 8.116　"选项"对话框

图 8.117　"尺寸"功能选项卡

（1）[10.0 公称]：选取该选项，系统只显示尺寸的公称值，如图 8.118 所示。

（2）[100.0 基本]：选取该选项，在尺寸文字上添加一个方框来表示基本尺寸，如图 8.119 所示。

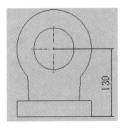

图 8.118 "公称"类型

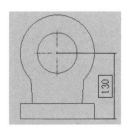

图 8.119 "基本"类型

（3）极限：选取该选项，公差以最大极限偏差和最小极限偏差的形式显示，如图 8.120 所示。

（4）正负：选取该选项，如在文本框中输入尺寸的上偏差和下偏差，公差值显示在尺寸值后面，如图 8.114 所示。

（5）对称：选取该选项，在文本框中输入尺寸相等的偏差值，公差文字显示在公称尺寸的后面，如图 8.121 所示。

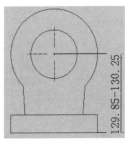

图 8.120 "极限"类型

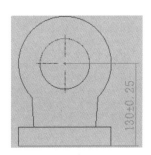

图 8.121 "对称"类型

4min

8.4.3 基准标注

在工程图中，基准标注（基准面和基准轴）常被作为几何公差的参照。基准面一般标注在视图的边线上，基准轴标注在中心轴或尺寸上。在 Creo 中基准面和基准轴都是通过"基准特征符号"命令进行标注的。下面以标注如图 8.122 所示的基准标注为例，介绍基准标注的一般操作过程。

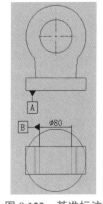

图 8.122 基准标注

步骤1 打开工程图文件 D:\Creo 8.0\work\ch08.04\11\基准标注-ex。

步骤2 选择命令。选择注释功能选项卡注释▼下的基准特征符号命令。

步骤3 放置基准特征符号1。

（1）选择放置参考。选择如图 8.123 所示的边线作为放置参考。

选取此边线

图 8.123 放置参考

> **说明：** 选取直线的位置直接决定了基准符号的放置位置，如果用户需要调整基准符号的位置，则可以在创建完成基准符号后，选中基准特征符号，然后将鼠标移动至基准符号上，按住鼠标左键拖动即可。

（2）放置基准特征符号。在合适的位置按中键放置基准符号，系统会弹出如图 8.124 所示的"基准特征"功能选项卡，在 标签 区域的文本框中输入 A，完成后如图 8.125 所示。

图 8.124　"基准特征"功能选项卡

图 8.125　基准特征 1

步骤 4 选择命令。选择 注释 功能选项卡 注释▼ 下的 基准特征符号 命令。

步骤 5 放置基准特征符号 1。

（1）选择放置参考。选择尺寸 80 的左侧尺寸界线作为放置参考。

（2）放置基准特征符号。在合适的位置按鼠标中键放置基准符号，系统会弹出"基准特征"功能选项卡，在 标签 区域的文本框中输入 B，完成后如图 8.126 所示。

8.4.4　形位公差标注

▶ 3min

　　形状公差和位置公差简称形位公差，也叫几何公差，用来指定零件的尺寸和形状与精确值之间所允许的最大偏差。下面以标注如图 8.127 所示的形位公差为例，介绍形位公差标注的一般操作过程。

步骤 1 打开工程图文件 D:\Creo 8.0\work\ch08.04\12\ 形位公差标注 -ex。

步骤 2 选择命令。选择 注释 功能选项卡 注释▼ 下的 几何公差 （几何公差）命令。

步骤 3 放置形位公差符号。

（1）选择放置参考。选择如图 8.128 所示的边线作为放置参考。

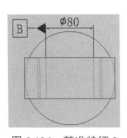

图 8.126　基准特征 2

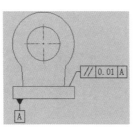

图 8.127　形位公差标注

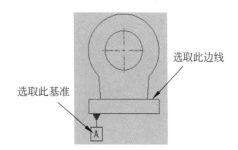

图 8.128　选择放置参考

（2）选择放置位置。在合适的位置按鼠标中键以放置形位公差，系统会弹出如图 8.129 所示的"几何公差"功能选项卡。

图 8.129 "几何公差"功能选项卡

（3）选择形位公差符号。在"几何公差"功能选项卡 符号 区域的列表中选择 // 平行度 。

（4）设置形位公差的其他参数。在 公差和基准 区域的 ⬛ （公差值）文本框中输入 0.01，在 公差和基准 区域选择最上方的 🔧 （从模型选择基准参考）命令，然后选取如图 8.128 所示的基准 A，单击"选择"对话框中的 确定 按钮完成添加，效果如图 8.127 所示。

8.4.5 粗糙度符号标注

▶ 5min

在机械制造中，任何材料表面经过加工后，加工表面上都会具有较小间距和峰谷的不同起伏，这种微观的几何形状误差叫作表面粗糙度。下面以标注如图 8.130 所示的粗糙度符号为例，介绍粗糙度符号标注的一般操作过程。

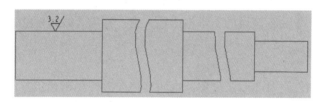

图 8.130 粗糙度符号标注

步骤 1 打开工程图文件 D:\Creo 8.0\work\ch08.04\13\ 粗糙度符号标注 -ex。

步骤 2 选择命令。选择 注释 功能选项卡 注释 ▾ 下的 ³²√ 表面粗糙度 命令，系统会弹出如图 8.131 所示的"打开"对话框。

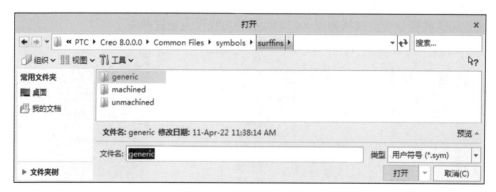

图 8.131 "打开"对话框

> **说明：** 📁 generic 文件夹存放着一般类型的表面粗糙度符号，如图 8.132（a）所示；📁 machined 文件夹存放着去除材料类型的表面粗糙度符号，如图 8.132（b）所示；📁 unmachined 文件夹存放着不去除材料类型的表面粗糙度符号，如图 8.132（c）所示。

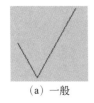
（a）一般

（b）去除材料

（c）不去除材料

图 8.132　粗糙度类型

步骤 3 选择粗糙度类型。在"打开"对话框中选择 📁 machined 中的 📄 standard1.sym 类型，单击 打开 按钮，系统会弹出如图 8.133 所示的"表面粗糙度"对话框。

图 8.133　"表面粗糙度"对话框

步骤 4 放置表面粗糙度符号。

（1）定义粗糙度参数。在"表面粗糙度"对话框 可变文本(V) 选项卡的文本框中输入 3.2。

（2）定义放置类型。在"表面粗糙度"对话框 常规(E) 选项卡 放置 区域的 类型 下拉列表中选择 垂直于图元 。

（3）选择放置参考。在系统 ⇒ 使用鼠标左键选择附加参考。 的提示下选取如图 8.134 所示的边线作为放置参考并按中键确认。

（4）完成操作。在"表面粗糙度"对话框中单击 确定(O) 按钮完成粗糙度的标注。

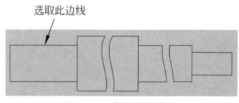

图 8.134　选取放置参考·

8.4.6　注释文本标注

8min

在工程图中，除了尺寸标注外，还应有相应的文字说明，即技术要求，如工件的热处理要求、表面处理要求等，所以在创建完视图的尺寸标注后，还需要创建相应的注释标注。工程图中的注释主要分为两类，即带引线的注释与不带引线的注释。下面以标注如图 8.135 所示的注释为例，介绍注释标注的一般操作过程。

步骤1　打开工程图文件 D:\Creo 8.0\work\ch08.04\14\ 注释文本标注 -ex。

步骤2　选择命令。单击 注释 功能选项卡 注释▾ 区域中 A≣注解 后的 ▾，在系统弹出的快捷菜单中选择 A≣｜独立注解 命令，系统会弹出如图 8.136 所示的"选择点"对话框。

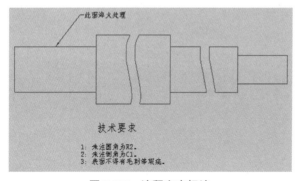

图 8.135　注释文本标注

图 8.136　"选择点"对话框

步骤3　定义放置位置类型。在"选择点"对话框选择 （在绘图上选择一个任意点）。图 8.136 所示的"选择点"对话框的说明如下。

（1） （在绘图上选择一个任意点）：用于通过在绘图上选择一个任意点定义注释位置。

（2） （使用绝对坐标选择点）：用于通过绝对坐标来定义注释位置。

（3） （在绘图对象或者图元上选择一个点）：用于通过在绘图对象或者图元上选择一个点定义注释位置。

（4） （选择顶点）：用于通过选择一个顶点定义注释位置。

步骤4　选取放置注释文本位置。在视图下的空白处单击，系统会弹出如图 8.137 所示"格式"功能选项卡。

图 8.137 "格式"功能选项卡

步骤 5 设置字体与大小。在"格式"功能选项卡字体下拉列表中选择 **T FangSong** ，在字高文本框中输入 5，设置后按 Enter 键确认。

步骤 6 创建注释文本。在注释文本框中输入文字"技术要求"，在空白区域单击完成注释文本的创建。

步骤 7 选择命令。单击 注释 功能选项卡 注释▾ 区域中 注解 后的 ▾，在系统弹出的快捷菜单中选择 独立注解 命令，系统会弹出"选择点"对话框。

步骤 8 定义放置位置类型。在"选择点"对话框选择 （在绘图上选择一个任意点）。

步骤 9 选取放置注释文本位置。在视图下的空白处单击，系统会弹出如图 8.137 所示的"格式"功能选项卡。

步骤 10 设置字体与大小。在"格式"功能选项卡字体下拉列表中选择 **T FangSong** ，在字高文本框中输入 3.5，设置后按 Enter 键确认。

步骤 11 创建注释文本。在注释文本框中输入文字"1：未注圆角为 R2。2：未注倒角为 C1。3：表面不得有毛刺等瑕疵。"，在空白区域单击便可完成注释文本的创建，如图 8.138 所示。

步骤 12 选择命令。单击 注释 功能选项卡 注释▾ 区域中 注解 后的 ▾，在系统弹出的快捷菜单中选择 引线注解 命令，系统会弹出如图 8.139 所示的"选择参考"对话框。

技术要求

1：未注圆角为R2。
2：未注倒角为C1。
3：表面不得有毛刺等瑕疵。

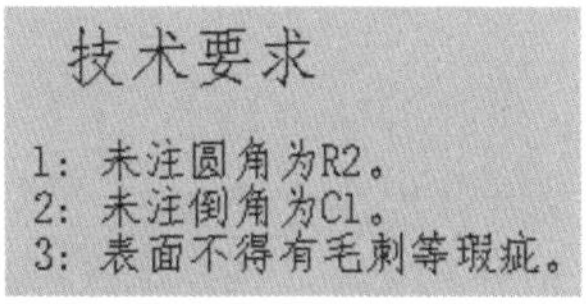

图 8.138 注释文本

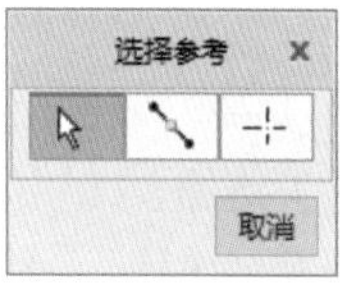

图 8.139 "选择参考"对话框

图 8.139 所示的"选择参考"对话框的说明如下。

（1） （选择参考）：用于通过选择任意参考（如边线、曲面、空白位置等）作为引线的起始参考。

（2） （选择边线或中点）：用于通过选择边线或者中点作为引线的起始参考。

（3） （选择由两个对象定义的相交）：用于通过选择两个相交对象，系统使用此交点作为引线的起始参考。

步骤 13 定义放置位置类型。在"选择参考"对话框选择 （选择边线或中点）。

步骤 14 在系统 ➡选择几何、点或轴。的提示下选取如图 8.140 所示的边线作为参考，然后在合适位置按鼠标中键即可确定注释放置位置，系统会弹出"格式"功能选项卡。

步骤 15 设置字体与大小。在"格式"功能选项卡字体下拉列表中选择 T FangSong，在字高文本框中输入 3.5，设置后按 Enter 键确认。

步骤 16 创建注释文本。在注释文本框中输入文字"此面淬火处理"，在空白区域单击便可完成注释文本的创建，如图 8.141 所示。

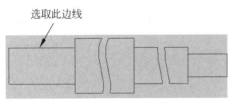

图 8.140　参考边线

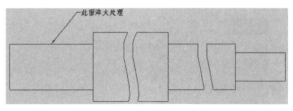

图 8.141　注释文本

8.4.7　焊接符号标注

6min

金属焊接指的是采用适当的手段，使两个金属物体结合，从而连接成一体的加工方法。这种加工方法可使零件连接紧密与牢固，而且可以使各种零件永久地连接在一起，因而被广泛应用到机械制造业、建筑业和造船业等领域中，所以焊接符号的标注也是工程图中的重要内容。

焊接接头是焊接结构的重要组成部分，它的性能好坏会直接影响焊接结构整体的可靠性。焊接接头往往是焊接结构的几何形状与尺寸发生变化的部位，焊接接头的形式不同，其应力集中程度也不同，因此在设计焊接接头时，必须给予适当考虑，常见的焊接形式有角接形式、对接形式、搭接形式和 T 形接形式等。

在设计焊接结构时要遵循以下原则。

（1）合理选择与利用材料，充分发挥材料的性能。

（2）合理设计焊接结构的形式，既保证结构强度，又使其方便焊接。

（3）力求减少焊缝数量和填充金属量，以减少焊接应力和提高生产率。

（4）要合理布置焊缝。轴对称的焊接构造，宜对称布置焊缝，以利于减少焊接变形；应该避免焊缝汇交，避免焊缝密集；保证重要的焊缝连续，使焊缝受力合理；尽可能避免焊缝出现在以下部位：高工作应力处、有应力集中处、待机械加工的表面等。

下面以标注如图 8.142 所示的焊接符号为例，介绍焊接符号标注的一般操作过程。

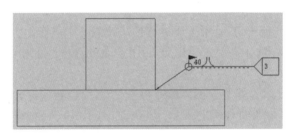

图 8.142　焊接符号标注

步骤 1 打开工程图文件 D:\Creo 8.0\work\ch08.04\15\ 焊接符号标注 -ex。

步骤 2 选择命令。选择 注释 功能选项卡 注释▼区域中的 Ⓐ 符号 命令，系统会弹出如图 8.143 所示的 "符号" 功能选项卡。

图 8.143　"符号" 功能选项卡

步骤 3 选择符号。在 "符号" 功能选项卡 "符号库" 下拉列表中选择 iso_weld 中的 ——（ISO Edge Flange）符号，系统会弹出 "选择参考" 对话框。

步骤 4 定义放置位置类型。在 "选择参考" 对话框选择 ┽（选择由两个对象定义的相交）。

步骤 5 在系统 ➡ 选择几何、尺寸界线或轴。的提示下按住 Ctrl 键选取如图 8.144 所示的边线 1 与边线 2 作为参考，然后在合适位置按中键即可确定焊接符号的放置位置，系统会弹出 "格式" 功能选项卡。

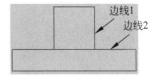

图 8.144　选取参考边线

步骤 6 在 "符号" 功能选项卡 自定义▼区域选择 ⁚Ⓐ（符号自定义）命令，在系统弹出的对话框中设置如图 8.145 所示的参数。

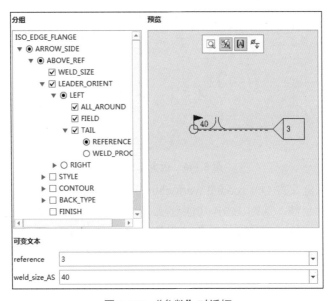

图 8.145　"参数" 对话框

步骤 7 在图纸的空白位置单击便可完成放置。

8.5 钣金工程图

8.5.1 基本概述

钣金工程图的创建方法与一般零件基本相同，所不同的是钣金件的工程图需要创建平面展开图。创建钣金工程图时，用户可以通过族表功能创建一个含有展平的实体零件，创建一个不含展平的实体零件，出图时分别选取即可。

8.5.2 钣金工程图的一般操作过程

下面以创建如图 8.146 所示的工程图为例，介绍钣金工程图创建的一般操作过程。

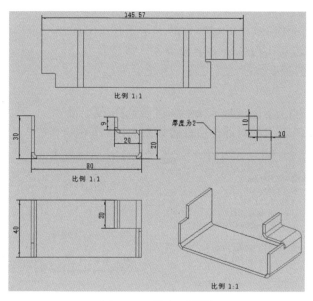

图 8.146　钣金工程图

步骤1 打开钣金文件 D:\Creo 8.0\work\ch08.05\ 钣金工程图。

步骤2 展平钣金件。选择 钣金件 功能选项卡 折弯▼区域中的 ⌐ （展平）命令，在系统弹出的"展平"功能选项卡中采用系统默认参数，单击 ✔ 按钮完成展平操作。

步骤3 创建族表。

（1）选择命令。选择 钣金件 功能选项卡 模型意图▼区域的 ⊞（族表）命令，系统会弹出如图 8.147 所示的"族表"对话框。

（2）增加族表列。在"族表"对话框中选择 插入(I)→ ⊞ 列(C)...命令，系统会弹出如图 8.148 所示的"族项"对话框，在 添加项 区域选中 ◉ 特征 单选项，在系统弹出的如图 8.149 所示的菜单管理器中选择 选择 选项，然后在设计树中选取"展平"特征，单击 完成 完成特征的

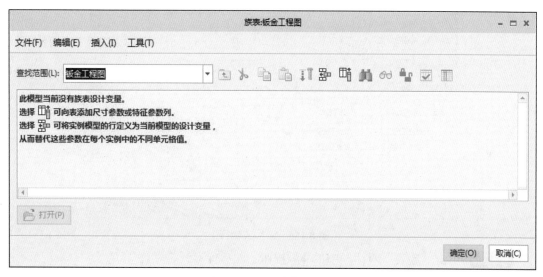

图 8.147　"族表"对话框

选取，最后单击"族项"对话框中的 确定 按钮完成族表列的添加。

（3）增加族表行。在"族表"对话框中选择 插入(I)→ 🔳 实例行(R) 命令，系统会立即添加新的一行，如图 8.150 所示，单击 * 号栏，将 * 号改成 N，这样在钣金实例中就不显示展平特征了。

图 8.148　"族表"对话框

图 8.149　菜单管理器

图 8.150 添加实例行

步骤4 单击"族表"对话框中的 确定 按钮，然后保存钣金零件。

步骤5 打开工程图文件 D:\Creo 8.0\work\ch08.05\ 钣金工程图 -ex。

步骤6 创建如图 8.151 所示的展开视图。

图 8.151 展开视图

（1）选择命令。选择 布局 功能选项卡 模型视图▼ 区域中的 ▱（普通视图）命令，在系统弹出的"选择组合状态"对话框中选择"无组合状态"，然后单击 确定(O) 按钮。

（2）在系统 ➡ 选择绘图视图的中心点. 的提示下，在图形区的合适位置单击，以便确定视图的放置位置，此时图形区将出现零件轴测图并弹出"绘图视图"对话框。

（3）选择视图方位。在"绘图视图"对话框 视图类型 节点下 视图方向 区域选中 ⦿ 查看来自模型的名称 ，在 模型视图名 区域双击选择 TOP 方位，在绘图区可以预览要生成的视图。

（4）定义视图显示样式。在"绘图视图"对话框 视图显示 节点 显示样式 下拉列表中选择 ▱ 消隐 类型。

（5）定义视图比例。在"绘图视图"对话框 比例 节点 比例和透视图选项 区域选中 ⦿ 自定义比例 ，输入比例值 1。

（6）单击 确定(O) 按钮完成主视图的创建。

步骤7 在工程图中添加不含展平特征的三维模型的族表实例。

（1）选择命令。选择 布局 功能选项卡 模型视图▼ 区域中的 ▱（绘图模型）命令，系统会弹出如图 8.152 所示的菜单管理器。

（2）选择菜单管理器中的 添加模型 命令，在系统弹出的"打开"对话框中选择 ▱ 钣金工程图_inst<钣金工程图>.prt 文件并打开。

（3）在菜单管理器中选择 完成/返回 命令。

步骤8 创建如图 8.153 所示的主视图。

图 8.152　菜单管理器

图 8.153　主视图

（1）选择命令。选择 布局 功能选项卡 模型视图▾ 区域中的 ◻（普通视图）命令，在系统弹出的"选择组合状态"对话框中选择"无组合状态"，然后单击 确定(O) 按钮。

（2）在系统 ⇨选择绘图视图的中心点。的提示下，在图形区的合适位置单击，以便确定视图的放置位置，此时图形区将出现零件轴测图并弹出"绘图视图"对话框。

（3）选择视图方位。在"绘图视图"对话框 视图类型 节点下 视图方向 区域选中 ◉ 查看来自模型的名称 ，在 模型视图名 区域双击选择 FRONT 方位，在绘图区可以预览要生成的视图。

（4）定义视图显示样式。在"绘图视图"对话框 视图显示 节点 显示样式 下拉列表中选择 ◻ 消隐 类型。

（5）定义视图比例。在"绘图视图"对话框 比例 节点 比例和透视图选项 区域选中 ◉ 自定义比例 ，输入比例值 1。

（6）单击 确定(O) 按钮完成主视图的创建。

步骤 9　创建如图 8.154 所示的投影视图。

（1）选择 布局 功能选项卡 模型视图▾ 区域中的 ⊞ 投影视图 命令，在系统提示下选取步骤 8 创建的视图作为父视图，在主视图下方的合适位置单击便可放置视图。

（2）调整俯视图显示样式。双击俯视图在系统弹出的"绘图视图"对话框 视图显示 节点 显示样式 下拉列表中选择 ◻ 消隐 类型，单击 确定(O) 按钮完成俯视图的创建，完成后如图 8.155 所示。

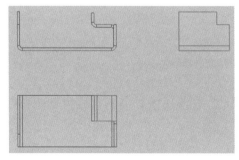

图 8.154　投影视图

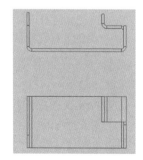

图 8.155　俯视图

（3）创建左视图。选择 布局 功能选项卡 模型视图▾ 区域中的 ⊞ 投影视图 命令，在系统

⇨选择投影父视图。的提示下选取主视图作为父视图，在主视图右侧的合适位置单击即可放置视图。

（4）调整左视图显示样式。双击俯视图，在系统弹出的"绘图视图"对话框 视图显示 节点 显示样式 下拉列表中选择 ▢ 消隐 类型，单击 确定(O) 按钮完成左视图的创建，如图 8.154 所示。

步骤 10 创建如图 8.156 所示的轴测主视图。

（1）选择命令。选择 布局 功能选项卡 模型视图▾ 区域中的 ▱（普通视图）命令，在系统弹出的"选择组合状态"对话框中选择"无组合状态"，然后单击 确定(O) 按钮。

（2）在系统 ⇨选择绘图视图的中心点。的提示下，在图形区的合适位置单击，以便确定视图的放置位置，此时图形区将出现零件轴测图并弹出"绘图视图"对话框。

（3）选择视图方位。在"绘图视图"对话框 视图类型 节点下 视图方向 区域选中 ◉ 查看来自模型的名称 ，在 模型视图名 区域双击选择 V01 方位，在绘图区可以预览要生成的视图。

（4）定义视图显示样式。在"绘图视图"对话框 视图显示 节点 显示样式 下拉列表中选择 ▢ 消隐 类型。

（5）定义视图比例。在"绘图视图"对话框 比例 节点 比例和透视图选项 区域选中 ◉ 自定义比例 ，输入比例值 1。

（6）单击 确定(O) 按钮完成主视图的创建。

步骤 11 创建如图 8.157 所示的尺寸标注。

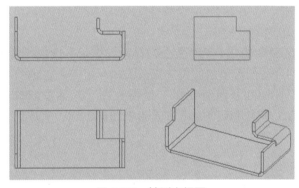

图 8.156　轴测主视图

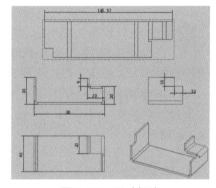

图 8.157　尺寸标注

（1）选择 注释 功能选项卡 注释▾ 区域中的 ⊓（尺寸）命令，标注如图 8.158 所示的尺寸。

（2）选中展开视图中的尺寸 146，在"尺寸"功能选项卡 精度 区域的 10.123 下拉列表中选择 0.12 选项，完成后如图 8.157 所示。

步骤 12 创建如图 8.159 所示的注释标注。

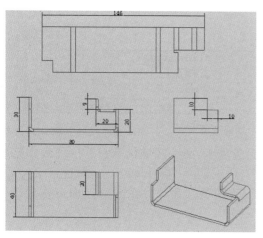

图 8.158　初步标注

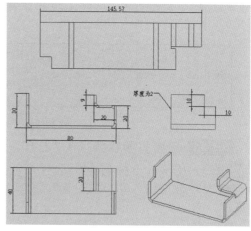

图 8.159　注释标注

（1）选择命令。单击 注释 功能选项卡 注释▾区域中 A≣注解 后的 ▾，在系统弹出的快捷菜单中选择 ✔A 引线注解 命令，系统会弹出"选择参考"对话框。

（2）定义放置位置类型。在"选择参考"对话框选择
↘（选择边线或中点）。

（3）在系统 ➡选择几何、点或轴。 的提示下选取如图 8.160 所示的边线作为参考，然后在合适位置按中键即可确定注释的放置位置，系统会弹出"格式"功能选项卡。

（4）设置字体与大小。在"格式"功能选项卡字体下

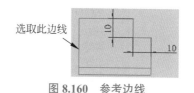

图 8.160　参考边线

拉列表中选择 ₸FangSong　，在字高文本框中输入 3.5，设置后按 Enter 键确认。

（5）创建注释文本。在注释文本框中输入文字"厚度为 2"，在空白区域单击便可完成注释文本的创建，如图 8.159 所示。

步骤13　保存文件。选择"快速访问工具栏"中的"保存" ■ 保存(S) 命令，系统会弹出"另存为"对话框，在 文件名(N): 文本框中输入"钣金工程图"，单击"保存"按钮，完成保存操作。

8.6　工程图打印出图

打印出图是 CAD 设计中必不可少的一个环节，在 Creo 软件中的零件环境、装配体环境和工程图环境中都可以打印出图，本节将讲解如何打印 Creo 工程图；在打印工程图时，可以打印整个图纸，也可以打印图纸的所选区域，可以选择黑白打印，也可以选择彩色打印。

下面讲解打印工程图的操作方法。

步骤1　打开工程图文件 D:\Creo 8.0\work\ch08.06\ 工程图打印出图。

步骤 **2** 选择命令。选择下拉菜单 文件 → 📄 打印(P) → 📄 打印(P) 打印活动对象。命令，系统会弹出如图 8.161 所示的"打印"功能选项卡。

图 8.161 "打印"功能选项卡

步骤 **3** 设置打印参数。在"打印"功能选项卡 纸张 区域的 大小 下拉列表中选择 **A3 Size 420 x 297 mm**；在 方向 下拉列表中选择 □ 横向；选中 显示 区域中的 🔲（格式），在 X偏移: 与 Y偏移: 文本框均输入 0；选择 完成 区域中的 🔍（预览）命令，在图形区即可查看预览效果。

步骤 **4** 打印前的各项设置已添加完成,在"打印"功能选项卡中单击 🖨（打印）按钮,在系统弹出的如图 8.162 所示的"打印"对话框中单击 确定 按钮即可开始打印。

图 8.162 "打印"对话框

8.7 工程图设计综合应用案例

▶ 25min

本案例是一个综合案例,不仅使用了模型视图、投影视图、全剖视图、局部剖视图等视图的创建,并且还有尺寸标注、粗糙度符号、注释、尺寸公差等。本案例创建的工程图如图 8.163 所示。

步骤 **1** 打开工程图文件 D:\Creo 8.0\work\ch08.07\ 工程图设计综合应用案例 -ex。

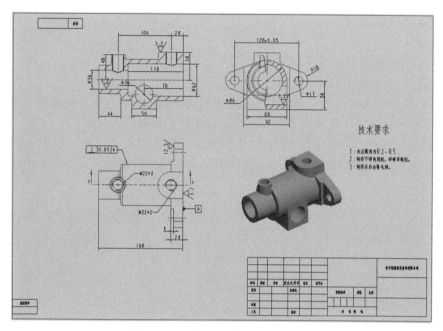

图 8.163　工程图设计综合应用案例

步骤 2　创建如图 8.164 所示的主视图。

（1）选择命令。选择 布局 功能选项卡 模型视图 ▾ 区域中的 ⊿（普通视图）命令，在系统弹出的"选择组合状态"对话框中选择"无组合状态"，然后单击 确定(O) 按钮。

（2）在系统 ⇨ 选择绘图视图的中心点. 的提示下，在图形区的合适位置单击，以便确定视图的放置位置，此时图形区将出现零件轴测图并弹出"绘图视图"对话框。

（3）选择视图方位。在"绘图视图"对话框 视图类型 节点下 视图方向 区域选中 ⊙ 几何参考，在 参考1 下拉列表中选择 前 ，选取如图 8.165 所示的面 1 作为参考，在 参考2 下拉列表中选择 下 ，选取如图 8.165 所示的面 2 作为参考，在绘图区可以预览要生成的视图。

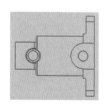

图 8.164　主视图

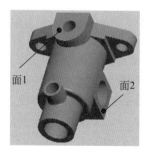

图 8.165　参考面

（4）定义视图显示样式。在"绘图视图"对话框 视图显示 节点 显示样式 下拉列表中选择 ⯃ 消隐 类型。

（5）定义视图比例。在"绘图视图"对话框 比例 节点 比例和透视图选项 区域选中 ⊙ 页面的默认比例 (2:3) 。

（6）单击 确定(O) 按钮完成主视图的创建。

步骤3 创建如图 8.166 所示的投影视图。

（1）选择 布局 功能选项卡 模型视图▼ 区域中的 投影视图 命令，在系统提示下选取步骤 2 创建的视图作为父视图，在父视图上方的合适位置单击便可放置视图。

（2）调整仰视图显示样式。双击（1）创建的视图在系统弹出的"绘图视图"对话框 视图显示 节点 显示样式 下拉列表中选择 消隐 类型，单击 确定(O) 按钮完成仰视图的创建，完成后如图 8.167 所示。

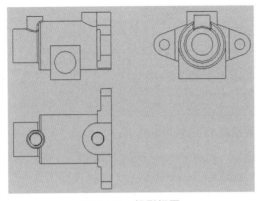

图 8.166 投影视图

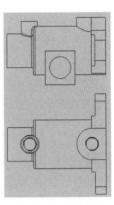

图 8.167 仰视图

（3）创建左视图。选择 布局 功能选项卡 模型视图▼ 区域中的 投影视图 命令，在系统 ➡选择投影父视图. 的提示下选取仰视图作为父视图，在父视图右侧的合适位置单击便可放置视图。

（4）调整左视图显示样式。双击左视图，在系统弹出的"绘图视图"对话框 视图显示 节点 显示样式 下拉列表中选择 消隐 类型，单击 确定(O) 按钮完成左视图的创建，如图 8.166 所示。

步骤4 创建如图 8.168 所示的全剖视图。

（1）双击图 8.167 中的仰视图，在系统弹出的"绘图视图"对话框中选择 截面 节点。

（2）在 截面选项 区域选中 ⊙ 2D 横截面 单选项，然后单击 ✚ 按钮。

（3）将 模型边可见性 设置为 ⊙ 总计 。

（4）在 名称 下拉列表中选择 ✓ A ，在 剖切区域 下拉列表中选择 完整 选项，激活 箭头显示 区域选取步骤 2 创建的主视图。

（5）单击 确定(O) 按钮，完成操作。

步骤5 创建如图 8.169 所示的局部剖视图。

（1）双击图 8.168 中的左视图，在系统弹出的"绘图视图"对话框中选择 截面 节点。

（2）在 截面选项 区域选中 ⊙ 2D 横截面 单选项，然后单击 ➕ 按钮。

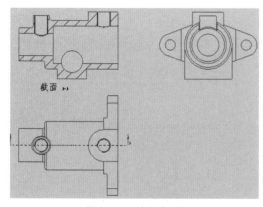

图 8.168　全剖视图

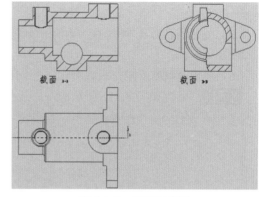

图 8.169　局部剖视图

（3）将 模型边可见性 设置为 ⊙ 总计 。

（4）在 名称 下拉列表中选择 ✓ B ，在 剖切区域 下拉列表中选择 局部 选项，在如图 8.170 所示的封闭区域内选取参考对象，激活 边界 区域的文本框绘制如图 8.170 所示的封闭区域。

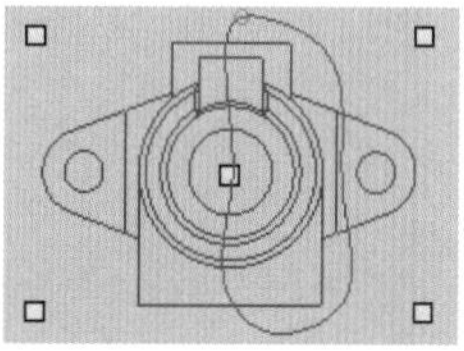

（5）单击 确定(O) 按钮，完成操作，如图 8.168 所示。

步骤 6　创建如图 8.171 所示的轴测视图。

（1）选择命令。选择 布局 功能选项卡 模型视图▼ 区域中的 ▱ （普通视图）命令，在系统弹出的"选择组合状态"对话框中选择"无组合状态"，然后单击 确定(O) 按钮。

图 8.170　局部区域

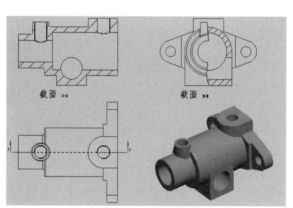

图 8.171　轴测视图

（2）在系统 ⇨ 选择绘图视图的中心点. 的提示下，在图形区的合适位置单击，以便确定视图的放置位置，此时图形区将出现零件轴测图并弹出"绘图视图"对话框。

（3）选择视图方位。在"绘图视图"对话框 视图类型 节点下 视图方向 区域选中

◉ 查看来自模型的名称 ，在 模型视图名 区域双击选择 V01 方位，在绘图区可以预览要生成的视图。

（4）定义视图显示样式。在"绘图视图"对话框 视图显示 节点 显示样式 下拉列表中选择 🔲 着色 类型。

（5）定义视图比例。在"绘图视图"对话框 比例 节点 比例和透视图选项 区域选中 ◉ 页面的默认比例 (2:3) 。

（6）单击 确定(O) 按钮完成轴测视图的创建。

步骤 7 标注如图 8.172 所示的中心线与中心符号线。

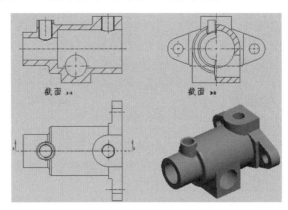

图 8.172　标注中心线与中心符号线

（1）选择命令。选择 注释 功能选项卡 注释▼ 区域中的 📐（显示模型注释）命令。

（2）选择标注的视图。选取全剖视图作为要标注的视图。

（3）在"显示模型注释"对话框 📐 选项卡选中"A-1""A-3""A-6"与"A-10"。

（4）单击 确定 按钮完成全剖视图中心线与中心符号线的标注，如图 8.173 所示。

（5）参考（1）～（4）完成另外两个视图中心线与中心符号线的标注。

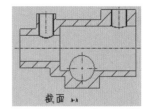

图 8.173　全剖视图中心线与中心符号线

步骤 8 标注如图 8.174 所示的尺寸。选择 注释 功能选项卡 注释▼ 区域中的 📐（尺寸）命令，系统会弹出"选择参考"对话框，通过选取各个不同对象标注如图 8.174 所示的尺寸。

步骤 9 添加如图 8.175 所示的直径符号。

（1）在全剖视图中选中尺寸 36，在系统弹出的"尺寸"功能选项卡中选择 ⌀10.0⊕（尺寸文本）命令。

（2）在系统弹出的"尺寸文本"对话框，激活 ⌀10⊕（前缀）文本框，在符号区域中选择 ⌀ ，此时完成直径符号的添加，如图 8.176 所示。

（3）参考（1）与（2）步骤完成 62 尺寸直径的添加，完成后如图 8.175 所示。

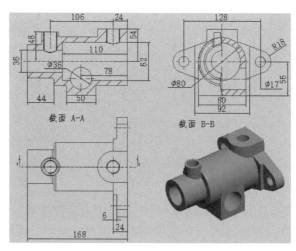

图 8.174　尺寸标注

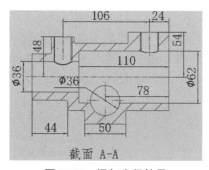

图 8.175　添加直径符号

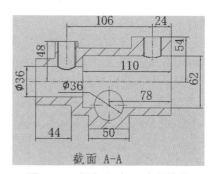

图 8.176　添加尺寸 36 直径符号

步骤 10　标注如图 8.177 所示的尺寸公差。

（1）在视图中双击需要添加公差的尺寸（尺寸 128），系统会弹出"尺寸"功能选项卡。

（2）设置公差精度。在 精度 区域的 ⁺º·¹²³₋º·¹²³（公差精度）下拉列表中选择 0.12 。

（3）设置公差类型。在 公差▼区域的 公差▼下拉列表中选择 ±0.1 对称 类型。

（4）设置公差值。在 公差▼区域的 ⁺º·²₁₀·₀₋º·¹（上公差）文本框中输入 0.05。

步骤 11　标注如图 8.178 所示的基准特征符号。

（1）选择命令。选择 注释 功能选项卡 注释▼下的 ♣ 基准特征符号 命令。

（2）选择放置参考。选择如图 8.179 所示的边线作为放置参考。

（3）放置基准特征符号。在合适的位置按中键放置基准符号，系统会弹出"基准特征"功能选项卡，在 标签 区域的文本框中输入 A，完成后如图 8.178 所示。

步骤 12　标注如图 8.180 所示的形位公差。

（1）选择 注释 功能选项卡 注释▼下的 ⊞ （几何公差）命令。

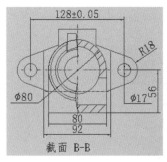

图 8.177　添加尺寸公差

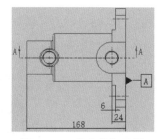

图 8.178　基准特征符号

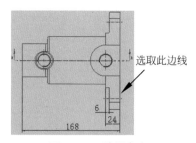

图 8.179　放置参考

（2）选择放置参考。选择如图 8.181 所示的边线作为放置参考。

（3）选择放置位置。在合适的位置按中键以放置形位公差，系统会弹出"几何公差"功能选项卡。

（4）选择形位公差符号。在"几何公差"功能选项卡 符号 区域的列表中选择 ⊥ 垂直度 。

（5）设置形位公差的其他参数。在 公差和基准 区域的 ▥ （公差值）文本框中输入 0.05，在 公差和基准 区域选择最上方的 ▧ （从模型选择基准参考）命令，然后选取如图 8.181 所示的基准 A，单击"选择"对话框中的 确定 按钮完成添加，效果如图 8.180 所示。

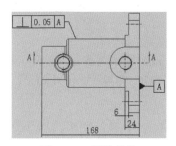

图 8.180　形位公差

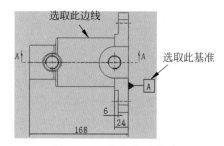

图 8.181　选择放置参考

步骤 13 标注如图 8.182 所示的表面粗糙度符号。

（1）选择命令。选择 注释 功能选项卡 注释▾ 下的 ✓ 表面粗糙度 命令，系统会弹出"打开"对话框。

（2）选择粗糙度类型。在"打开"对话框中选择 ▥ machined 中的 ▥ standard1.sym 类型，单击 打开 按钮，系统会弹出"表面粗糙度"对话框。

（3）定义粗糙度参数。在"表面粗糙度"对话框 可变文本(V) 选项卡的文本框中输入 3.2。

（4）定义放置类型。在"表面粗糙度"对话框 常规(E) 选项卡 放置 区域的 类型 下拉列表中选择 垂直于图元 。

（5）选择放置参考。在系统 ⇨ 使用鼠标左键选择附加参考. 的提示下选取如图 8.183 所示的边线作为放置参考并按中键确认。

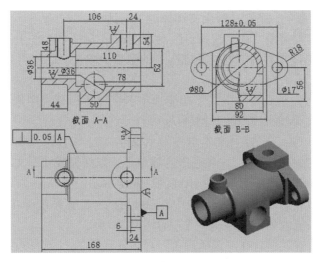

图 8.182　标注表面粗糙度符号

（6）参考（3）~（5）的步骤完成其他粗糙度的标注。

（7）完成操作。在"表面粗糙度"对话框中单击 确定(O) 按钮完成粗糙度的标注。

步骤 14　标注如图 8.184 所示的不带引线的注释文本。

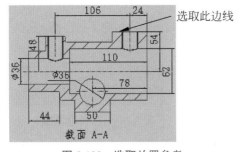

图 8.183　选取放置参考　　　　图 8.184　不带引线的注释文本

（1）单击 注释 功能选项卡 注释▾ 区域中 A≣注解 后的 ▾，在系统弹出的快捷菜单中选择 A≣ 独立注解 命令，系统会弹出"选择点"对话框。

（2）定义放置位置类型。在"选择点"对话框选择 ✕ʌ（在绘图上选择一个任意点）。

（3）选取放置注释文本位置。在视图右侧的空白处单击，系统会弹出"格式"功能选项卡。

（4）设置字体与大小。在"格式"功能选项卡字体下拉列表中选择 TFangSong ，在字高文本框中输入 5，设置后按 Enter 键确认。

（5）创建注释文本。在注释文本框中输入文字"技术要求"，在空白区域单击，以便完成注释文本的创建。

（6）选择命令。单击 注释 功能选项卡 注释▾ 区域中 A≣注解 后的 ▾，在系统弹出的快捷菜单中选择 A≣ 独立注解 命令，系统会弹出"选择点"对话框。

（7）定义放置位置类型。在"选择点"对话框选择 ✕‸（在绘图上选择一个任意点）。

（8）选取放置注释文本的位置。在视图下的空白处单击，系统会弹出"格式"功能选项卡。

（9）设置字体与大小。在"格式"功能选项卡字体下拉列表中选择 TFangSong，在字高文本框中输入 3.5，设置后按 Enter 键确认。

（10）创建注释文本。在注释文本框中输入文字"1：未注圆角为 R2。2：未注倒角为 C1。3：表面不得有毛刺等瑕疵。"，在空白区域单击，以便完成注释文本的创建。

步骤15 标注如图 8.185 所示的带引线的注释文本。

（1）单击 注释 功能选项卡 注释▼ 区域中 A≣注解 后的 ▼，在系统弹出的快捷菜单中选择 ⌐A 引线注解 命令，系统会弹出"选择参考"对话框。

（2）定义放置位置类型。在"选择参考"对话框选择 ↖（选择边线或中点）。

（3）在系统 ⇨选择几何、点或轴，的提示下选取如图 8.186 所示的圆形边线 1 作为参考，然后在合适位置按中键即可确定注释放置位置，系统会弹出"格式"功能选项卡。

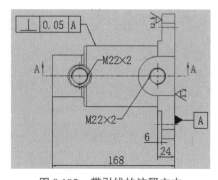

图 8.185 带引线的注释文本

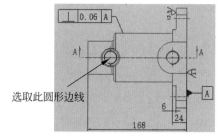

图 8.186 参考边线

（4）设置字体与大小。在"格式"功能选项卡字体下拉列表中选择 TFangSong，在字高文本框中输入 7，设置后按 Enter 键确认。

（5）创建注释文本。在注释文本框中输入文字 "M22×2"，在空白区域单击完成注释文本的创建，如图 8.187 所示。

（6）参考（1）～（5）的操作完成其他引线注释。

步骤16 保存文件。选择"快速访问工具栏"中的"保存"命令，系统会弹出"保存对象"对话框，单击 确定 按钮，完成保存操作。

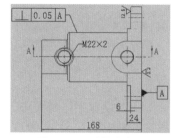

图 8.187 引线注释 1

图 书 推 荐

书 名	作 者
深度探索 Vue.js——原理剖析与实战应用	张云鹏
剑指大前端全栈工程师	贾志杰、史广、赵东彦
Flink 原理深入与编程实战——Scala+Java（微课视频版）	辛立伟
Spark 原理深入与编程实战（微课视频版）	辛立伟、张帆、张会娟
HarmonyOS 应用开发实战（JavaScript 版）	徐礼文
HarmonyOS 原子化服务卡片原理与实战	李洋
鸿蒙操作系统开发入门经典	徐礼文
鸿蒙应用程序开发	董昱
鸿蒙操作系统应用开发实践	陈美汝、郑森文、武延军、吴敬征
HarmonyOS 移动应用开发	刘安战、余雨萍、李勇军 等
HarmonyOS App 开发从 0 到 1	张诏添、李凯杰
HarmonyOS 从入门到精通 40 例	戈帅
JavaScript 基础语法详解	张旭乾
华为方舟编译器之美——基于开源代码的架构分析与实现	史宁宁
Android Runtime 源码解析	史宁宁
鲲鹏架构入门与实战	张磊
鲲鹏开发套件应用快速入门	张磊
华为 HCIA 路由与交换技术实战	江礼教
华为 HCIP 路由与交换技术实战	江礼教
openEuler 操作系统管理入门	陈争艳、刘安战、贾玉祥 等
恶意代码逆向分析基础详解	刘晓阳
深度探索 Go 语言——对象模型与 runtime 的原理、特性及应用	封幼林
深入理解 Go 语言	刘丹冰
深度探索 Flutter——企业应用开发实战	赵龙
Flutter 组件精讲与实战	赵龙
Flutter 组件详解与实战	[加] 王浩然（Bradley Wang）
Flutter 跨平台移动开发实战	董运成
Dart 语言实战——基于 Flutter 框架的程序开发（第 2 版）	亢少军
Dart 语言实战——基于 Angular 框架的 Web 开发	刘仕文
IntelliJ IDEA 软件开发与应用	乔国辉
Vue+Spring Boot 前后端分离开发实战	贾志杰
Vue.js 快速入门与深入实战	杨世文
Vue.js 企业开发实战	千锋教育高教产品研发部
Python 从入门到全栈开发	钱超

书　名	作　者
Python 全栈开发——基础入门	夏正东
Python 全栈开发——高阶编程	夏正东
Python 全栈开发——数据分析	夏正东
Python 游戏编程项目开发实战	李志远
量子人工智能	金贤敏、胡俊杰
Python 人工智能——原理、实践及应用	杨博雄 主编，于营、肖衡、潘玉霞、高华玲、梁志勇 副主编
Python 深度学习	王志立
Python 预测分析与机器学习	王沁晨
Python 异步编程实战——基于 AIO 的全栈开发技术	陈少佳
Python 数据分析实战——从 Excel 轻松入门 Pandas	曾贤志
Python 概率统计	李爽
Python 数据分析从 0 到 1	邓立文、俞心宇、牛瑶
FFmpeg 入门详解——音视频原理及应用	梅会东
FFmpeg 入门详解——SDK 二次开发与直播美颜原理及应用	梅会东
FFmpeg 入门详解——流媒体直播原理及应用	梅会东
FFmpeg 入门详解——命令行与音视频特效原理及应用	梅会东
Python Web 数据分析可视化——基于 Django 框架的开发实战	韩伟、赵盼
Python 玩转数学问题——轻松学习 NumPy、SciPy 和 Matplotlib	张骞
Pandas 通关实战	黄福星
深入浅出 Power Query M 语言	黄福星
深入浅出 DAX——Excel Power Pivot 和 Power BI 高效数据分析	黄福星
云原生开发实践	高尚衡
云计算管理配置与实战	杨昌家
虚拟化 KVM 极速入门	陈涛
虚拟化 KVM 进阶实践	陈涛
边缘计算	方娟、陆帅冰
物联网——嵌入式开发实战	连志安
动手学推荐系统——基于 PyTorch 的算法实现（微课视频版）	於方仁
人工智能算法——原理、技巧及应用	韩龙、张娜、汝洪芳
跟我一起学机器学习	王成、黄晓辉
深度强化学习理论与实践	龙强、章胜
自然语言处理——原理、方法与应用	王志立、雷鹏斌、吴宇凡
TensorFlow 计算机视觉原理与实战	欧阳鹏程、任浩然
计算机视觉——基于 OpenCV 与 TensorFlow 的深度学习方法	余海林、翟中华

书　名	作　者
深度学习——理论、方法与 PyTorch 实践	翟中华、孟翔宇
HuggingFace 自然语言处理详解——基于 BERT 中文模型的任务实战	李福林
AR Foundation 增强现实开发实战（ARKit 版）	汪祥春
AR Foundation 增强现实开发实战（ARCore 版）	汪祥春
ARKit 原生开发入门精粹——RealityKit + Swift + SwiftUI	汪祥春
HoloLens 2 开发入门精要——基于 Unity 和 MRTK	汪祥春
巧学易用单片机——从零基础入门到项目实战	王良升
Altium Designer 20 PCB 设计实战（视频微课版）	白军杰
Cadence 高速 PCB 设计——基于手机高阶板的案例分析与实现	李卫国、张彬、林超文
Octave 程序设计	于红博
ANSYS 19.0 实例详解	李大勇、周宝
ANSYS Workbench 结构有限元分析详解	汤晖
AutoCAD 2022 快速入门、进阶与精通	邵为龙
SolidWorks 2021 快速入门与深入实战	邵为龙
UG NX 1926 快速入门与深入实战	邵为龙
Autodesk Inventor 2022 快速入门与深入实战 (微课视频版)	邵为龙
全栈 UI 自动化测试实战	胡胜强、单镜石、李睿
pytest 框架与自动化测试应用	房荔枝、梁丽丽